从零学习
变频器

杨锐 编著

·北京·

内 容 简 介

本书选取10大常用品牌变频器，通过全彩图解＋视频讲解的形式，对变频器的相关知识进行了系统的介绍，主要内容包括：变频器的选用、安装及维护，三菱、西门子、ABB、台达、欧姆龙、施耐德、英威腾、四方、士林、丹佛斯变频器的硬件构成、应用案例及故障诊断，恒压供水控制综合案例，PLC控制变频器及案例等。

书中用彩色电气原理图与实物接线图对照讲解，高清大图，一目了然；图中标注关键知识点，让读图更轻松；参数设置、故障诊断归纳成表，快速查阅；重难点章节还配备教学视频，手机扫码观看，便于读者快速理解并掌握所学知识。

本书内容源于现场，又应用于现场，不仅有必备的理论知识，更有丰富的实践操作案例，非常适合电工初学者、PLC及变频器初学者、初级自动化工程师等自学使用，也可用作职业院校及培训机构相关专业的教材及参考书。

图书在版编目（CIP）数据

从零学习变频器 / 杨锐编著. —北京：化学工业出版社，2022.8（2024.9重印）

ISBN 978-7-122-41437-3

Ⅰ. ①从… Ⅱ. ①杨… Ⅲ. ①变频器 Ⅳ. ①TN773

中国版本图书馆 CIP 数据核字（2022）第 085759 号

责任编辑：耍利娜　　　　文字编辑：林　丹　吴开亮
责任校对：宋　玮　　　　装帧设计：水长流文化

出版发行：化学工业出版社（北京市东城区青年湖南街 13 号　邮政编码 100011）
印　　装：北京天宇星印刷厂
787mm×1092mm　1/16　印张 17½　字数 350 千字　2024 年 9 月北京第 1 版第 3 次印刷

购书咨询：010-64518888　　　　售后服务：010-64518899
网　　址：http://www.cip.com.cn
凡购买本书，如有缺损质量问题，本社销售中心负责调换。

定　　价：99.00 元

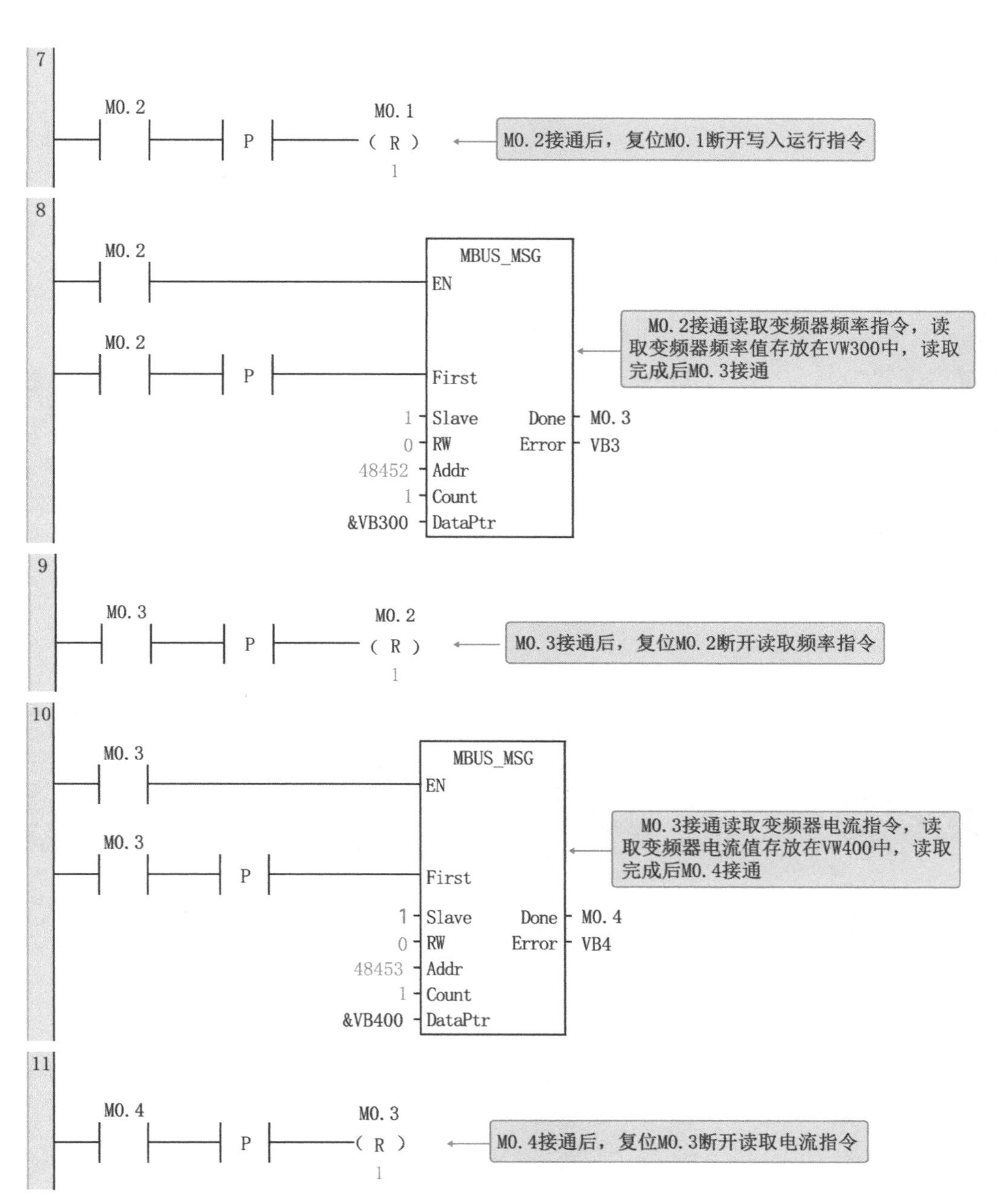

图13-27　西门子S7-200 SMART PLC与台达变频器通信程序

附录　二维码视频

三菱变频器面板
正反转控制电动机案例

三菱变频器三段速
正反转控制电动机案例

三菱变频器模拟量
控制电动机案例

三菱变频器变频
切换工频电路

西门子变频器面板
正反转控制电动机案例

西门子变频器三段速
正反转控制电动机案例

西门子变频器模拟量
控制电动机案例

西门子变频器变频
与工频切换控制

ABB 变频器面板
正反转控制电动机案例

ABB 变频器三段速
正反转控制电动机案例

ABB 变频器模拟量
控制电动机案例

ABB 变频器变频
切换工频电路

从零学习
变频器

杨锐 编著

化学工业出版社
·北京·

内 容 简 介

本书选取10大常用品牌变频器，通过全彩图解＋视频讲解的形式，对变频器的相关知识进行了系统的介绍，主要内容包括：变频器的选用、安装及维护，三菱、西门子、ABB、台达、欧姆龙、施耐德、英威腾、四方、士林、丹佛斯变频器的硬件构成、应用案例及故障诊断，恒压供水控制综合案例，PLC控制变频器及案例等。

书中用彩色电气原理图与实物接线图对照讲解，高清大图，一目了然；图中标注关键知识点，让读图更轻松；参数设置、故障诊断归纳成表，快速查阅；重难点章节还配备教学视频，手机扫码观看，便于读者快速理解并掌握所学知识。

本书内容源于现场，又应用于现场，不仅有必备的理论知识，更有丰富的实践操作案例，非常适合电工初学者、PLC及变频器初学者、初级自动化工程师等自学使用，也可用作职业院校及培训机构相关专业的教材及参考书。

图书在版编目（CIP）数据

从零学习变频器 / 杨锐编著. —北京：化学工业出版社，2022.8（2024.9重印）

ISBN 978-7-122-41437-3

Ⅰ. ①从… Ⅱ. ①杨… Ⅲ. ①变频器 Ⅳ. ①TN773

中国版本图书馆 CIP 数据核字（2022）第 085759 号

责任编辑：耍利娜　　文字编辑：林　丹　吴开亮
责任校对：宋　玮　　装帧设计：水长流文化

出版发行：化学工业出版社（北京市东城区青年湖南街 13 号　邮政编码 100011）
印　　装：北京天宇星印刷厂
787mm×1092mm　1/16　印张 17½　字数 350 千字　2024 年 9 月北京第 1 版第 3 次印刷

购书咨询：010-64518888　　售后服务：010-64518899
网　　址：http://www.cip.com.cn
凡购买本书，如有缺损质量问题，本社销售中心负责调换。

定　　价：99.00 元

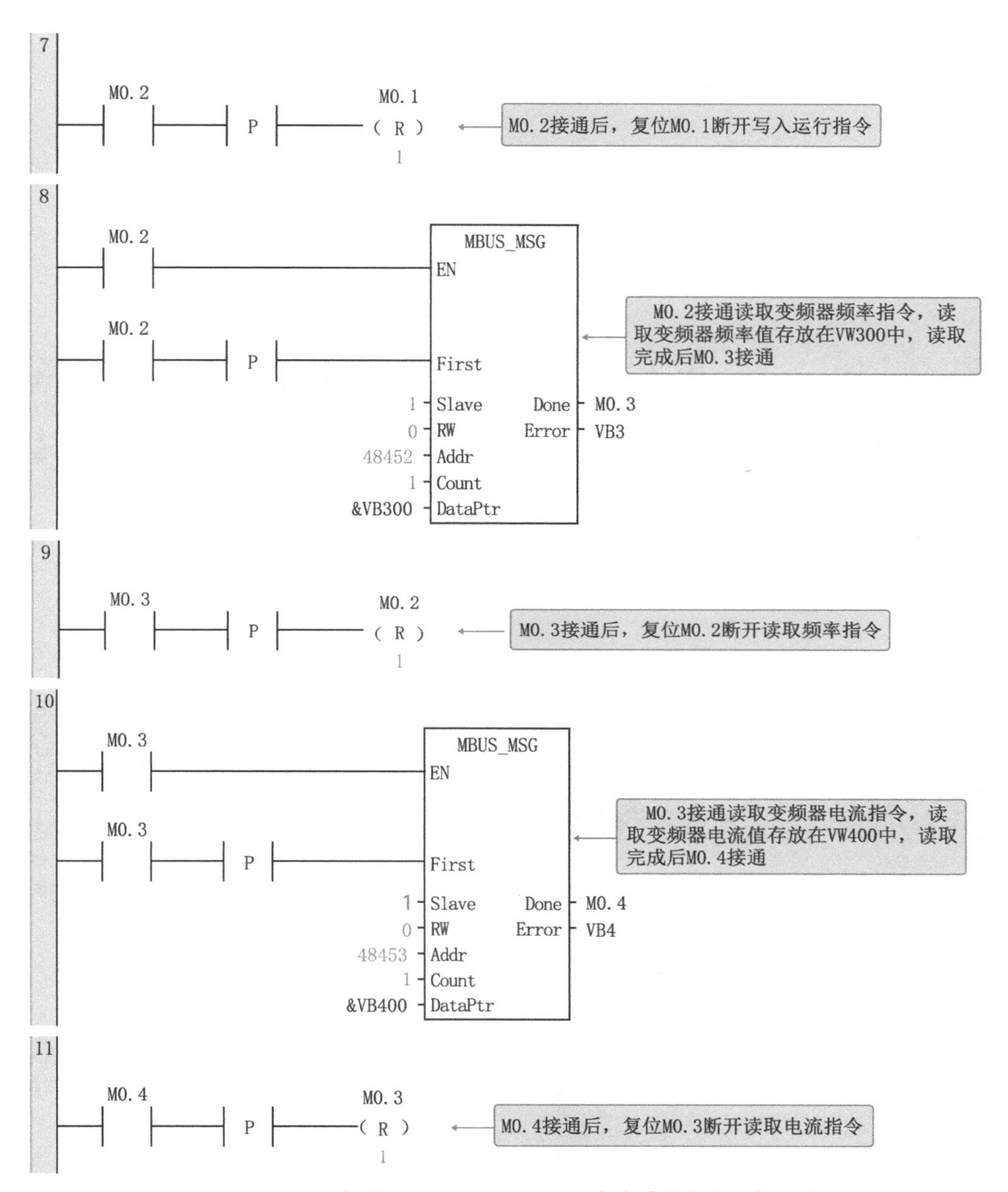

图13-27 西门子S7-200 SMART PLC与台达变频器通信程序

附录　二维码视频

三菱变频器面板
正反转控制电动机案例

三菱变频器三段速
正反转控制电动机案例

三菱变频器模拟量
控制电动机案例

三菱变频器变频
切换工频电路

西门子变频器面板
正反转控制电动机案例

西门子变频器三段速
正反转控制电动机案例

西门子变频器模拟量
控制电动机案例

西门子变频器变频
与工频切换控制

ABB 变频器面板
正反转控制电动机案例

ABB 变频器三段速
正反转控制电动机案例

ABB 变频器模拟量
控制电动机案例

ABB 变频器变频
切换工频电路

从零学习
变频器

杨锐 编著

·北京·

内 容 简 介

本书选取10大常用品牌变频器，通过全彩图解＋视频讲解的形式，对变频器的相关知识进行了系统的介绍，主要内容包括：变频器的选用、安装及维护，三菱、西门子、ABB、台达、欧姆龙、施耐德、英威腾、四方、士林、丹佛斯变频器的硬件构成、应用案例及故障诊断，恒压供水控制综合案例，PLC控制变频器及案例等。

书中用彩色电气原理图与实物接线图对照讲解，高清大图，一目了然；图中标注关键知识点，让读图更轻松；参数设置、故障诊断归纳成表，快速查阅；重难点章节还配备教学视频，手机扫码观看，便于读者快速理解并掌握所学知识。

本书内容源于现场，又应用于现场，不仅有必备的理论知识，更有丰富的实践操作案例，非常适合电工初学者、PLC及变频器初学者、初级自动化工程师等自学使用，也可用作职业院校及培训机构相关专业的教材及参考书。

图书在版编目（CIP）数据

从零学习变频器 / 杨锐编著. —北京：化学工业出版社，2022.8（2024.9重印）

ISBN 978-7-122-41437-3

Ⅰ. ①从… Ⅱ. ①杨… Ⅲ. ①变频器 Ⅳ. ①TN773

中国版本图书馆 CIP 数据核字（2022）第 085759 号

责任编辑：耍利娜　　文字编辑：林　丹　吴开亮
责任校对：宋　玮　　装帧设计：水长流文化

出版发行：化学工业出版社（北京市东城区青年湖南街 13 号　邮政编码 100011）
印　　装：北京天宇星印刷厂
787mm×1092mm　1/16　印张 17½　字数 350 千字　2024 年 9 月北京第 1 版第 3 次印刷

购书咨询：010-64518888　　售后服务：010-64518899
网　　址：http://www.cip.com.cn
凡购买本书，如有缺损质量问题，本社销售中心负责调换。

定　　价：99.00 元

前言

变频器是应用变频技术与微电子技术，通过改变电动机工作电源频率方式来控制交流电动机的电力设备。变频器主要由整流（交流变直流）、滤波、逆变（直流变交流）、制动单元、驱动单元、检测单元、微处理单元等组成。变频器靠内部 IGBT 的开断来调整输出电源的电压和频率，根据电动机的实际需要来提供其所需要的电源电压，进而达到节能、调速的目的。另外，变频器还有很多的保护功能，如过电流、过电压、过载保护等。随着工业自动化程度的不断提高，变频器也得到了非常广泛的应用。

《从零学习变频器》是笔者在总结现场操作经验和教学实践的基础上编写而成的。本书选取了市面上常见的 10 大品牌的经典型号变频器，详细讲解了变频器的相关知识。

本书主要具有如下特色：

1. 内容系统，实用性强

书中涉及的变频器品牌，既有进口的，也有国产的，兼顾了不同用户的需求。不仅介绍了每种变频器的硬件组成、工作原理、应用案例，还归纳总结了故障分析与处理的相关技巧，使读者不只会用，还会修。此外，本书还详细讲解了变频器与 PLC 的综合应用案例，包括二者之间的通信，使知识体系更加完善，实操技能进一步提升。

2. 全彩图解，一目了然

本书采用全彩印刷，示意图、结构组成图、电气原理图、实物接线图、软件界面图、PLC 程序图等多种类型高清彩图结合，辅以简明扼要的文字说明，使读图更轻松。

3. 视频教学，高效快捷

书中重要章节及知识点配有视频讲解，手机扫描对应的二维码，即可随时随地边学边看，从而更快更好地理解所学知识，大大提高学习效率。

在编写本书的过程中，笔者查阅了大量文献资料，并与现场使用和维护 PLC 设备的工作人员进行了充分的交流，对书中涉及的案例进行了实验证明。但由于水平有限，且受硬件条件制约，书中疏漏之处在所难免，敬请广大读者批评指正。

编著者

目录

第1章 变频器的选用与维护

1.1 变频器的种类 002
1.2 变频器的选用与容量计算 003
1.3 变频器外围设备的选用 006
1.4 变频器的维护 012

第2章 三菱变频器

2.1 三菱变频器硬件 014
2.2 三菱变频器面板正反转控制电动机案例 017
2.3 三菱变频器三段速正反转控制电动机案例 021
2.4 三菱变频器模拟量控制电动机案例 025
2.5 三菱变频器变频切换工频电路 028
2.6 三菱变频器故障报警代码及处理方法 031

第3章 西门子变频器

3.1 西门子变频器硬件 036
3.2 西门子变频器面板正反转控制电动机案例 039
3.3 西门子变频器三段速正反转控制电动机案例 043
3.4 西门子变频器模拟量控制电动机案例 047
3.5 西门子变频器变频与工频切换控制 051
3.6 西门子变频器故障报警代码及处理方法 053

第4章 ABB变频器

4.1 ABB变频器硬件 059
4.2 ABB变频器面板正反转控制电动机案例 063
4.3 ABB变频器三段速正反转控制电动机案例 065
4.4 ABB变频器模拟量控制电动机案例 068
4.5 ABB变频器变频切换工频电路 072
4.6 ABB变频器故障报警代码及处理方法 074

第5章 台达变频器

5.1 台达变频器硬件 077
5.2 台达变频器面板正反转控制电动机案例 081
5.3 台达变频器三段速正反转控制电动机案例 084
5.4 台达变频器模拟量控制电动机案例 088
5.5 台达变频器变频切换工频电路 092
5.6 台达变频器故障报警代码及处理方法 094

第6章 欧姆龙变频器

6.1 欧姆龙变频器硬件 097
6.2 欧姆龙变频器面板正反转控制电动机案例 100
6.3 欧姆龙变频器三段速正反转控制电动机案例 103
6.4 欧姆龙变频器模拟量控制电动机案例 107
6.5 欧姆龙变频器变频切换工频电路 110
6.6 欧姆龙变频器故障报警代码及处理方法 113

第7章 施耐德变频器

7.1 施耐德变频器硬件 119

7.2 施耐德变频器面板正反转控制电动机案例 122
7.3 施耐德变频器三段速正反转控制电动机案例 126
7.4 施耐德变频器模拟量控制电动机案例 129
7.5 施耐德变频器变频切换工频电路 132
7.6 施耐德变频器故障报警代码及处理方法 135

第8章 英威腾变频器

8.1 英威腾变频器硬件 141
8.2 英威腾变频器面板正反转控制电动机案例 144
8.3 英威腾变频器三段速正反转控制电动机案例 149
8.4 英威腾变频器模拟量控制电动机案例 153
8.5 英威腾变频器变频切换工频电路 157
8.6 英威腾变频器故障报警代码及处理方法 159

第9章 四方变频器

9.1 四方变频器硬件 163
9.2 四方变频器面板正反转控制电动机案例 166
9.3 四方变频器三段速正反转控制电动机案例 170
9.4 四方变频器模拟量控制电动机案例 174
9.5 四方变频器变频切换工频电路 177
9.6 四方变频器故障报警代码及处理方法 180

第10章 士林变频器

10.1 士林变频器硬件 184
10.2 士林变频器面板正反转控制电动机案例 187
10.3 士林变频器三段速正反转控制电动机案例 190
10.4 士林变频器模拟量控制电动机案例 194

10.5 士林变频器变频切换工频电路 196
10.6 士林变频器故障报警代码及处理方法 199

第11章 丹佛斯变频器

11.1 丹佛斯变频器硬件 201
11.2 丹佛斯变频器面板正反转控制电动机案例 205
11.3 丹佛斯变频器三段速正反转控制电动机案例 208
11.4 丹佛斯变频器模拟量控制电动机案例 212
11.5 丹佛斯变频器变频切换工频电路 216
11.6 丹佛斯变频器故障报警代码及处理方法 219

第12章 台达变频器的恒压供水控制

12.1 接线图 222
12.2 电气元器件 224
12.3 参数设置 224
12.4 电路工作原理 226

第13章 西门子PLC控制变频器案例应用

13.1 西门子S7-200 SMART PLC多段速控制MM440变频器案例 228
13.2 西门子S7-200 SMART PLC模拟量控制MM440变频器案例 233
13.3 西门子S7-200 SMART PLC与西门子MM440变频器的USS通信 239
13.4 西门子S7-200 SMART PLC与台达变频器的Modbus通信 256

附录 二维码视频 272

第7章 变频器的选用与维护

变频器（Variable Frequency Drive，VFD）是应用变频技术与微电子技术，通过改变电动机工作电源频率方式来控制交流电动机的电力设备，在实际的应用中，使用非常广泛。变频器的主电路主要由整流电路、滤波电路、逆变电路、制动电路等组成。除了主电路以外还有以微处理器为核心的控制电路，主要包括运算电路、检测电路、保护电路、驱动电路等。整个变频器靠内部IGBT的开断来调整输出电源的电压和频率，根据电动机的实际需要来提供其所需要的电源电压，进而达到节能、调速的目的；另外，变频器还有很多的保护功能，如过电流、过电压、过载保护等。

在使用变频器组成变频调速系统时，需要根据实际情况选择合适的变频器及外围设备，设备选择好后要正确进行安装，安装结束后在正式投入运行前要进行调试，投入运行后需要定期对系统进行维护和保养。

1.1 变频器的种类

变频器是一种电能变换设备，其功能是将工频电源转换成频率和电压可调的电源，驱动电动机运转并实现调速控制。变频器种类很多，具体如表1-1所示。

表1-1 变频器种类

分类方式	种类	说明
按变换方式	交-直-交变频器	交-直-交变频器是先将工频交流电源转换成直流电源，然后再将直流电源转换成频率和电压可调的交流电源。由于这种变频器的交-直-交变换过程容易控制，并且对电动机有很好的调速性能，所以大多数变频器采用交-直-交变换方式
	交-交变频器	交-交变频器是将工频交流电源直接转换成另一种频率和电压可调的交流电源。由于这种变频器省去了中间环节，故转换效率较高，但其频率变换范围很窄（一般为额定频率的1/2以下），主要用在大容量低速调速控制系统中
按输出电压调制方式	脉幅调制变频器（PAM）	脉幅调制变频器是通过调节输出脉冲的幅度来改变输出电压。这种变频器一般采用整流电路调压、逆变电路变频，早期的变频器多采用这种方式
	脉宽调制变频器（PWM）	脉宽调制变频器是通过调节输出脉冲的宽度来改变输出电压。这种变频器多采用逆变电路同时调压变频，目前的变频器多采用这种方式

续表

分类方式	种类	说明
按电压等级	低压变频器	低压变频器又称中小容量变频器，其电压等级在1kV以下，单相为220V，三相为220～380V/460V，容量为0.2～500kV·A
	高中压变频器	高中压变频器电压等级在1kV以上，容量多在500kV·A以上

1.2 变频器的选用与容量计算

在选用变频器时，除了要求变频器的容量适合负载外，还要求选用的变频器的控制方式适合负载的特性。

1.2.1 额定值

变频器额定值主要有输入侧额定值和输出侧额定值。

（1）输入侧额定值

变频器输入侧额定值包括输入电源的相数、电压和频率。中小容量变频器的输入侧额定值主要有三种：三相/380V/50Hz、单相/220V/50Hz和三相/220V/50Hz。

（2）输出侧额定值

变频器输出侧额定值主要有额定输出电压U_{CN}、额定输出电流I_{CN}和额定输出容量S_{CN}。

① 额定输出电压U_{CN}　变频器在工作时除了要改变输出频率外，还要改变输出电压。额定输出电压U_{CN}是指最大输出电压值，也就是变频器输出频率等于电动机额定频率时的输出电压。

② 额定输出电流I_{CN}　额定输出电流I_{CN}是指变频器长时间使用允许输出的最大电流。额定输出电流I_{CN}主要反映变频器内部电力电子器件的过载能力。

③ 额定输出容量S_{CN}　额定输出容量S_{CN}一般采用下式计算：

$$S_{CN}=\sqrt{3}U_{CN}I_{CN}$$

式中　S_{CN}单位为kV·A。

1.2.2 容量及控制方式

在选用变频器时，一般根据负载的性质及负荷大小来确定变频器的容量和控制方式。

（1）容量的选择

变频器的过载容量为125%/60s或150%/60s，若超出该数值，必须选用更大容量的变频器。当过载容量为200%时，可按$I_{CN}\geqslant(1.05\sim1.2)I_N$来计算额定电流，再乘以1.33倍来选取变频器容量，I_N为电动机额定电流。

（2）控制方式的选择

① 恒定转矩负载　恒转矩负载是指转矩大小只取决于负载的轻重，而与负载转速大小无关的负载。例如，挤压机、搅拌机、桥式起重机、提升机和带式输送机等都属于恒转矩类型负载。

对于恒定转矩负载，若调速范围不大，并对机械特性要求不高的场合，可选用V/F控制方式或无反馈矢量控制方式的变频器。

若负载转矩波动较大，应考虑采用高性能的矢量控制变频器。对要求有高动态响应的负载，应选用有反馈的矢量控制变频器。

② 恒功率负载　恒功率负载是指转矩大小与转速成反比，而功率基本不变的负载。对于恒功率负载，可选用通用性V/F控制变频器。对于动态性能和精确度要求高的卷取机械，必须采用有矢量控制功能的变频器。

③ 二次方律负载　二次方律负载是指转矩与转速的二次方成正比的负载。如风扇、离心风机和水泵等都属于二次方律负载。

对于二次方律负载，一般选用风机、水泵专用变频器。风机、水泵专用变频器具有以下特点。

a. 由于风机和水泵通常不容易过载，低速时转矩较小，故这类变频器的过载能力低，一般为120%/60s（通用变频器为150%/60s），在功能设置时要注意这一点。由于负载的转矩与转速二次方成正比，当工作频率高于额定频率时，负载的转矩有可能大大超过电动机转矩而使变频器过载，因此在功能设置时最高频率不能高于额定频率。

b. 具有多泵切换和换泵控制的转换功能。

c. 配置一些专用控制功能，如睡眠唤醒、水位控制、定时开关机和消防控制等。

1.2.3 容量计算

在采用变频器驱动电动机时，先根据机械特点选用合适的异步电动机，再选用合适的变频器配接电动机。在选用变频器时，通常先根据异步电动机的额定电流（或电动机运行中的最大电流）来选择变频器，再确定变频器容量和输出电流是否满足电动机运行条件。

（1）连续运转条件下的变频器容量计算

由于变频器供给电动机的是脉动电流，其脉动值比工频供电时的电流要大，在选用变频器时，容量应留有适当的余量。此时选用变频器应同时满足以下三个条件：

$$P_{CN} \geqslant \frac{KP_M}{\eta \cos\phi}$$

$$I_{CN} \geqslant KI_M$$

$$P_{CN} \geqslant K\sqrt{3}\,U_M I_M \times 10^{-3}$$

式中 P_{CN}——变频器的额定容量，kV·A；

P_M——电动机输出功率，kV·A；

η——电动机的效率，约取0.85；

$\cos\phi$——电动机的功率因数，取0.75；

K——电流波形的修正系数，PWM方式取1.05～1.1；

I_{CN}——变频器的额定电流，A；

I_M——电动机额定电流，A；

U_M——电动机的电压，V。

式中的I_M如果按电动机实际运行中的最大电流来选择变频器时，变频器的容量可以适当缩小。

（2）加减速条件下的变频器容量计算

变频器的最大输出转矩由最大输出电流决定。通常对于短时的加减速而言，变频器允许达到额定输出电流的130%～150%，故在短时加减速时的输出转矩也可以增大；反之，若只需要较小的加减速转矩时，也可降低选择变频器的容量。由于电流的脉动原因，此时应将变频器的最大输出电流降低10%后再进行选定。

（3）频繁加减速条件下的变频器容量计算

对于频繁加减速的电动机，如果按图1-1所示曲线特性运行，那么根据加速、恒速、减速等各种运行状态下的电流值，可按下式确定变频器额定值：

$$I_{CN}=\frac{I_1t_1+I_2t_2+\cdots+I_5t_5}{t_1+t_2+\cdots+t_5}K_0$$

式中 I_{CN}——变频器额定输出电流，A；

I_1、I_2、…、I_5——各运行状态平均电流，A；

t_1、t_2、…、t_5——各运行状态下的时间；

K_0——安全系数，运行频繁时取1.2，其他条件下取1.1。

（4）在电动机直接启动条件下的变频器容量计算

一般情况下，三相异步电动机直接用工频启动时，启动电流为其额定电流的5～7倍。对于功率小于10kW的电动机直接启动时，可按用下式计算变频器容量：

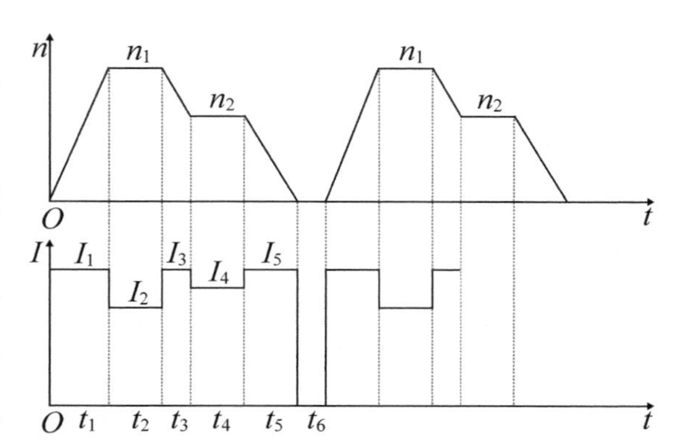

图1-1 频繁加减速的电动机运行曲线

$$I_{CN} \geqslant I_K / K_g$$

式中 I_K——在额定电压、额定频率下电动机启动时的堵转电流，A；

K_g——变频器的允许过载倍数，K_g=1.3～1.5。

在运行中，若电动机电流变化不规则，不易获得运行特性曲线，这时可将电动机在输出最大转矩时的电流限制在变频器的额定输出电流内进行选定。

（5）在大惯性负载启动条件下的变频器容量计算

变频器过载容量通常为125%/60s或150%/60s，如果超过此值，必须增大变频器的容量。

在这种情况下，可按下式计算变频器的容量：

$$P_{CN} \geqslant \frac{Kn_M}{9550\,\eta\cos\phi}\left(T_L + \frac{GD^2}{375} \times \frac{n_M}{t_A}\right)$$

式中 GD^2——换算到电动机轴上的转动惯量值，N·m²；

T_L——负载转矩，N·m；

η，$\cos\phi$，n_M——分别为电动机的效率（取0.85）、功率因数（取0.75）、额定转速（r/min）；

t_A——电动机加速时间（由负载要求确定），s；

K——电流波形的修正系数，PWM方式取1.05～1.1；

P_{CN}——变频器的额定容量，kV·A。

（6）在轻载条件下的变频器容量计算

如果电动机的实际负载比电动机的额定负载轻，要按照实际负载来选择变频器容量。但对于通用变频器，应按电动机的额定功率来选择变频器容量。

1.3 变频器外围设备的选用

在组建变频调速系统时，先要根据负载选择变频器，再给变频器选择相关的外围设备。为了让变频调速系统正常可靠地工作，正确选用变频器外围设备是非常重要的。

1.3.1 主电路外围设备的接线

变频器主电路设备直接接触高电压大电流，主电路外围设备选用不当，轻则变频器不能正常工作，重则会损坏变频器。变频器主电路的外围设备和接线如图1-2所示，这是一个较齐全的主电路接线图，在实际中有些设备可不采用。

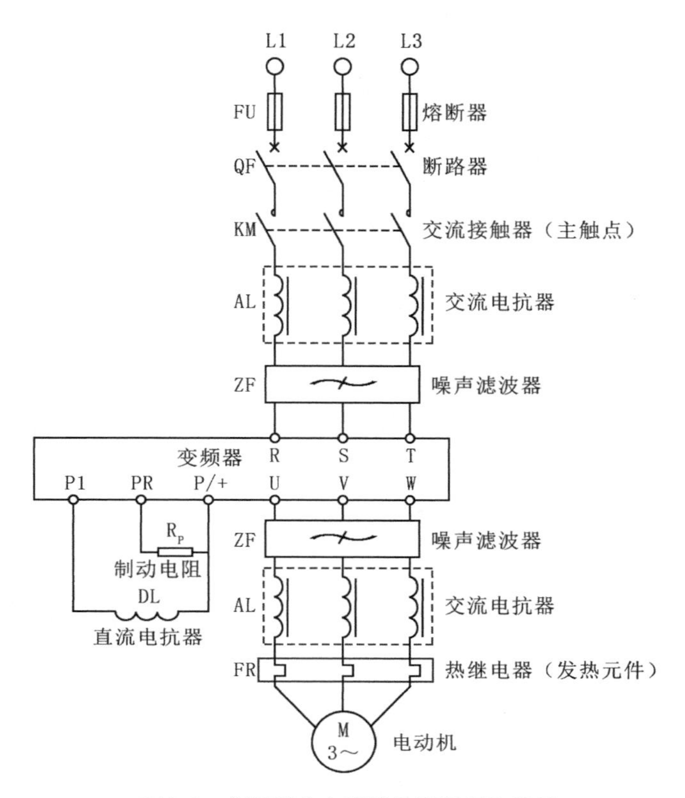

图1-2　变频器主电路的外围设备和接线

从图中可以看出，变频器主电路的外围设备有熔断器、断路器、交流接触器（主触点）、交流电抗器、噪声滤波器、制动电阻、直流电抗器和热继电器（发热元件）。为了降低成本，在要求不高的情况下，主电路外围设备大多数可省掉，如仅保留断路器。

1.3.2 熔断器的选用

熔断器用来对变频器进行过电流保护。熔断器的额定电流I_{UN}可根据下式选择：

$$I_{UN} > (1.1 \sim 2.0)\ I_{MN}$$

式中　I_{UN}——熔断器的额定电流，A；

I_{MN}——电动机的额定电流，A。

1.3.3 断路器的选用

断路器又称自动空气开关，断路器的功能主要有：接通和切断变频器电源，对变频器进行过电流、欠电压保护。

由于断路器具有过电流自动掉闸保护功能，为了防止误动作，正确选择断路器的额定电流非常重要。断路器的额定电流I_{QN}选择分为下面两种情况。

① 一般情况下，I_{QN}可根据下式选择：

$$I_{QN} > (1.3 \sim 1.4) I_{CN}$$

式中 I_{CN}——变频器的额定电流，A。

② 在工频和变频切换电路中，I_{QN}可根据下式选择：

$$I_{QN} > 2.5 I_{MN}$$

式中 I_{MN}——变频器的额定电流，A。

1.3.4 交流接触器的选用

根据安装位置的不同，交流接触器可分为输入侧交流接触器和输出侧交流接触器。

（1）输入侧交流接触器

输入侧交流接触器安装在变频器的输入端。它既可以远距离接通和分断三相交流电源，在变频器出现故障时还可以及时切断输入电源。

输入侧交流接触器的主触点接在变频器输入侧，主触点额定电流I_{KN}可根据下式选择：

$$I_{KN} > I_{CN}$$

式中 I_{CN}——变频器的额定电流，A。

（2）输出侧交流接触器

当变频器用于工频/变频切换时，变频器输出端需要接输出侧交流接触器。

由于变频器输出电流中含有较多的谐波成分，其电流有效值略大于工频运行的有效值，故输出侧交流接触器的主触点额定电流应选大些。输出侧交流接触器的主触点额定电流I_{KN}，可根据下式选择：

$$I_{KN} > 1.1 I_{CN}$$

式中 I_{KN}——交流接触器的额定电流，A；

I_{CN}——变频器的额定电流，A。

1.3.5 交流电抗器的选用

（1）作用

交流电抗器实际上是一个带铁芯的三相电感器，如图1-3所示。

图1-3 交流电抗器

交流电抗器的作用如下。

① 抑制谐波电流，提高变频器的电能利用效率（可将功率因数提高至0.85以上）。

② 由于电抗器对突变电流有一定的阻碍作用，故在

接通变频器瞬间，可降低浪涌电流大小，减小电流对变频器的冲击。

③ 可减小三相电源不平衡的影响。

（2）应用场合

交流电抗器不是变频器必用外围设备，可根据实际情况考虑使用。当遇到下面的情况之一时，可考虑给变频器安装交流电抗器。

① 电源的容量很大，达到变频器容量10倍以上，应安装交流电抗器。

② 若在同一供电电源中接有晶闸管整流器，或者电源中接有补偿电容（提高功率因数），应安装交流电抗器。

③ 三相供电电源不平衡超过3%时，应安装交流电抗器。

④ 变频器功率大于30kW时，应安装交流电抗器。

⑤ 变频器供电电源中含有较多高次谐波成分时，应考虑安装交流电抗器。

在选用交流电抗器时，为了减小电抗器对电能的损耗，要求电抗器的电感量与变频器的容量相适应。常用交流电抗器的规格如表1-2所示。

表1-2　常用交流电抗器的规格

电动机容量/kW	30	37	45	55	75	90	110	160
变频器容量/kW	30	37	45	55	75	90	110	160
电感量/mH	0.32	0.26	0.21	0.18	0.13	0.11	0.09	0.06

1.3.6 直流电抗器的选用

直流电抗器如图1-4所示，它接在变频器P1和P（或+）端子之间。直流电抗器的作用是削弱变频器开机瞬间电容充电形成的浪涌电流，同时提高功率因数。与交流电抗器相比，直流电抗器不但体积小，而且结构简单，提高功率因数更为有效，若两者同时使用，可使功率因数达到0.95，大大提高变频器的电能利用率。常用直流电抗器的规格如表1-3所示。

图1-4　直流电抗器

表1-3　常用直流电抗器的规格

电动机容量/kW	30	37～55	75～90	110～132	160～200	230	280
允许电流/A	75	150	220	280	370	560	740
电感量/mH	600	300	200	140	110	70	55

1.3.7 制动电阻的选用

制动电阻（图1-5）的作用是在电动机减速或制动时消耗惯性运转产生的电能，使电动机能迅速减速或制动。为了使制动达到理想效果且避免制动电阻烧坏，选用制动电阻时需要计算其具体阻值和功率。

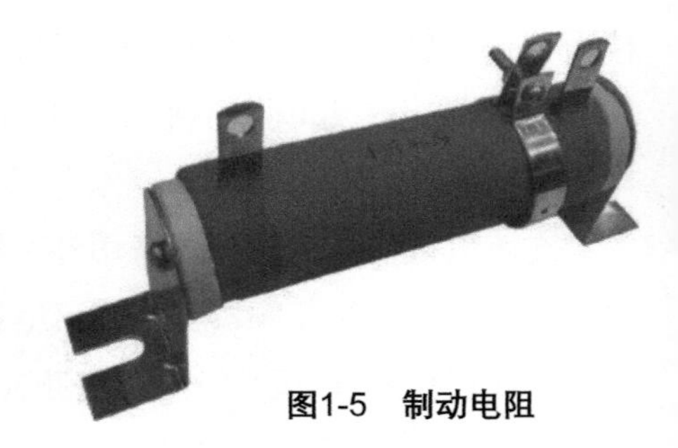

图1-5　制动电阻

（1）阻值的计算

精确计算制动电阻的阻值要涉及很多参数，且计算复杂，一般情况下可按下式粗略估算：

$$R_B = \frac{2U_{DB}}{I_{MN}} \sim \frac{U_{DB}}{I_{MN}}$$

式中　R_B——制动电阻的阻值，Ω；

U_{DB}——直流回路允许的上限电压值（我国规定U_{DB}=600V），V；

I_{MN}——电动机的额定电流，A。

（2）功率的计算

制动电阻的功率可按下式计算：

$$P_B = a_B \frac{U_{DB}^2}{R_B}$$

式中　P_B——制动电阻的功率，W；

U_{DB}——直流回路允许的上限电压值（我国规定U_{DB}=600V），V；

R_B——制动电阻的阻值，Ω；

a_B——修正系数。

在不反复制动时，若制动时间小于10s，取a_B=7；若制动时间超过100s，取a_B=1；若制动时间在10～100s时，a_B可按比例选取1～7范围内的值。

在反复制动时，若$\frac{t_B}{t_C} < 0.01$（t_B为每次制动所需的时间，t_C为每次制动周期所需的时间），取a_B=7；若$\frac{t_B}{t_C} > 0.15$，取a_B=1；若$0.01 < \frac{t_B}{t_C} < 0.15$，$a_B$可按比例选取1～7范围内的值。

制动电阻的选取也可通过查表获得，不同容量电动机与制动电阻的阻值和功率对应关系如表1-4所示。

表1-4 不同容量电动机与制动电阻的阻值和功率对应关系

电动机容量/kW	制动电阻的阻值/Ω	制动电阻的功率/kW
0.40	1000	0.14
0.75	750	0.18
1.50	350	0.40
2.20	250	0.55
3.7	150	0.9
5.5	110	1.3
7.5	75	1.8
11.0	60	2.5
15.0	50	4.00
18.5	40	4.00
22.0	30	5.00
30.0	24	8.00
37	20.0	8
45	16.0	12
55	13.6	12
75	10.0	20
90	10.0	20
110	7.0	27
132	7.0	27
160	5.0	33
200	4.0	40
220	3.5	45
280	2.7	64
315	2.7	64

1.3.8 热继电器的选用

热继电器在电动机长时间过载运行时起保护作用。热继电器的发热元件额定电流I_{RN}可按下式选择：

$$I_{RN} \geqslant (0.95 \sim 1.15) I_{MN}$$

式中　I_{MN}——电动机的额定电流，A。

1.3.9 噪声滤波器的选用

变频器在工作时会产生高次谐波干扰信号。在变频器输入侧安装噪声滤波器，可以防止高次谐波干扰信号窜入电网，干扰电网中其他的设备，也可阻止电网中的干扰信号窜入变频器。在变频器输出侧安装噪声滤波器，可以防止干扰信号窜入电动机，影响电动机正常工作。一般情况下，变频器可不安装噪声滤波器，若需安装，建议安装变频器专用的噪声滤波器。变频器专用噪声滤波器的外形和结构如图1-6所示。

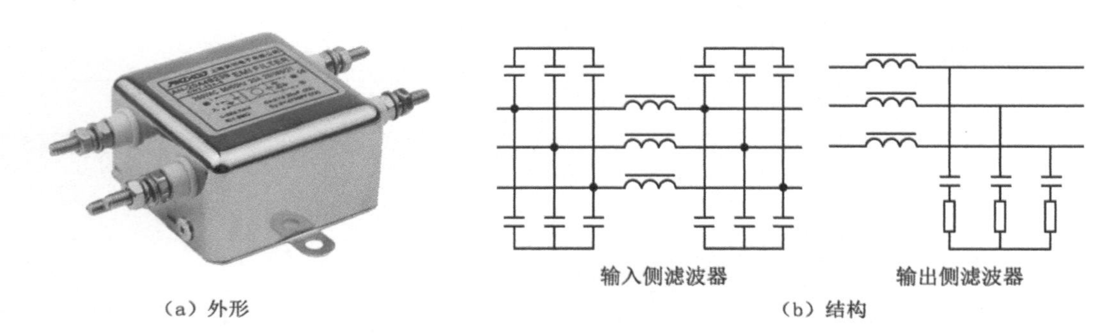

（a）外形　（b）结构

图1-6　噪声滤波器的外形和结构

1.4 变频器的维护

在变频器的使用过程中，变频器的日常维护可以延长变频器的使用寿命。变频器的维护主要按照以下步骤操作。

① 日常检查：定期记录变频器三相电压，并注意查看是否平衡，检查记录变频器的三相输出电流，并注意比较它们之间的平衡度。

② 检查散热器的温度，查看变频器的三相有无异常振动现象。

③ 每台变频器每季度要清灰保养1次。保养时清除变频器内部和风路内的积灰、脏物，将变频器表面擦拭干净。

④ 紧固变频器周围的紧固件。

⑤ 检测绝缘电阻是否在允许的范围。

⑥ 检查导体、绝缘体是否破坏。

【注意】在维护时，必须保证主电源电路切断，并且电容指示灯熄灭后才可进行维护工作。

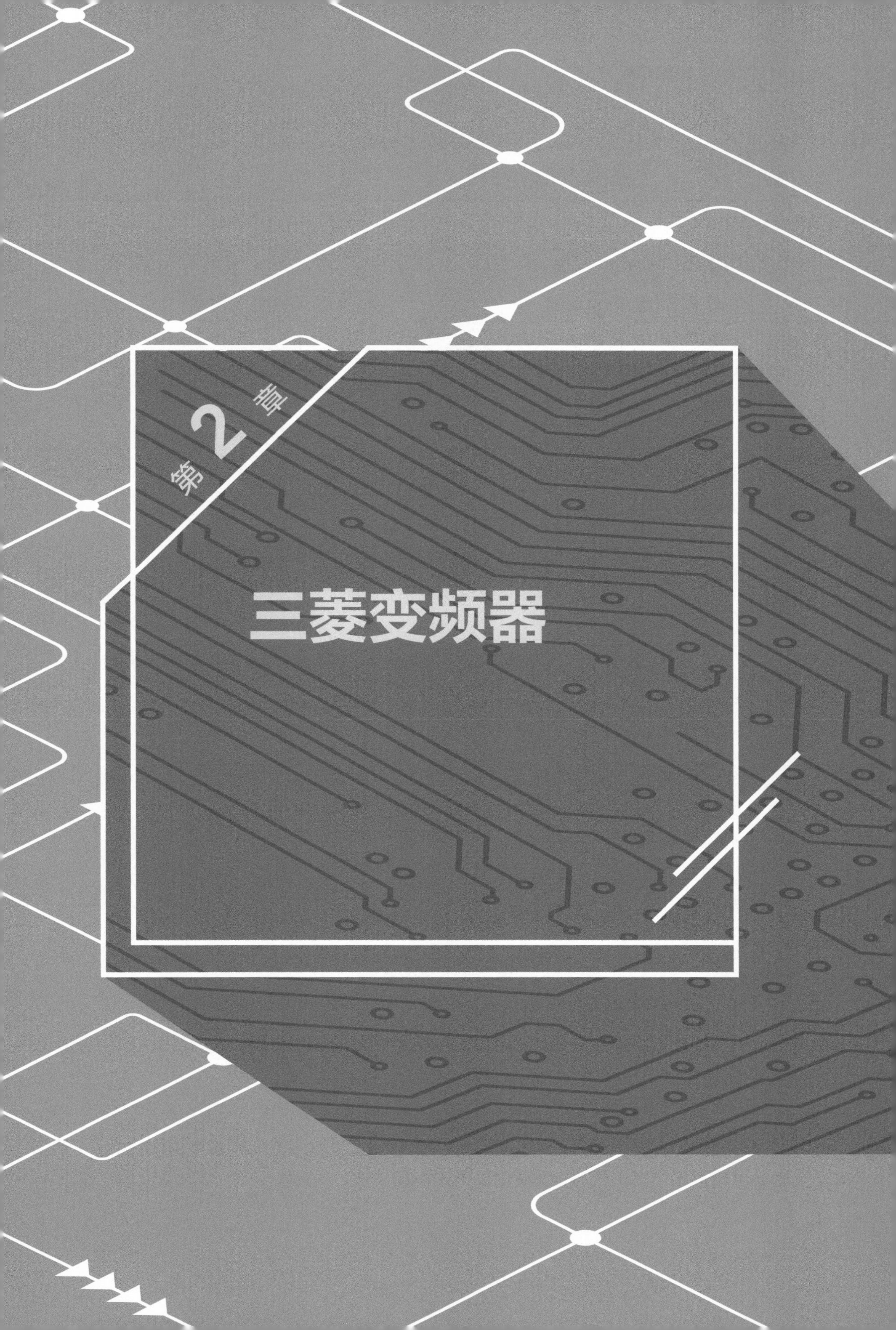

第2章 三菱变频器

2.1 三菱变频器硬件

2.1.1 三菱变频器调速系统

三菱变频器有多个系列，三菱FR-D700是目前应用较为广泛的变频器，本章以三菱FR-D700为例进行讲解。变频器在交流电动机调速控制系统中，主要有两种典型使用方法，分别为三相交流变频调速系统和单相交流变频调速系统，如图2-1所示。

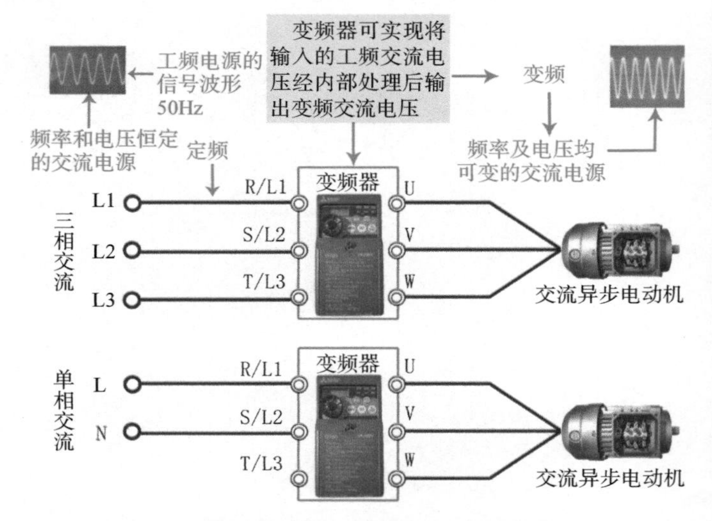

图2-1　三相和单相交流变频调速系统结构组成

三菱FR-D700是用于控制三相交流电动机速度的变频器系列。该系列有多种型号。以单相为例，这里选用的FR-D700订货号为FR-D720S-0.4K-CHT。

该变频器额定参数如下。

① 电源电压：220V，单相交流。

② 额定输出功率：0.4kW。

③ 额定输出电流：2.5A。

④ 操作面板：基本操作板（BOP）。

2.1.2 FR-D700变频器的端子及接线

（1）变频器接线端子及功能图解

打开变频器下端盖板后，就可以连接电源和电动机的接线端子。接线端子在变频器机壳下端。

三菱FR-D700系列为用户提供了一系列常用的输入输出接线端子，用户可以方便地通过这些接线端子来实现相应的功能。打开变频器后可以看到变频器的接线端子，如图2-2所示。这些接线端子的功能及使用说明如表2-1、表2-2所示。

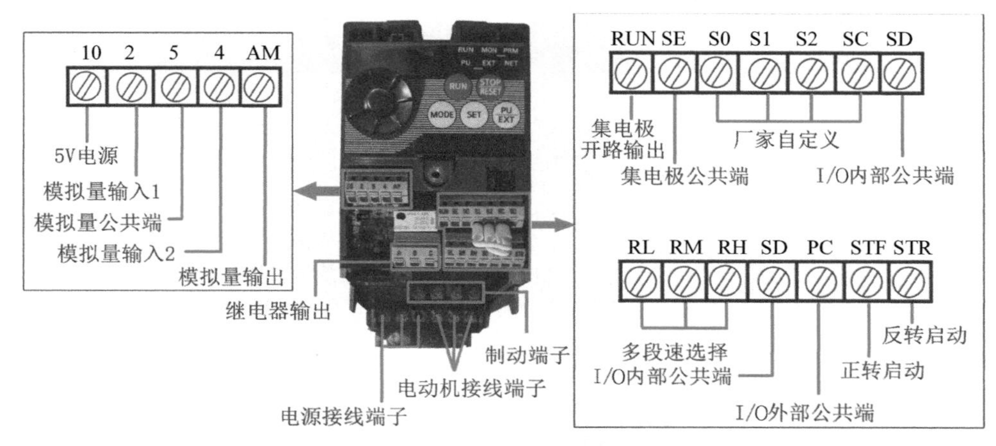

图2-2　FR-D700变频器的接线端子

表2-1　主电路端子

端子记号	内容说明
R/L1、S/L2、T/L3	主电路交流电源输入
U、V、W	连接至电动机
+、−	制动单元
+、P1	连接直流电抗器
⏚	接地用（避免高压突波冲击以及噪声干扰）

表2-2　控制电路端子

端子	功能说明	端子功能说明
STF	正转启动	功能选择可参考参数Pr178～Pr182多功能输入选择
STR	反转启动	
RH	多段速选择	
RM		
RL		
SD	内部输入公共端	
PC	外部输入公共端	
10	5V电源	可输出固定直流电压+5V
2	模拟电压频率指令	范围：DC0～5/10V对应到0～最大输出频率
4	模拟电流频率指令	范围：4～20mA对应到0～最大输出频率

续表

端子	功能说明	端子功能说明
5	模拟量公共端	
AM	多功能模拟电压输出	输出电流：1mA（max） 范围：DC0～10V
RUN	变频器运行输出端子	交流电动机驱动器以晶体管开路集电极方式输出监视信号。此端子可进行功能设置
SE	RUN端子公共端	
A B C	多功能Relay输出触点（常开a）	RA-RC
	多功能Relay输出触点（常开b）	RB-RC
	多功能Relay输出触点共同端	
S0 S1 S2 SC	厂家自定义用	

（2）变频器控制电路端子的标准接线

变频器的控制电路一般包括输入电路、输出电路和辅助接口等部分。其中，输入电路接收控制器（PLC）的指令信号（开关量或模拟量信号），输出电路输出变频器的状态信息（正常时的开关量或模拟量输出、异常输出等），辅助接口包括通信接口、外接键盘接口等。三菱变频器电路端子的标准接线如图2-3所示。

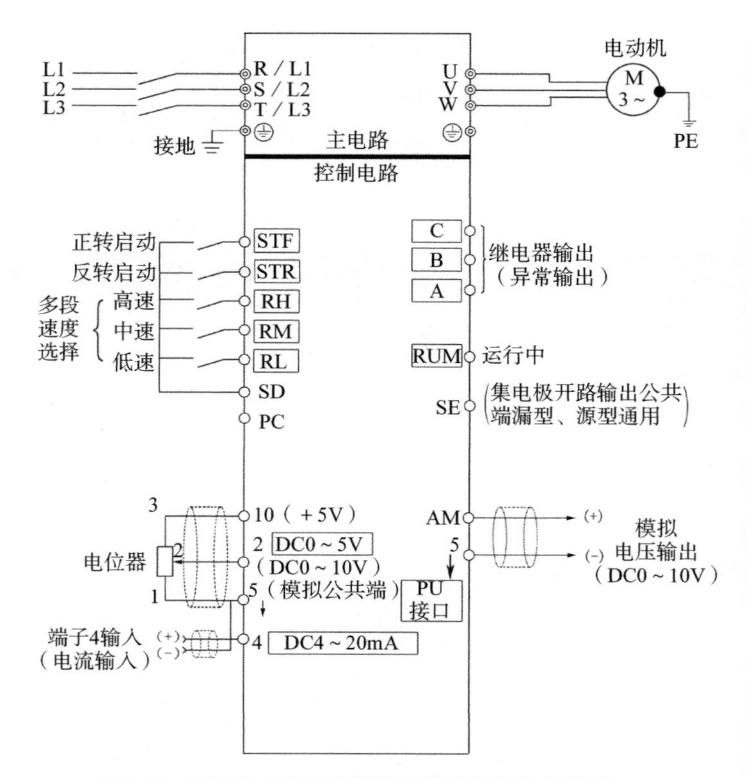

图2-3 三菱FR-D700变频器电路端子的标准接线

通用变频器是一种智能设备，其特点之一就是各端子的功能可通过调整相关参数的值进行变更。

2.1.3 FR-D700变频器面板

三菱FR-D700变频器面板如图2-4所示。

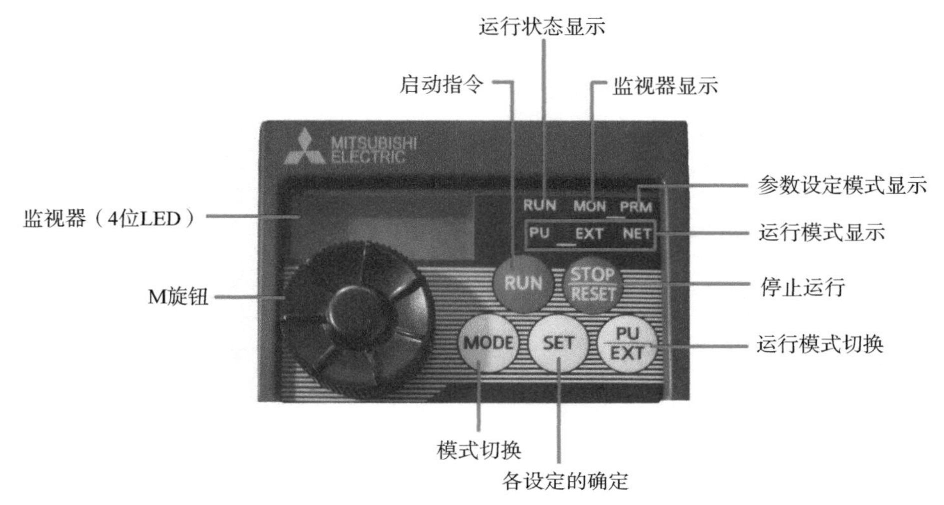

图2-4　三菱FR-D700变频器面板

三菱FR-D700变频器面板修改电动机容量参数操作如图2-5所示。

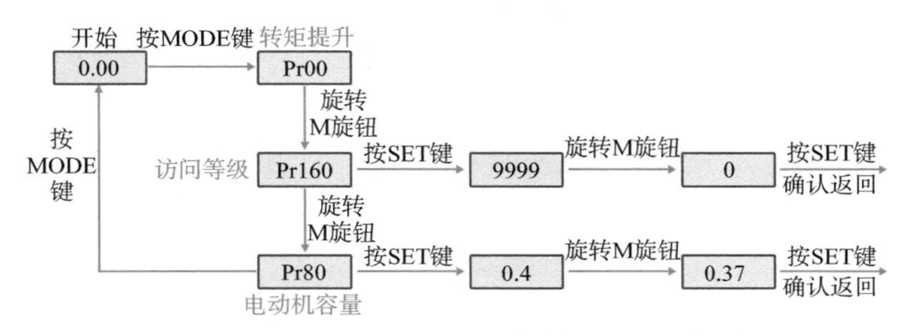

图2-5　三菱FR-D700变频器面板修改电动机容量参数操作

2.2 三菱变频器面板正反转控制电动机案例

2.2.1 FR-D700变频器电动机参数调整

为了使电动机与变频器相匹配，需要设置电动机参数，这些参数可以从电动机铭牌中直接得到。电动机参数设置如表2-3所示，变频器电动机参数设置方法如图2-6所示。电动机参数设定完成后，变频器当前处于准备状态，可正常运行。

表2-3 电动机参数设置

参数号	出厂值	设置值	说明
Pr160	9999	0	显示简单和扩展参数
Pr80	0.4	0.37	电动机容量（kW）
Pr82	2.5	1.93	电动机额定电流（A）
Pr83	220	220	电动机额定电压（V）
Pr84	50	50	电动机额定频率（Hz）

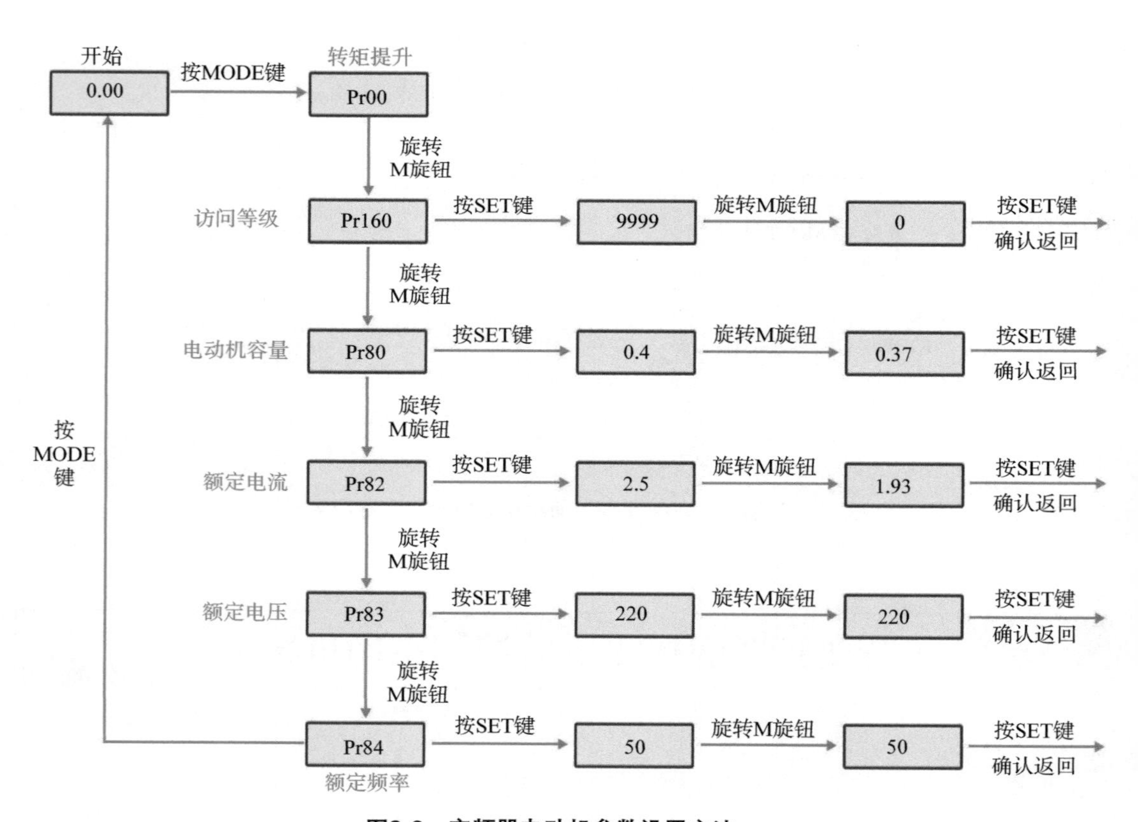

图2-6 变频器电动机参数设置方法

2.2.2 FR-D700变频器面板控制接线图

三菱FR-D700变频器面板控制电路接线原理图及实物接线图如图2-7所示。

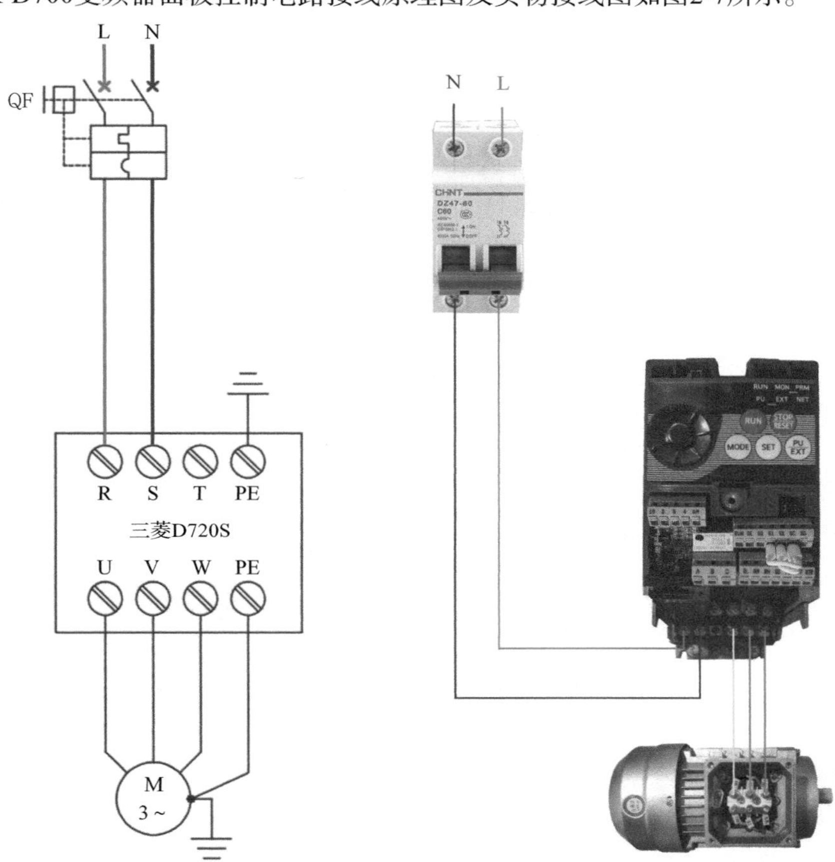

（a）变频器的接线原理图　（b）变频器的实物接线图

图2-7　三菱FR-D700变频器面板控制电路接线原理图及实物接线图

2.2.3 FR-D700变频器面板控制电气元件

元器件明细表如表2-4所示。

表2-4　元器件明细表

文字符号	名称	型号	在电路中起的作用
VFD	变频器	FR-D720S-0.4K-CHT	在电路中可以降低启动电流，改变电动机转速，实现电动机无级调速，在低于额定转速时有节电功能
QF	断路器	DZ47-60-2P-C10	电源总开关，在主电路中起控制兼保护作用
M	电动机	YS7124/370W	将电能转换为机械能，带动负载运行

2.2.4 FR-D700变频器面板控制参数设定

变频器参数具体设置如表2-5所示，变频器电动机参数设置方法如图2-6所示，具体变频器控制参数设置方法如图2-8所示。

表2-5　变频器参数具体设置

参数号	出厂值	设置值	说明
Pr160	9999	0	显示简单和扩展参数
Pr80	0.4	0.37	电动机容量
Pr82	2.5	1.93	电动机额定电流（A）
Pr83	220	220	电动机额定电压（V）
Pr84	50	50	电动机额定频率（Hz）
Pr1	50.0	50.0	电动机运行的最高频率（Hz）
Pr2	0.0	0.0	电动机运行的最低频率（Hz）
Pr7	10	3	加速时间（s）
Pr8	10	3	减速时间（s）
Pr79	0	1	PU模式（面板控制）

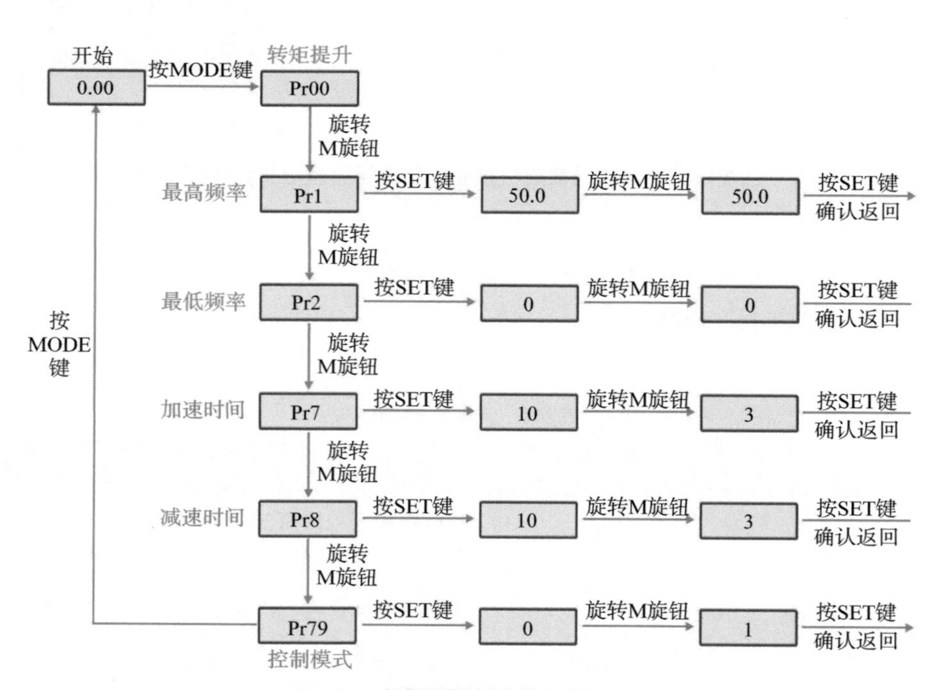

图2-8　变频器控制参数设置方法

2.2.5 FR-D700变频器面板控制电动机工作原理

① 闭合电源总开关QF。变频器输入端R、S上电，为启动电动机做好准备。

② 变频器面板控制

a. 面板启动：按下面板RUN键，电动机启动运行。

b. 面板停止：再按一下面板STOP键，电动机停止运行。

c. 面板电位器调速：在电动机运行状态下，可直接通过旋转操作面板上的电位器键，修改变频器的频率，进而改变电动机的转速。

③ 断开电源总开关QF。变频器输入端R、S断电，变频器失电断开。

2.3 三菱变频器三段速正反转控制电动机案例

2.3.1 FR-D700变频器三段速正反转控制电动机接线图

（1）变频器的接线原理图

三菱FR-D700变频器三段速正反转控制电动机电路接线原理图如图2-9所示。

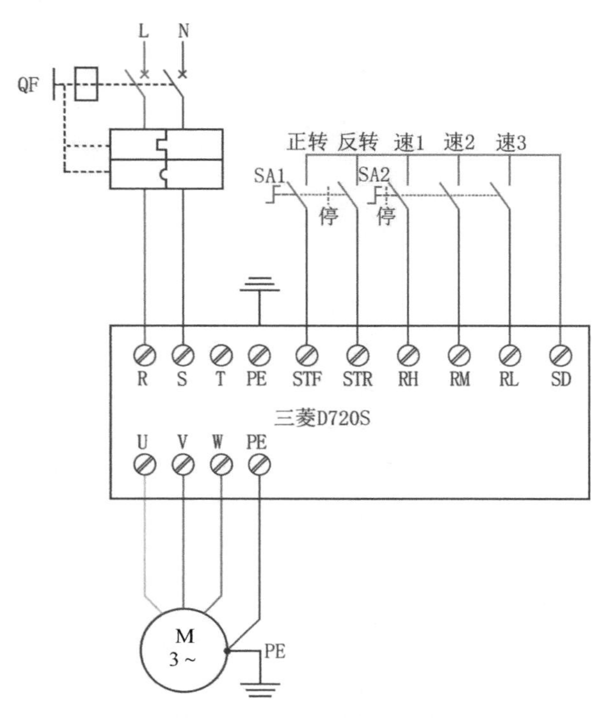

图2-9 三菱FR-D700变频器三段速正反转控制电动机电路接线原理图

（2）变频器的实物接线图

三菱FR-D700变频器三段速正反转控制电动机电路实物接线图如图2-10所示。

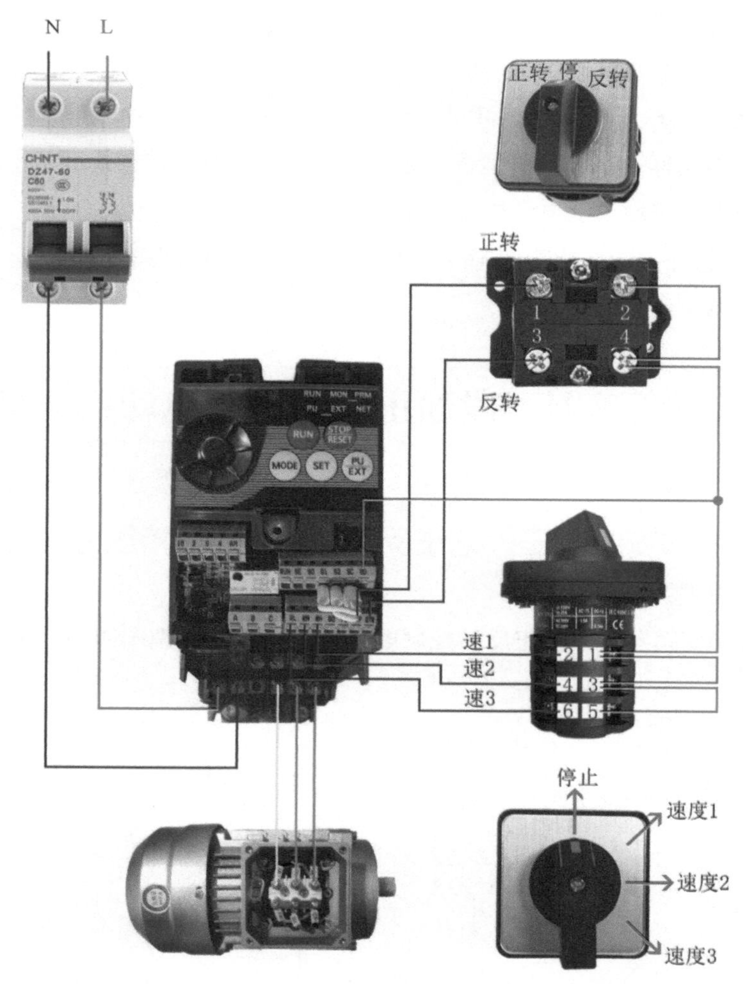

图2-10　三菱FR-D700变频器三段速正反转控制电动机电路实物接线图

2.3.2 FR-D700变频器三段速正反转控制电气元件

元器件明细表如表2-6所示。

表2-6　元器件明细表

文字符号	名称	型号	在电路中起的作用
VFD	变频器	FR-D720S-0.4K-CHT	在电路中可以降低启动电流，改变电动机转速，实现电动机无级调速，在低于额定转速时有节电功能

续表

文字符号	名称	型号	在电路中起的作用
QF	断路器	DZ47-60-2P-C10	电源总开关，在主电路中起控制兼保护作用
SA1	旋钮开关	LW26-10（3挡）	控制电动机正/反转与停止信号
SA2	旋钮开关	LW26-10（4挡）	控制电动机速度1/速度2/速度3
M	电动机	YS7124/370W	将电能转换为机械能，带动负载运行

2.3.3 FR-D700变频器三段速正反转控制电动机参数设定

变频器参数具体设置如表2-7所示，变频器电动机参数设置方法如表2-3所示，具体变频器控制参数设置方法如图2-11所示。

表2-7　变频器参数具体设置

参数号	出厂值	设置值	说明
Pr160	9999	0	显示简单和扩展参数
Pr80	0.4	0.37	电动机容量（kW）
Pr82	2.5	1.93	电动机额定电流（A）
Pr83	220	220	电动机额定电压（V）
Pr84	50	50	电动机额定频率（Hz）
Pr1	50.0	50.0	电动机运行的最高频率（Hz）
Pr2	0.0	0.0	电动机运行的最低频率（Hz）
Pr7	10	3	加速时间（s）
Pr8	10	3	减速时间（s）
Pr79	0	3	外部组合控制
Pr178	60	60	STF端子功能选择：正转
Pr179	61	61	STR端子功能选择：反转
Pr180	0	0	RL端子功能选择：低速
Pr181	1	1	RM端子功能选择：中速
Pr182	2	2	RH端子功能选择：高速
Pr4	0.0	20.0	多段速1：高速
Pr5	0.0	15.0	多段速2：中速
Pr6	0.0	10.0	多段速3：低速

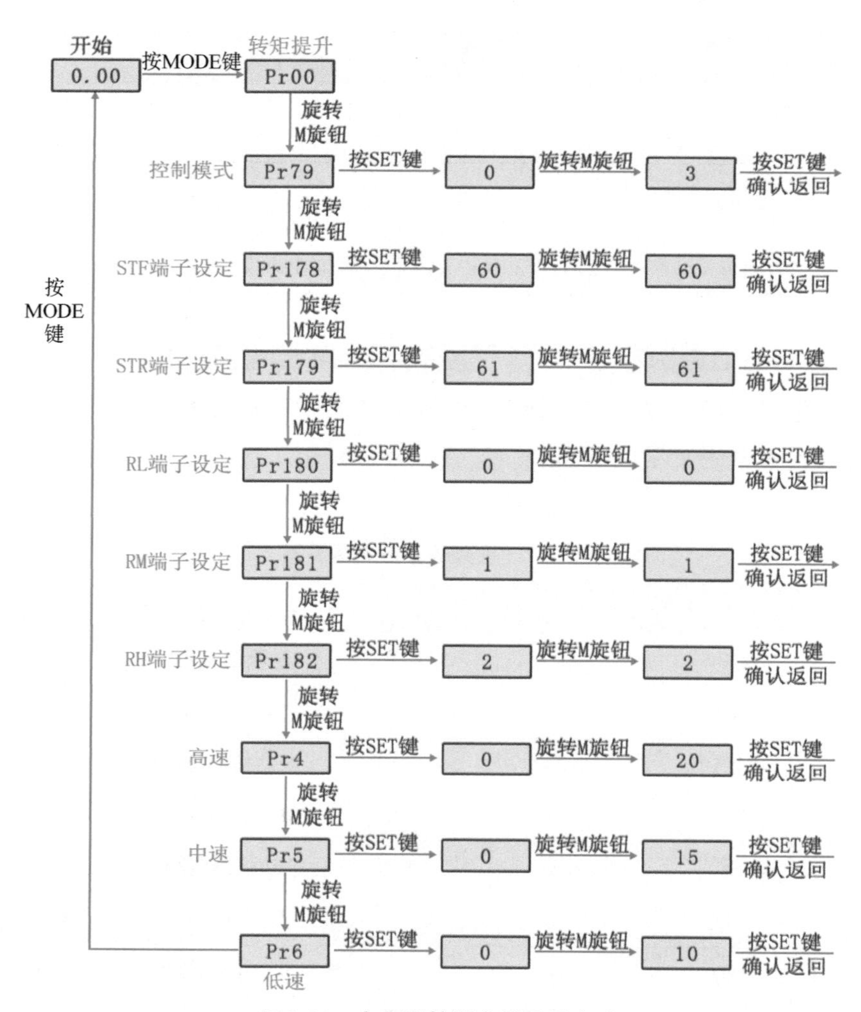

图2-11 变频器控制参数设置方法

2.3.4 FR-D700变频器三段速正反转控制电动机工作原理

① 闭合电源总开关QF。变频器输入端R、S上电，为启动电动机做好准备。

② 变频器端子控制

a. 端子启停：旋钮开关SA1旋到正转挡位，电动机正转运行；旋钮开关SA1旋到中间挡位，电动机停止；旋钮开关SA1旋到反转挡位，电动机反转运行。

b. 端子多段速给定：在电动机运行状态下，旋钮开关SA2旋到速度1挡位，电动机以10Hz运行；旋钮开关SA2旋到速度2挡位，电动机以15Hz运行；旋钮开关SA2旋到速度3挡位，电动机以20Hz运行。

③ 断开电源总开关QF。变频器输入端R、S断电，变频器失电断开。

2.4 三菱变频器模拟量控制电动机案例

2.4.1 FR-D700变频器模拟量控制电动机接线图

（1）变频器的接线原理图

三菱FR-D700变频器模拟量控制电动机电路接线原理图如图2-12所示。

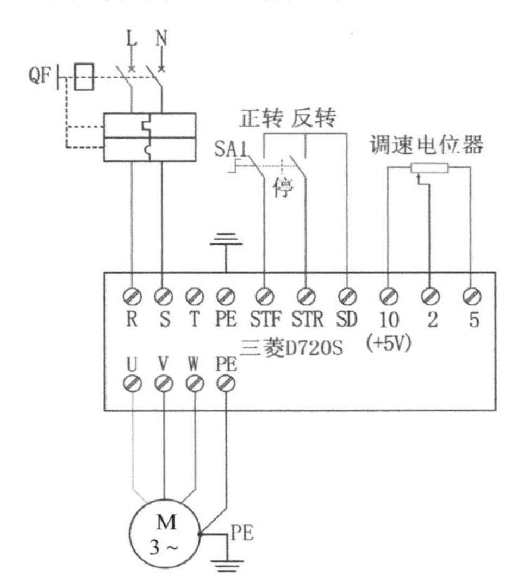

图2-12 三菱FR-D700变频器模拟量控制电动机电路接线原理图

（2）变频器的实物接线图

三菱FR-D700变频器模拟量控制电动机电路实物接线图如图2-13所示。

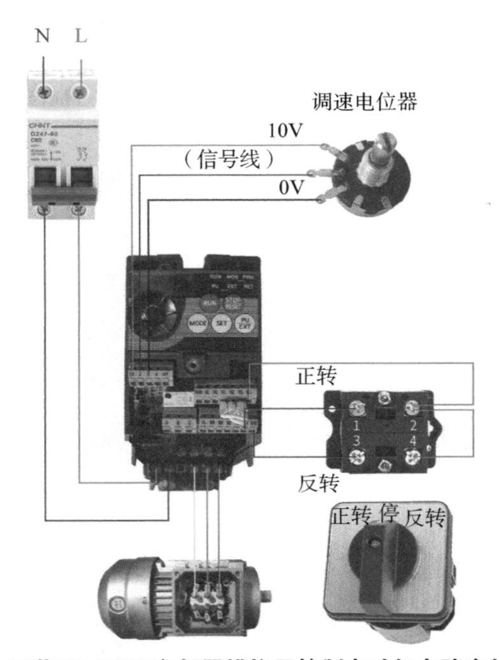

图2-13 三菱FR-D700变频器模拟量控制电动机电路实物接线图

2.4.2 FR-D700变频器模拟量控制电动机电气元件

元器件明细表如表2-8所示。

表2-8 元器件明细表

文字符号	名称	型号	在电路中起的作用
VFD	变频器	FR-D720S-0.4K-CHT	在电路中可以降低启动电流，改变电动机转速，实现电动机无级调速，在低于额定转速时有节电功能
QF	断路器	DZ47-60-2P-C10	电源总开关，在主电路中起控制兼保护作用
SA1	旋钮开关	LW26-10（3挡）	控制电动机正/反转与停止信号
RP	电位器	0～10kΩ	控制变频器频率
M	电动机	YS7124/370W	将电能转换为机械能，带动负载运行

2.4.3 FR-D700变频器模拟量控制电动机参数设定

变频器参数具体设置如表2-9所示，变频器电动机参数设置方法如图2-6所示，具体变频器控制参数设置方法如图2-14所示。

表2-9 变频器参数具体设置

参数号	出厂值	设置值	说明
Pr160	9999	0	显示简单和扩展参数
Pr80	0.4	0.37	电动机容量（kW）
Pr82	2.5	1.93	电动机额定电流（A）
Pr83	220	220	电动机额定电压（V）
Pr84	50	50	电动机额定频率（Hz）
Pr1	50.0	50.0	电动机运行的最高频率（Hz）
Pr2	0.0	0.0	电动机运行的最低频率（Hz）
Pr7	10	3	加速时间（s）
Pr8	10	3	减速时间（s）
Pr79	0	2	外部控制
Pr178	60	60	STF端子功能选择：正转
Pr179	61	61	STR端子功能选择：反转

续表

参数号	出厂值	设置值	说明
Pr73	1	0	模拟量端子2输入0～10V有效
Pr125	50.0	50.0	最大电压对应的最大频率（HZ）
Pr190	0	0	当变频器运行后，集电极开路端子输出
Pr192	99	99	变频器的保护功能动作、输出停止时（重故障时）输出。复位处于ON时停止信号输出

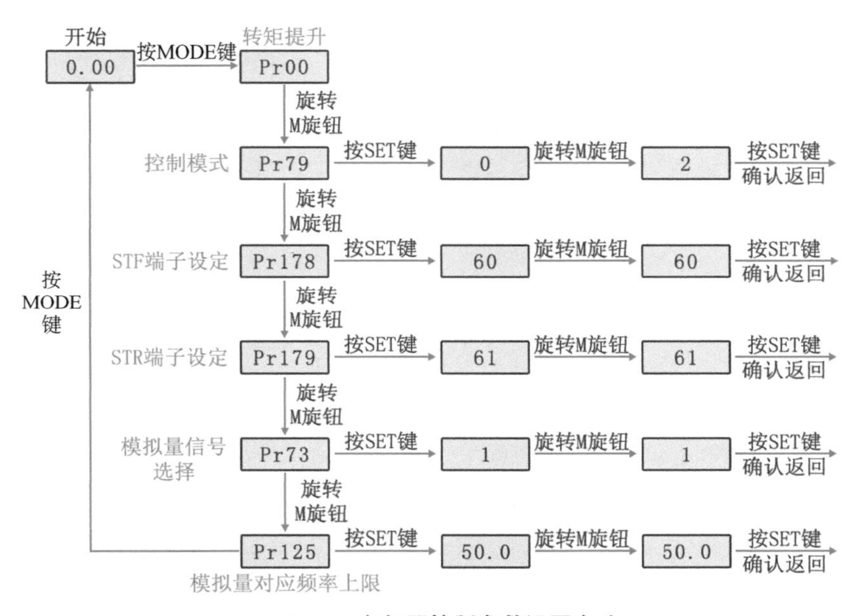

图2-14　变频器控制参数设置方法

2.4.4 FR-D700变频器模拟量控制电动机工作原理

① 闭合电源总开关QF。变频器输入端R、S上电，为启动电动机做好准备。

② 变频器控制

a. 端子启停：旋钮开关SA1旋到正转挡位，电动机正转运行；旋钮开关SA1旋到中间挡位，电动机停止；旋钮开关SA1旋到反转挡位，电动机反转运行。

b. 外部电位器频率给定：在电动机运行状态下，旋转外部电位器，可以修改变频器的频率，进而改变电动机的转速。

③ 断开电源总开关QF。变频器输入端R、S断电，变频器失电断开。

2.5 三菱变频器变频切换工频电路

控制要求：在正常运行中以变频启动运行，当变频器有故障时切换为工频运行。SB1与SB2为正反转按钮，SB3为控制电路停止按钮，SB4为启动按钮，KA1为故障继电器，KA2为运行继电器，KM1为变频器输入电源接触器，KM3为变频输出接触器，KM2为工频运行接触器。变频器的频率为模拟量输入控制。

（1）变频器的主电路

三菱FR-D700变频工频切换主电路图如图2-15所示。

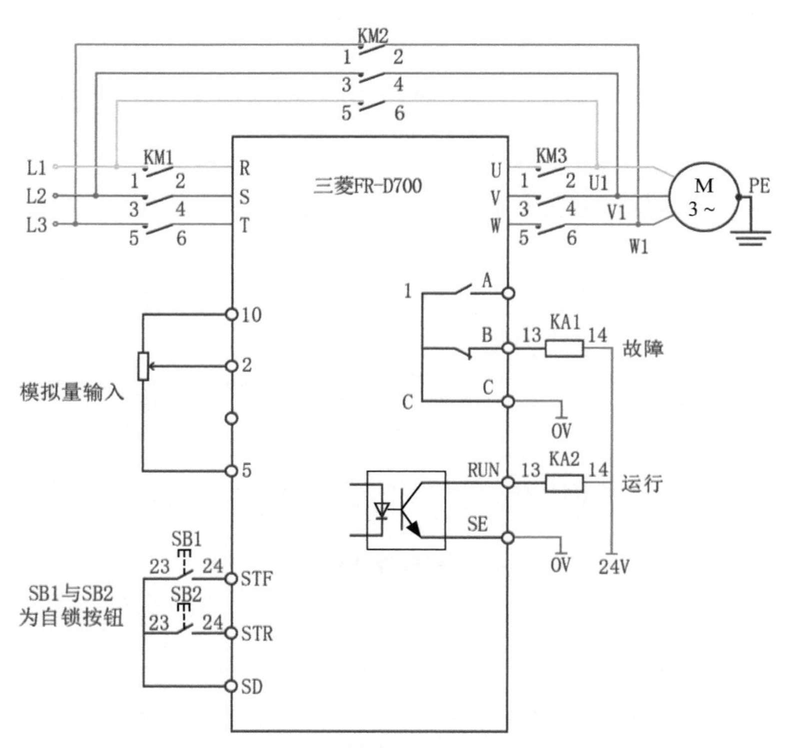

图2-15 三菱FR-D700变频工频切换主电路图

（2）变频器的控制电路

三菱FR-D700变频工频切换控制电路图如图2-16所示。

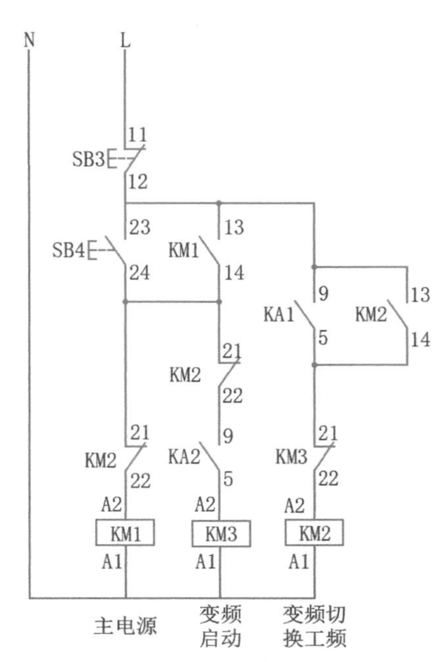

图2-16　三菱FR-D700变频工频切换控制电路图

（3）变频器参数设置

三菱变频器参数设置如表2-10所示。

表2-10　三菱变频器参数设置

参数号	出厂值	设置值	说明
Pr160	9999	0	显示简单和扩展参数
Pr80	0.4	0.37	电动机容量（kW）
Pr82	2.5	1.93	电动机额定电流（A）
Pr83	220	220	电动机额定电压（V）
Pr84	50	50	电动机额定频率（Hz）
Pr1	50.0	50.0	电动机运行的最高频率（Hz）
Pr2	0.0	0.0	电动机运行的最低频率（Hz）
Pr7	10	3	加速时间（s）
Pr8	10	3	减速时间（s）
Pr79	0	2	外部控制
Pr178	60	60	STF端子功能选择：正转
Pr179	61	61	STR端子功能选择：反转

续表

参数号	出厂值	设置值	说明
Pr73	1	0	模拟量端子2输入0～10V有效
Pr125	50.0	50.0	最大电压对应的最大频率（Hz）
Pr190	0	0	RUN端子功能选择
Pr192	99	99	ABC端子功能选择

三菱FR-D700变频工频切换参数设置如图2-17所示。

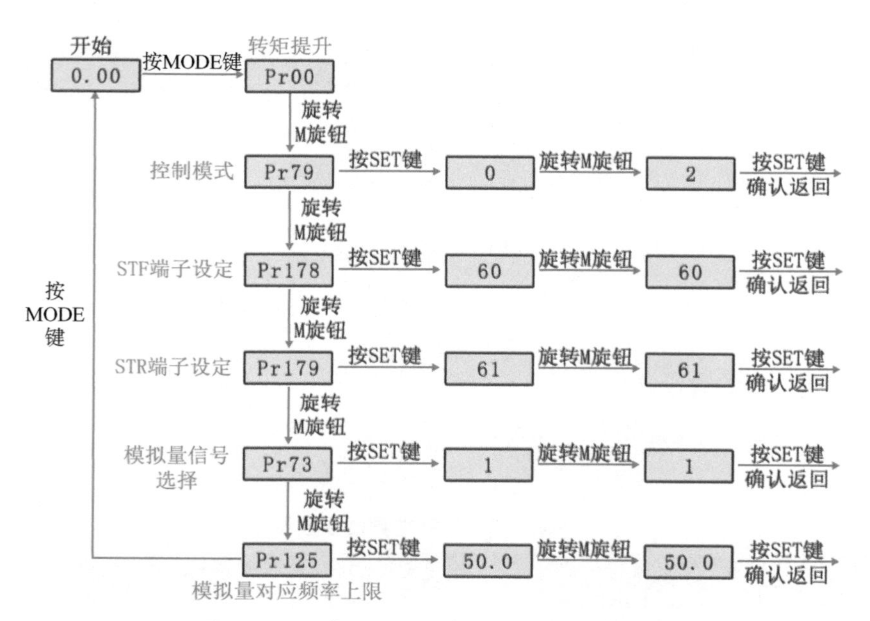

图2-17　三菱FR-D700变频工频切换参数设置

（4）工作原理说明

① 主电路接线：三相电380V通过L1～L3引入交流接触器KM1的上端端子，KM1的下端端子出线引入三菱变频器的R、S、T，变频器的输出端U、V、W引入交流接触器KM3的上端端子，KM3的下端端子出线引入三相异步电动机，此步骤为变频启动的主电路接线。或者三相电380V通过L1～L3引入交流接触器KM2的上端端子，KM2的下端端子出线引入三相异步电动机U1、V1、W1，此步骤为工频启动的主电路接线。

② 主电路控制过程：KM1主电路线圈吸合接通变频器三相电源。当变频器输出时，交流接触器KM3吸合，电动机变频运行。或KM2主电路吸合接通主电源，电动机工频运行。

③ 变频运行：按下控制电路启动按钮SB4，KM1线圈得电并自锁。按下变频器正转按钮SB1，变频器开始运行，变频器继电器SE-RUN接通，中间继电器KA2线圈得电，

KA2常开触点闭合，KM3线圈得电。KM3主触点接通，电动机变频运行。

④ 工频运行：在变频器故障时，继电器输出动作，KA1线圈得电，常开触点5-9接通，KM2线圈得电，KM2主触点接通，电动机工频运行。

⑤ 停止按钮：按下停止按钮SB3，KM1～KM3线圈失电，KM1～KM3主触点断开，电动机停止。

2.6 三菱变频器故障报警代码及处理方法

三菱变频器故障报警代码及处理方法如表2-11所示。

表2-11　三菱变频器故障报警代码及处理方法

故障代码	故障类型	可能的故障原因	处理方法
E.0C1	加速时过电流切断	① 是否为急加速运行 ② 用于升降的下降加速时间是否过长 ③ 是否存在输出短路、接地现象 ④ 失速防止动作是否合适 ⑤ 再生频度是否过高（再生时输出电压是否比V/F标准值大，是否因电动机电流增加而产生过电流）	① 延长加速时间（缩短用于升降的下降加速时间） ② 启动时“E.0C1”总在点亮的情况下，尝试脱开电动机启动。如果“E.0C1”仍点亮，应与三菱公司联系 ③ 确认接线是否正常，确保无输出短路及接地发生 ④ 将失速防止动作设定为适当的值 ⑤ 在Pr19基准频率电压中设定基准电压（电动机的额定电压等）
E.0C2	恒速时过电流切断	① 负载是否发生急剧变化 ② 是否存在输出短路、接地现象 ③ 失速防止动作是否合适	① 消除负载急剧变化的情况 ② 确认接线正常，确保无输出短路及接地发生 ③ 将失速防止动作设定为适当的值
E.0C3	减速、停止中过电流切断	① 是否为急减速运行 ② 是否存在输出短路、接地现象 ③ 电动机的机械制动动作是否过早 ④ 失速防止动作是否合适	① 延长减速时间 ② 确认接线正常，确保无输出短路及接地发生 ③ 检查机械制动动作 ④ 将失速防止动作设定为适当的值
E.0V1	加速时再生过电压切断	① 加速度是否太缓慢（在升降负载的情况下下降加速时等） ② Pr22失速防止动作水平是否设定得过低	① 缩短加速时间、使用再生回避功能（Pr882、Pr883、Pr885、Pr886） ② 正确设定Pr22失速防止动作水平

续表

故障代码	故障类型	可能的故障原因	处理方法
E.0V2	恒速时再生过电压切断	① 负载是否发生急剧变化 ② Pr22失速防止动作水平是否设定得过低	① 消除负载急剧变化的情况 ·使用再生回避功能（Pr882、Pr883、Pr885、Pr886） ·必要时使用制动电阻器、制动单元或共直流母线变流器（FR-CV） ② 正确设定Pr22失速防止动作水平
E.0V3	减速、停止时再生过电压切断	是否为急减速运行	① 延长减速时间（使减速时间符合负载的转动惯量） ② 减少制动频度 ③ 使用再生回避功能（Pr882、Pr883、Pr885、Pr886） ④ 必要时使用制动电阻器、制动单元或共直流母线变流器（FR-CV）
E.THT	变频器过载切断（电子过电流保护）	① 加减速时间是否过短 ② 转矩提升的设定值是否过大（过小） ③ 适用负载选择的设定是否与设备的负载特性相符 ④ 电动机是否在过载状态下使用 ⑤ 周围温度是否过高	① 延长加减速时间 ② 调整转矩提升的设定值 ③ 根据设备的负载特性进行适用负载选择的设定 ④ 减轻负载 ⑤ 将周围温度调节到规定范围内
E.THM	电动机过载切断（电子过电流保护）	① 电动机是否在过载状态下使用 ② 电动机选择参数Pr71适用电动机的设定是否正确 ③ 失速防止动作的设定是否适当	① 减轻负载 ② 恒转矩电动机时把Pr71适用电动机设定为恒转矩电动机 ③ 正确设定失速防止动作
E.FIN	散热片过热	① 周围温度是否过高 ② 冷却散热片是否堵塞 ③ 冷却风扇是否已停止（操作面板上显示FN）	① 将周围温度调节到规定范围内 ② 进行冷却散热片的清扫 ③ 更换冷却风扇
E.ILF	输入缺相	① 三相电源的输入用电缆是否断线 ② 三相电源输入的相间电压不平衡是否过大	① 正确接线，并对断线部位进行修复 ② 确认Pr872输入缺相保护选择的设定值。三相输入电压不平衡较大时，设定Pr872＝“0”（无输入缺相保护）
E.0LT	失速防止	电动机是否在过载状态下使用	减轻负载（确认Pr22失速防止动作水平的设定值）

续表

故障代码	故障类型	可能的故障原因	处理方法
E. BE	制动晶体管异常检测	① 将负载惯量调小 ② 制动的使用频度是否合适 ③ 制动电阻器的选择是否正确	更换变频器
E.GF	启动时输出侧接地过电流	电动机、连接线是否接地	修复接地部位
E.LF	输出缺相	① 确认接线（电动机是否正常） ② 是否使用了比变频器容量小的电动机	① 正确接线 ② 确认Pr251输出缺相保护选择的设定值
E.0HT	外部热继电器动作	① 电动机过热 ② 是否将Pr178～Pr182（输入端子功能选择）中的任意一个正确设定为7（OH信号）	① 降低负载和运行频度 ② 即使继电器触点自动复位，只要变频器不复位，变频器就不会再启动
E.PTC	PTC热敏电阻动作	① 确认与PTC热敏电阻的连接 ② 确认Pr561 PTC热敏电阻保护水平的设定值 ③ 电动机是否在过载状态下运行	减轻负载
E.PE	参数存储元件异常（控制电路板）	参数写入次数是否太多	与经销商或三菱公司联系 用通信方法频繁进行参数写入时，把Pr342设定为“1”（RAM写入）。但因为是RAM写入方式，所以一旦切断电源，就会恢复到RAM写入前的状态
E.PUE	PU脱离	① 参数单元电缆连接是否不良 ② 确认Pr75的设定值 ③ RS-485通信数据是否正确。通信相关参数的设定和计算机的通信设定是否一致 ④ 是否在Pr122 PU通信校验时间间隔中设定的时间内从计算机发送数据	① 切实接好参数单元电缆 ② 确认通信数据和通信设定 ③ 增大Pr122 PU通信校验时间间隔的设定值，或者设定为“9999”（无通信校验）
E.RET	再试次数超出	调查异常发生的原因	处理当前显示错误的前一个错误

续表

故障代码	故障类型	可能的故障原因	处理方法
E.CPU	CPU错误	变频器的周围是否存在产生过大噪声干扰的设备等	① 排除变频器的周围存在产生过大噪声干扰的设备等 ② 应与经销商或三菱公司联系
E.CDO	超过输出电流检测值	输出电流超过Pr150输出电流检测水平中设定的值时启动	确认Pr150输出电流检测水平、Pr151输出电流检测信号迟延时间、Pr166输出电流检测信号保持时间、Pr167输出电流检测动作选择的设定值
E.1OH	浪涌电流抑制电路异常	是否反复进行了电源的ON/OFF操作	重新组织电路，避免频繁进行ON/OFF操作 如采取了以上的对策仍未改善，应与经销商或三菱公司联系
E.AIE	模拟量输入异常	确认Pr267端子4输入选择以及电压/电流输入切换开关的设定值	通过电流输入发出频率指令，或将Pr267端子4输入选择以及电压/电流输入切换开关设定为电压输入

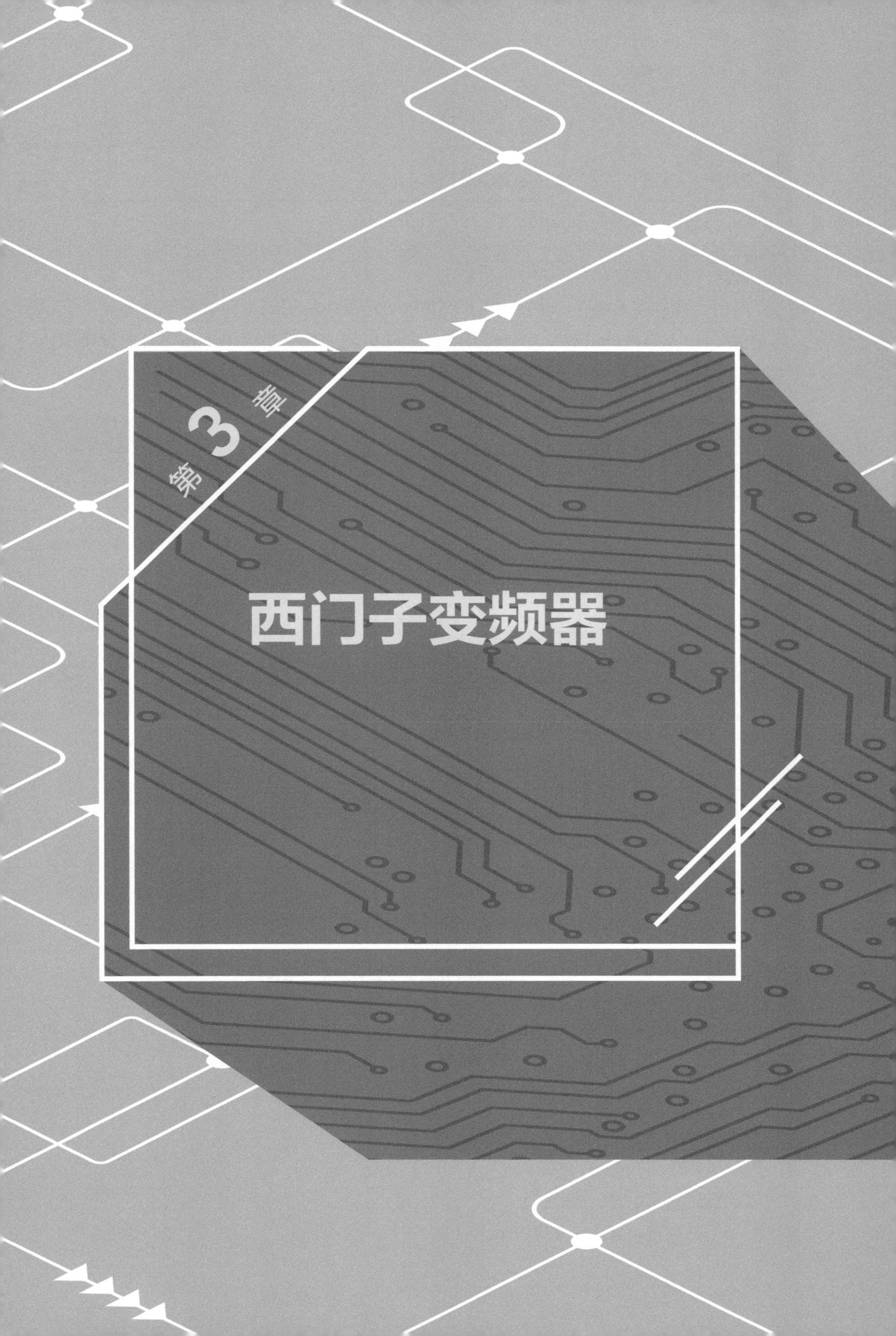

第3章 西门子变频器

3.1 西门子变频器硬件

3.1.1 西门子变频器调速系统

西门子变频器有多个系列，西门子MM440是目前应用较为广泛的变频器，本章以西门子MM440为例进行讲解。变频器在交流电动机调速控制系统中，主要有两种典型使用方法，分别为三相交流变频调速系统和单相交流变频调速系统，如图3-1所示。

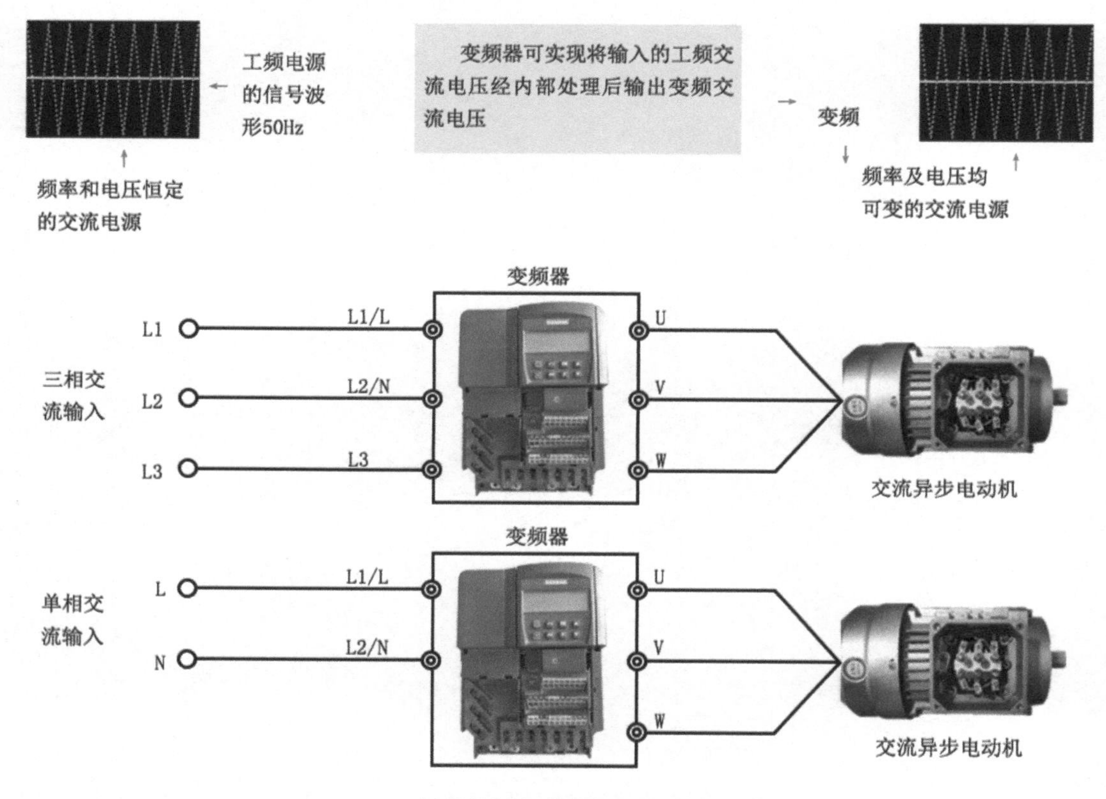

图3-1　三相和单相交流变频调速系统结构组成

西门子MM440是用于控制三相交流电动机速度的变频器系列。该系列有多种型号。以单相为例，这里选用的MM440订货号为6SE6440-2UC13-7AA1。

该变频器额定参数如下。

① 电源电压：220V，单相交流。

② 额定输出功率：0.37kW。

③ 额定输出电流：2.5A。

④ 操作面板：基本操作板（BOP）。

3.1.2 VFD-M变频器的端子及接线介绍

（1）变频器接线端子及功能图解

打开变频器后，就可以连接电源和电动机的接线端子。接线端子在变频器机壳下端。

西门子MM440系列为用户提供了一系列常用的输入输出接线端子，用户可以方便地通过这些接线端子来实现相应的功能。打开变频器后可以看到变频器的接线端子，如图3-2所示。这些接线端子的功能及使用说明如表3-1、表3-2所示。

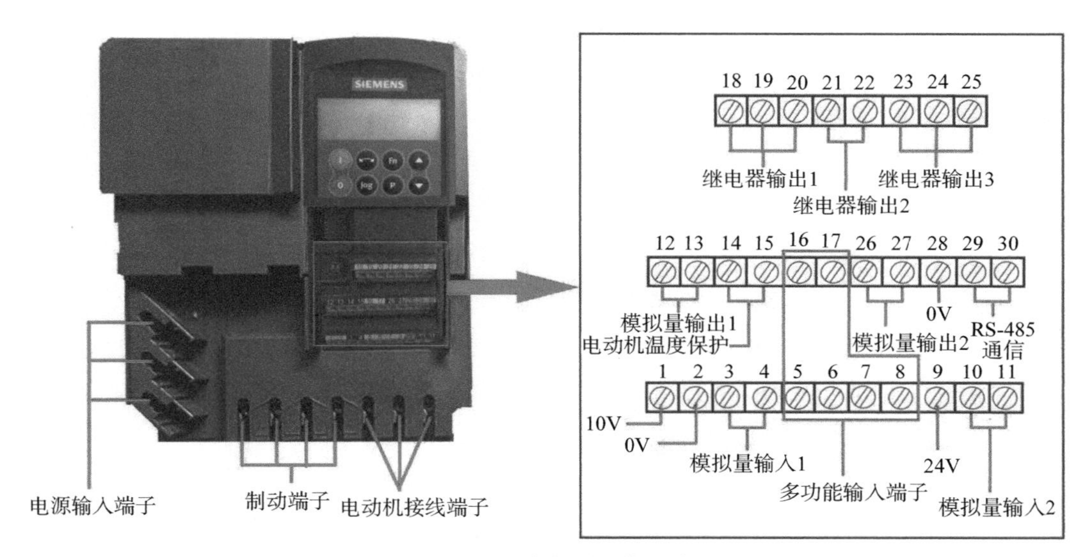

图3-2　MM440变频器的接线端子

表3-1　主电路端子

端子记号	内容说明（端子规格为M3.0）
L1/L、L2/N、L3	主电路交流电源输入
U、V、W	连接至电动机
B－、DC＋/B＋、DC－	制动电阻（选用）连接端子
⏚	接地用（避免高压突波冲击以及噪声干扰）

表3-2　控制电路端子

端子	功能说明	端子	功能说明
1	＋10V电源	14	电动机温度保护端子
2	0V电源	15	

续表

端子	功能说明	端子	功能说明
3	模拟量输入端1	18	继电器输出端1
4		19	
5	可编程逻辑输入端	20	
6		21	继电器输出端2
7		22	
8		23	继电器输出端3
16		24	
17		25	
9	24V电源	26	模拟量输出2
28	0V电源	27	
10	模拟量输入端2	29	通信端子
11		30	
12	模拟量输出1		
13			

（2）变频器控制电路端子的标准接线

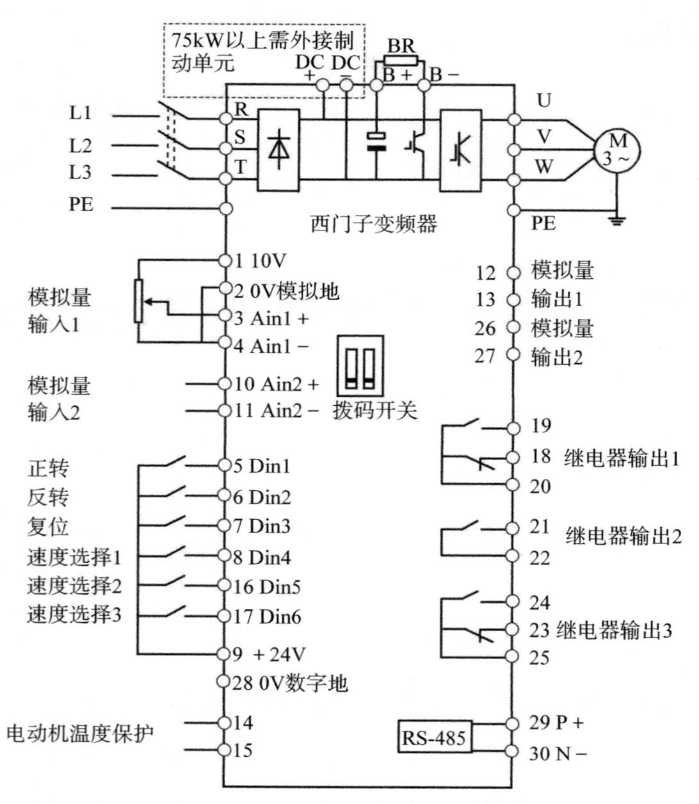

图3-3 西门子MM440变频器电路端子的标准接线

变频器的控制电路一般包括输入电路、输出电路和辅助接口等部分。其中，输入电路接收控制器（PLC）的指令信号（开关量或模拟量信号），输出电路输出变频器的状态信息（正常时的开关量或模拟量输出、异常输出等），辅助接口包括通信接口、外接键盘接口等。西门子MM440变频器电路端子的标准接线如图3-3所示。

通用变频器是一种智能设备，其特点之一就是各端子的功能可通过调整相关参数的值进行变更。

3.1.3 MM440变频器面板

西门子MM440变频器面板如图3-4所示。

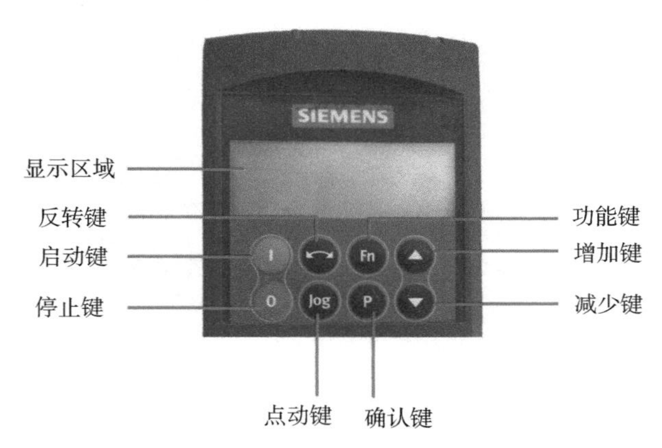

图3-4 西门子MM440变频器面板

西门子MM440变频器面板修改电动机参数操作如图3-5所示。

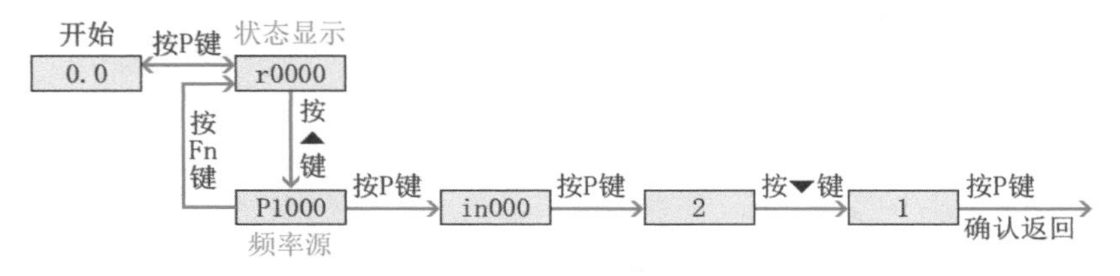

图3-5 西门子MM440变频器面板修改电动机参数操作

3.2 西门子变频器面板正反转控制电动机案例

3.2.1 MM440变频器电动机参数调整

为了使电动机与变频器相匹配，需要设置电动机参数，这些参数可以从电动机铭牌中直接得到。电动机参数设置如表3-3所示，变频器电动机参数设置方法如图3-6所示。电动机参数设定完成后，变频器当前处于准备状态，可正常运行。

表3-3 电动机参数设置

参数号	出厂值	设置值	说明
P0003	1	2	设定用户访问级为标准级
P0010	0	1	快速调试

续表

参数号	出厂值	设置值	说明
P0100	0	0	功率以kW为单位，频率为50Hz
P0304	230	220	电动机额定电压（V）
P0305	3.25	1.93	电动机额定电流（A）
P0307	0.75	0.37	电动机额定功率（kW）
P0310	50	50	电动机额定频率（Hz）
P0311	0	1400	电动机额定转速（r/min）

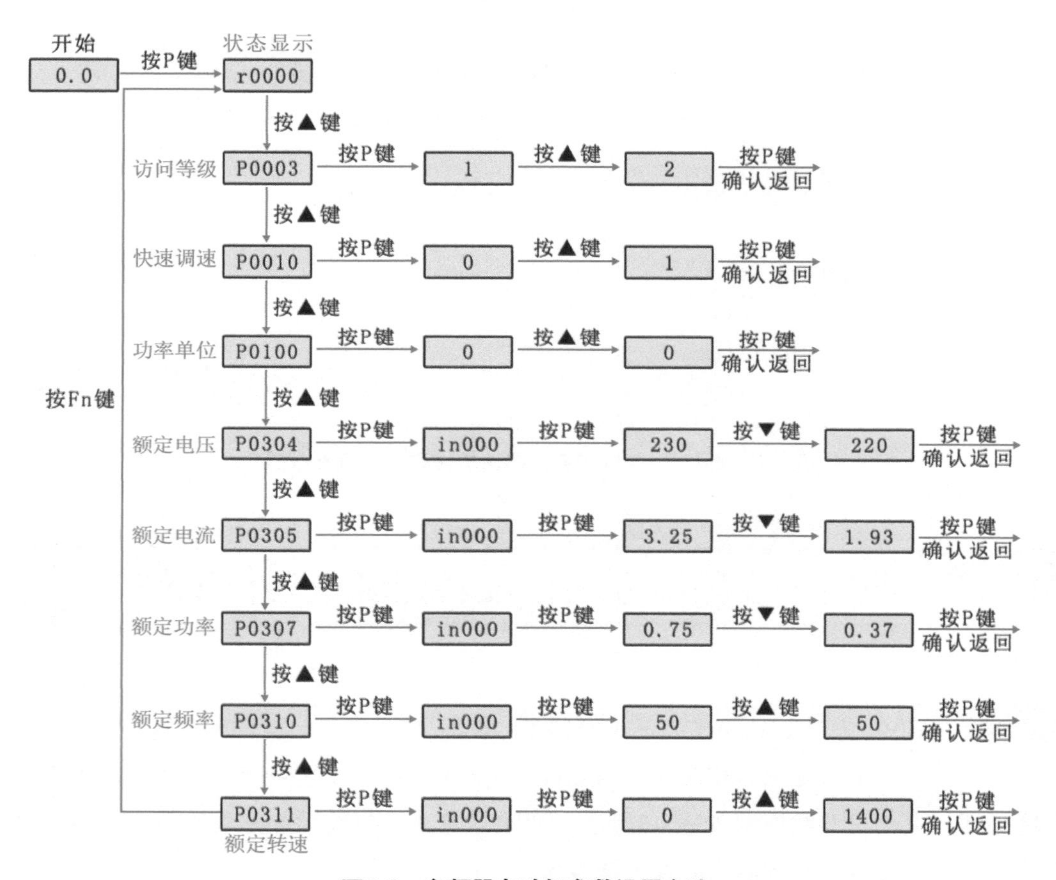

图3-6　变频器电动机参数设置方法

3.2.2 MM440变频器面板控制接线图

西门子MM440变频器面板控制电路接线原理图及实物接线图如图3-7所示。

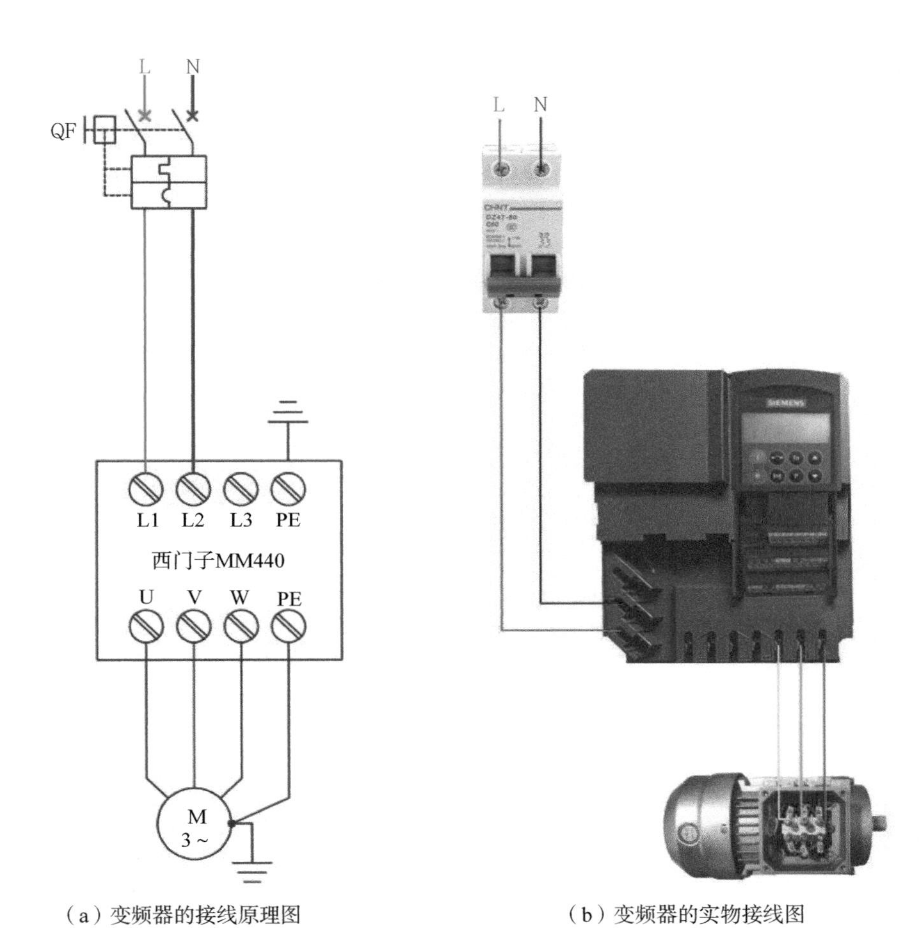

（a）变频器的接线原理图　　（b）变频器的实物接线图

图3-7　西门子MM440变频器面板控制电路接线原理图及实物接线图

3.2.3 MM440变频器面板控制电气元件

元器件明细表如表3-4所示。

表3-4　元器件明细表

文字符号	名称	型号	在电路中起的作用
VFD	变频器	6SE6440-2UC13-7AA1	在电路中可以降低启动电流，改变电动机转速，实现电动机无级调速，在低于额定转速时有节电功能
QF	断路器	DZ47-60-2P-C10	电源总开关，在主电路中起控制兼保护作用
M	电动机	YS7124/370W	将电能转换为机械能，带动负载运行

3.2.4 MM440变频器面板控制参数设定

变频器参数具体设置如表3-5所示，变频器电动机参数设置方法如图3-6所示，具体变频器控制参数设置方法如图3-8所示。

表3-5 变频器参数具体设置

参数号	出厂值	设置值	说明
P0003	1	2	设用户访问级为扩展级
P0700	1	1	由键盘输入设定值（选择命令源）
P1000	2	1	由键盘（电动电位计）输入设定值
P1080	0.0	0.0	电动机运行的最低频率（Hz）
P1082	50.0	50.0	电动机运行的最高频率（Hz）
P1060	10	5	点动斜坡上升时间（s）
P1061	10	5	点动斜坡下降时间（s）

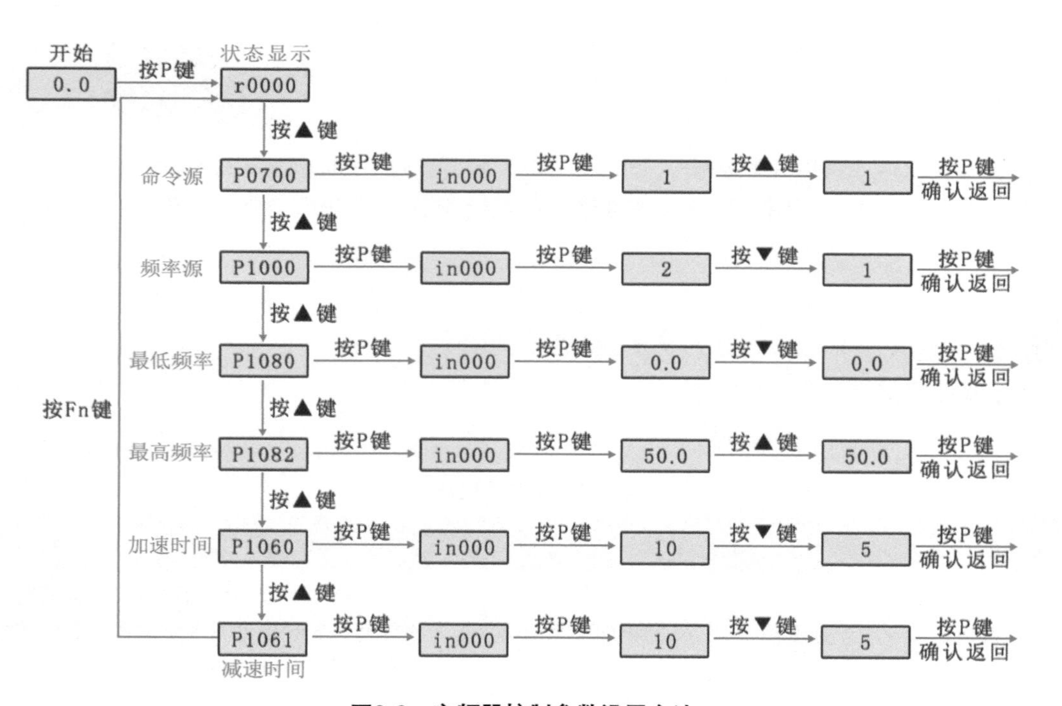

图3-8 变频器控制参数设置方法

3.2.5 MM440变频器面板控制电动机工作原理

① 闭合电源总开关QF。变频器输入端R、S上电，为启动电动机做好准备。

② 变频器面板控制

a. 面板启动：按下面板◙键，电动机启动运行。

b. 面板停止：再按一下面板◙键，电动机停止运行。

c. 面板电位器调速：在电动机运行状态下，可直接通过按操作面板上的增加键／减少键（▲/▼），修改变频器的频率进而改变电动机的转速。

③ 断开电源总开关QF。变频器输入端R、S断电，变频器失电断开。

3.3 西门子变频器三段速正反转控制电动机案例

3.3.1 MM440变频器三段速正反转控制电动机接线图

（1）变频器的接线原理图

西门子MM440变频器三段速正反转控制电动机电路接线原理图如图3-9所示。

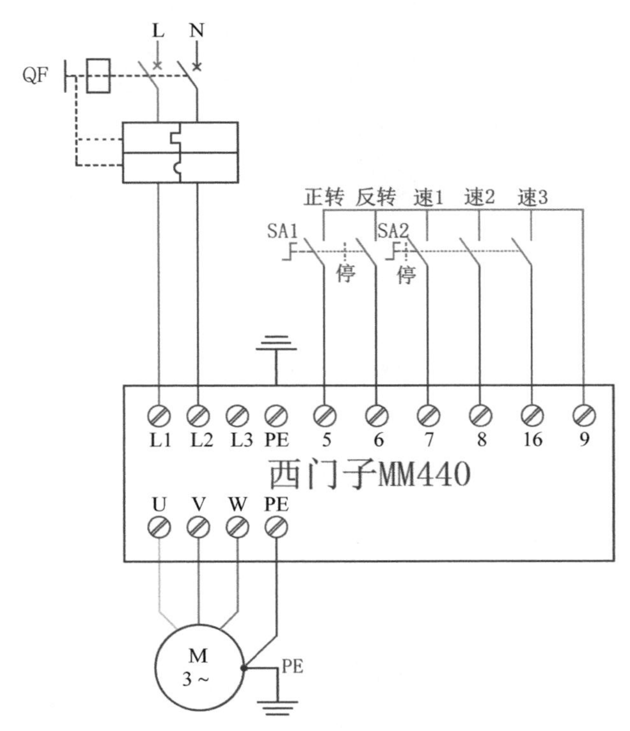

图3-9 西门子MM440变频器三段速正反转控制电动机电路接线原理图

(2)变频器的实物接线图

西门子MM440变频器三段速正反转控制电动机电路实物接线图如图3-10所示。

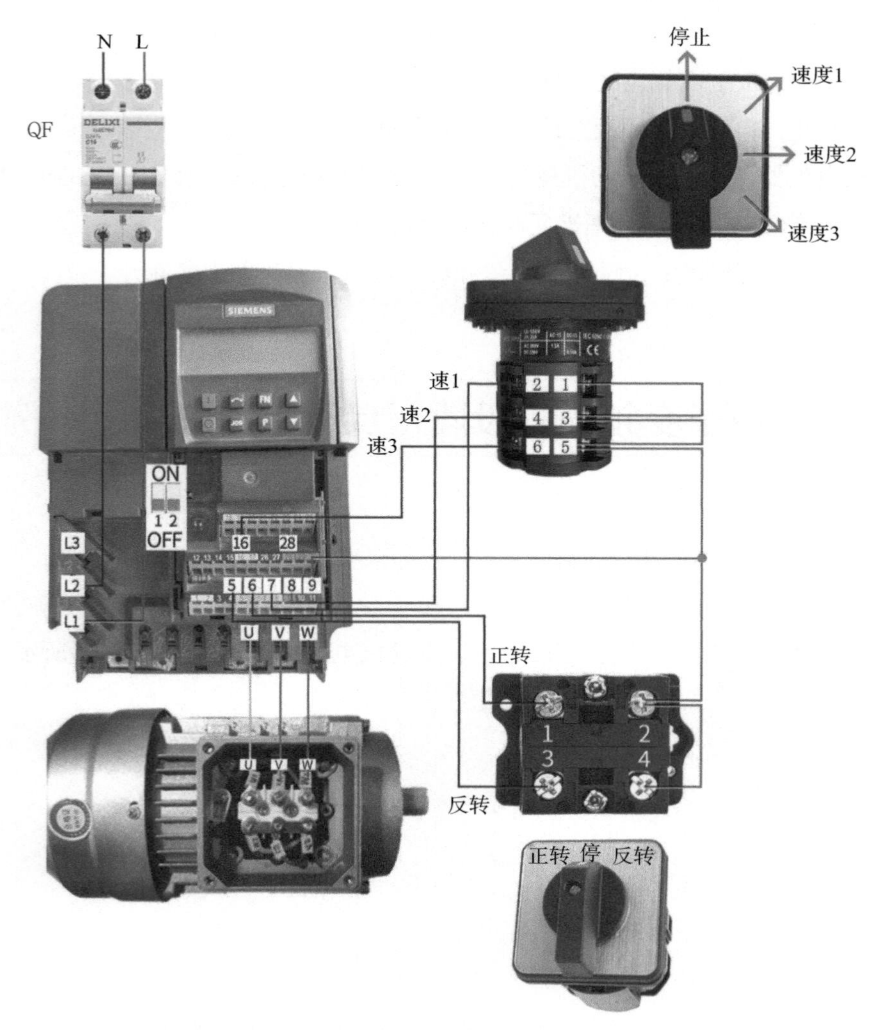

图3-10 西门子MM440变频器三段速正反转控制电动机电路实物接线图

3.3.2 MM440变频器三段速正反转控制电气元件

元器件明细表如表3-6所示。

表3-6 元器件明细表

文字符号	名称	型号	在电路中起的作用
VFD	变频器	6SE6440-2UC13-7AA1	在电路中可以降低启动电流，改变电动机转速，实现电动机无级调速，在低于额定转速时有节电功能

续表

文字符号	名称	型号	在电路中起的作用
QF	断路器	DZ47-60-2P-C10	电源总开关，在主电路中起控制兼保护作用
SA1	旋钮开关	LW26-10（3挡）	控制电动机正/反转与停止信号
SA2	旋钮开关	LW26-10（4挡）	控制电动机速度1/速度2/速度3
M	电动机	YS7124/370W	将电能转换为机械能，带动负载运行

3.3.3 MM440变频器三段速正反转控制电动机参数设定

变频器参数具体设置如表3-7所示，变频器电动机参数设置方法如图3-6所示，具体变频器控制参数设置方法如图3-11所示。

表3-7 变频器参数具体设置

参数号	出厂值	设置值	说明
P0003	1	2	设定用户访问级为标准级
P0700	2	2	命令源选择“由端子排输入”
P0701	1	1	ON接通正转，OFF停止
P0702	12	2	ON接通反转，OFF停止
P0703	9	15	选择固定频率（Hz）
P0704	15	15	选择固定频率（Hz）
P0705	15	15	选择固定频率（Hz）
P1000	2	3	选择固定频率设定值
P1003	10	10	选择固定频率10（Hz）
P1004	15	15	选择固定频率15（Hz）
P1005	25	20	选择固定频率20（Hz）

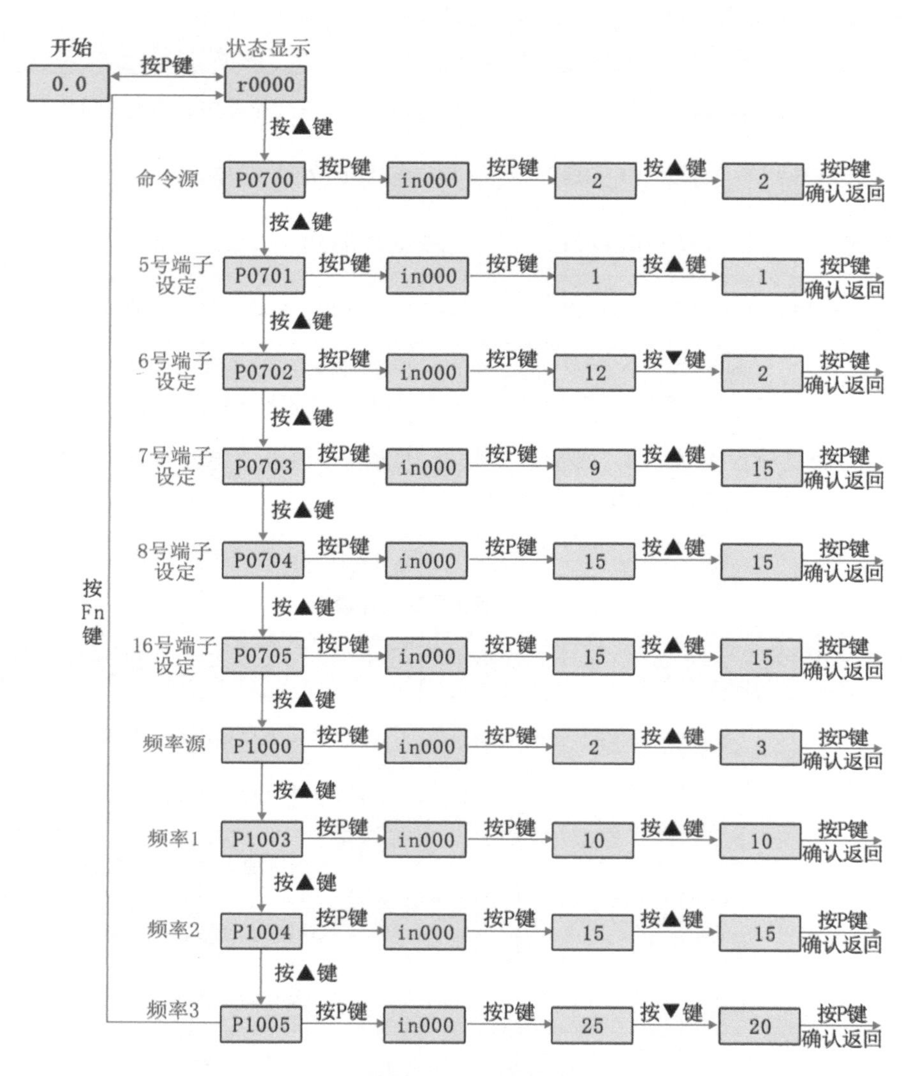

图3-11 变频器控制参数设置方法

3.3.4 MM440变频器三段速正反转控制电动机工作原理

① 闭合电源总开关QF。变频器输入端R、S上电，为启动电动机做好准备。

② 变频器端子控制

a. 端子启停：旋钮开关SA1旋到正转挡位，电动机正转运行；旋钮开关SA1旋到中间挡位，电动机停止；旋钮开关SA1旋到反转挡位，电动机反转运行。

b. 端子多段速给定：在电动机运行状态下，旋钮开关SA2旋到速度1挡位，电动机以10Hz运行；旋钮开关SA2旋到速度2挡位，电动机以15Hz运行；旋钮开关SA2旋到速度3挡位，电动机以20Hz运行。

③ 断开电源总开关QF。变频器输入端R、S断电，变频器失电断开。

3.4 西门子变频器模拟量控制电动机案例

3.4.1 MM440变频器模拟量控制电动机接线图

（1）变频器的接线原理图

西门子MM440变频器模拟量控制电动机电路接线原理图如图3-12所示。

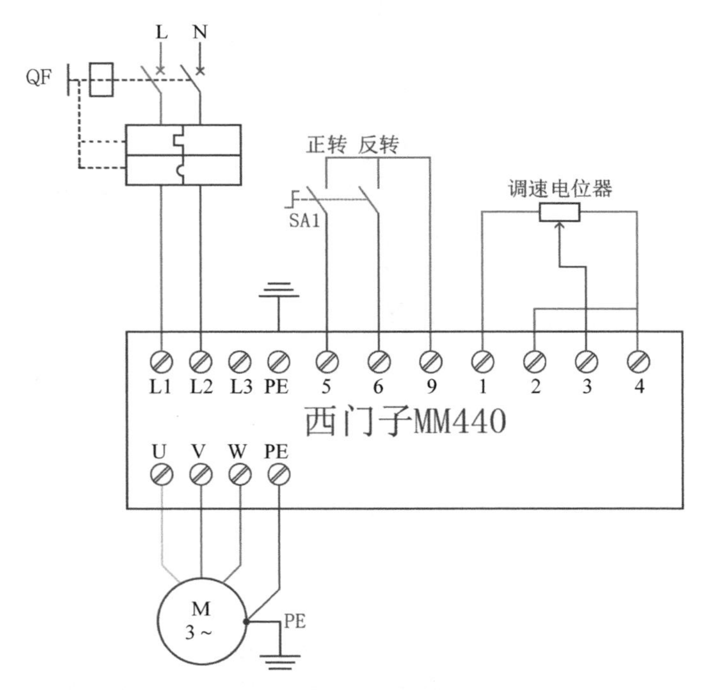

图3-12 西门子MM440变频器模拟量控制电动机电路接线原理图

（2）变频器的实物接线图

西门子MM440变频器模拟量控制电动机电路实物接线图如图3-13所示。

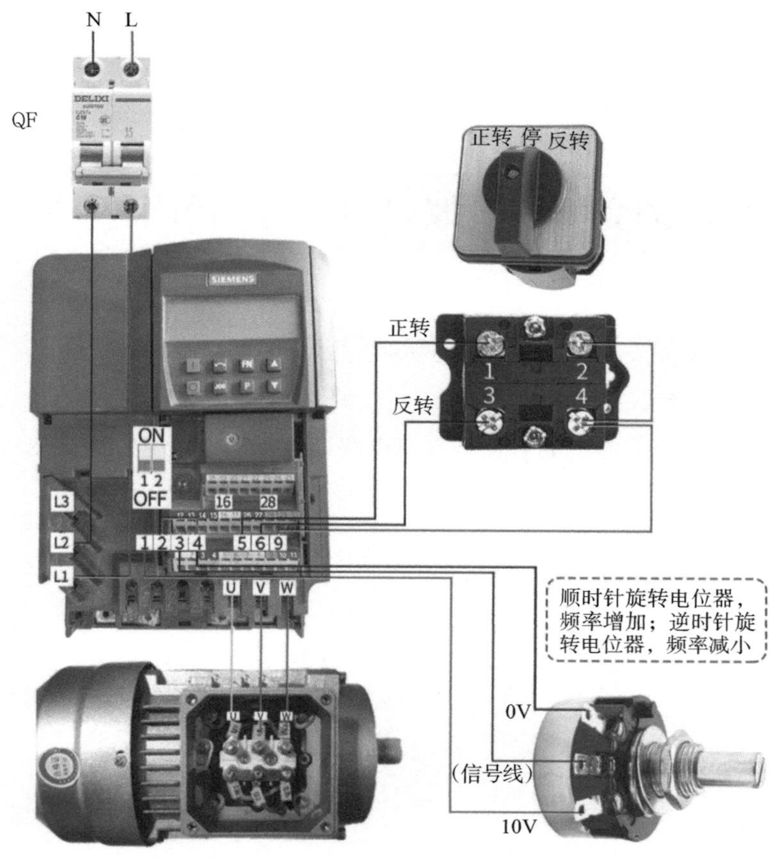

图3-13　西门子MM440变频器模拟量控制电动机电路实物接线图

3.4.2 MM440变频器模拟量控制电动机电气元件

元器件明细表如表3-8所示

表3-8　元器件明细表

文字符号	名称	型号	在电路中起的作用
VFD	变频器	6SE6440-2UC13-7AA1	在电路中可以降低启动电流，改变电动机转速，实现电动机无级调速，在低于额定转速时有节电功能
QF	断路器	DZ47-60-2P-C10	电源总开关，在主电路中起控制兼保护作用
SA1	旋钮开关	LW26-10（3挡）	控制电动机正/反转与停止信号

续表

文字符号	名称	型号	在电路中起的作用
RP	电位器	0～10kΩ	控制变频器频率
M	电动机	YS7124/370W	将电能转换为机械能，带动负载运行

3.4.3 MM440变频器模拟量控制电动机参数设定

变频器参数具体设置如表3-9所示，变频器电动机参数设置方法如图3-6所示，具体变频器控制参数设置方法如图3-14所示。

表3-9　变频器参数具体设置

参数号	出厂值	设置值	说明
P0003	1	2	设定用户访问级为标准级
P0010	0	1	快速调试
P0100	0	0	功率以kW为单位，频率为50Hz
P0304	230	220	电动机额定电压（V）
P0305	3.25	1.93	电动机额定电流（A）
P0307	0.75	0.37	电动机额定功率（kW）
P0310	50	50	电动机额定频率（Hz）
P0311	0	1400	电动机额定转速（r/min）
P0700	2	2	命令源选择“由端子排输入”
P0701	1	1	ON接通正转，OFF停止
P0702	12	2	ON接通反转，OFF停止
P0756[0]	0	0	单极性电压输入（0～+10V）
P0757[0]	0	0	电压2V对应0%的标度，即0Hz
P0758[0]	0%	0%	
P0759[0]	10	10	电压10V对应100%的标度，即50Hz
P0760[0]	100%	100%	
P1000	2	2	频率设定值选择为模拟量输入
P1080	0.0	0.0	电动机运行的最低频率（Hz）
P1082	50.0	50.0	电动机运行的最高频率（Hz）

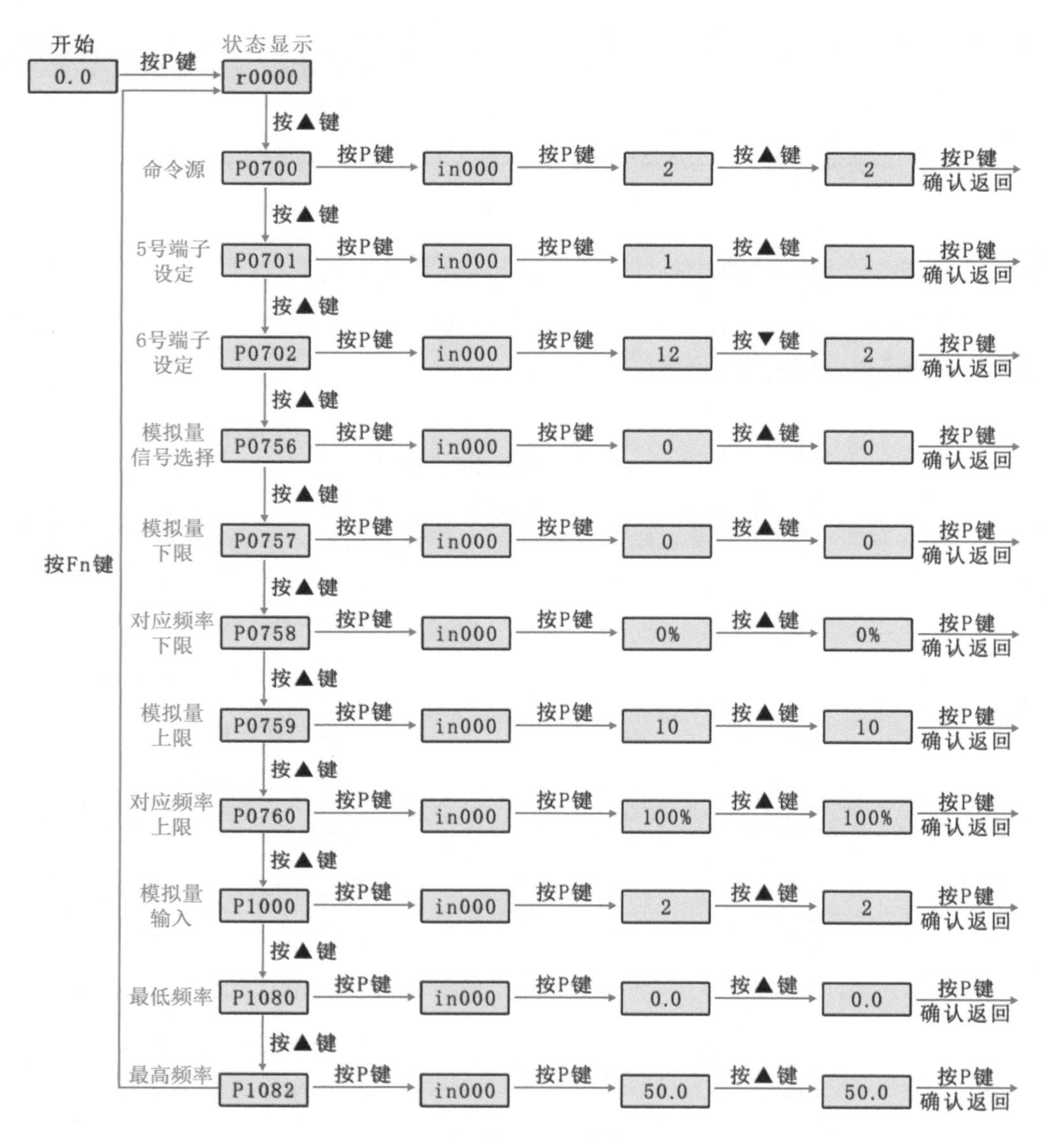

图3-14　变频器控制参数设置方法

3.4.4 MM440变频器模拟量控制电动机工作原理

① 闭合总电源QF。变频器输入端R、S上电，为启动电动机做好准备。

② 变频器控制

a. 端子启停：旋钮开关SA1旋到正转挡位，电动机正转运行；旋钮开关SA1旋到中间挡位，电动机停止；旋钮开关SA1旋到反转挡位，电动机反转运行。

b. 外部电位器频率给定：在电动机运行状态下，旋转外部电位器，可以修改变频器的频率，进而改变电动机的转速。

③ 断开总电源QF。变频器输入端R、S断电，变频器失电断开。

3.5 西门子变频器变频与工频切换控制

控制要求：在正常运行中以变频启动运行，当变频器有故障时切换为工频运行。SB1与SB2为正反转按钮，SB3为控制电路停止按钮，SB4为启动按钮，KA1为故障继电器，KA2为报警继电器，KA3为运行继电器，LH为变频器报警指示，KM1为变频器输入电源接触器，KM3为变频输出接触器，KM2为工频运行接触器。变频器的频率由模拟量给定。

（1）变频器的主电路

西门子MM440变频工频切换主电路图如图3-15所示。

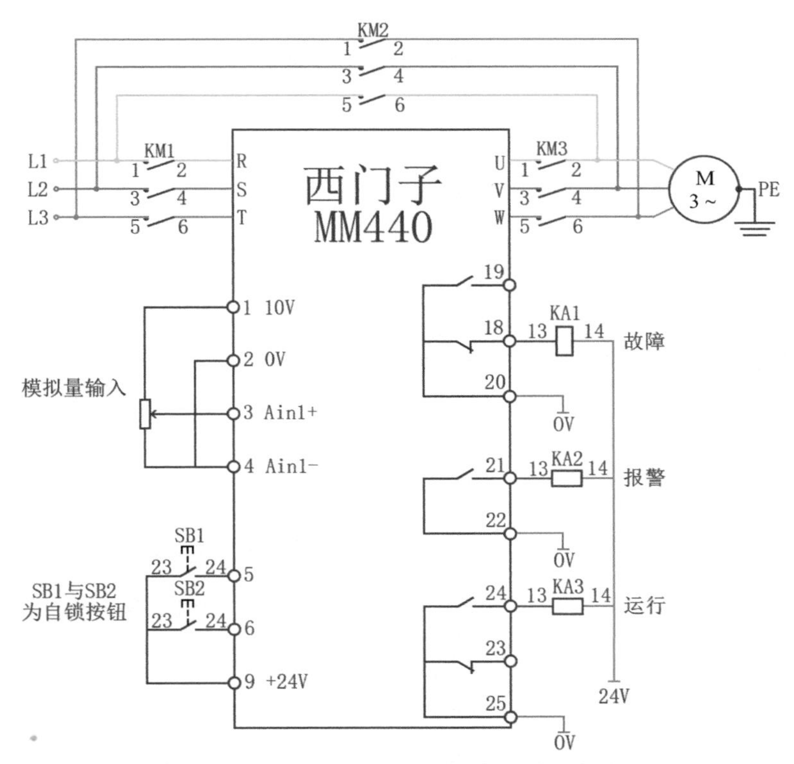

图3-15 西门子MM440变频工频切换主电路图

（2）变频器的控制电路

西门子MM440变频工频切换控制电路图如图3-16所示。

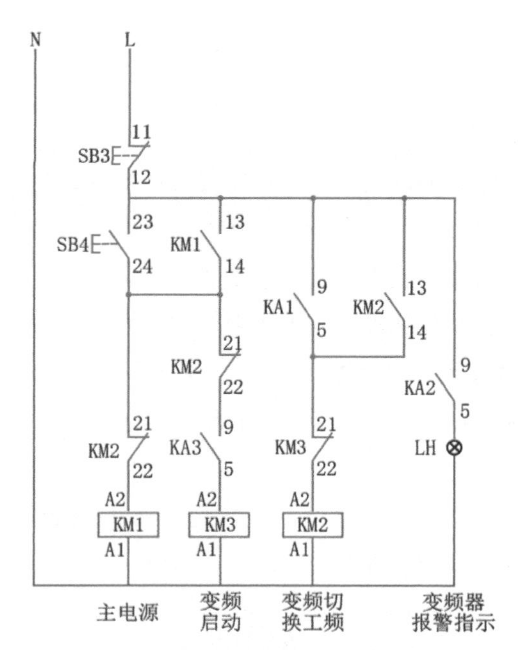

图3-16　西门子MM440变频工频切换控制电路图

（3）电动机参数设置

电动机参数设置如表3-10所示。

表3-10　电动机参数设置

参数号	出厂值	设置值	说明
P0003	1	2	设定用户访问级为标准级
P0010	0	1	快速调试
P0100	0	0	功率以kW为单位，频率为50Hz
P0304	230	220	电动机额定电压（V）
P0305	3.25	1.93	电动机额定电流（A）
P0307	0.75	0.37	电动机额定功率（kW）
P0310	50	50	电动机额定频率（Hz）
P0311	0	1400	电动机额定转速（r/min）

（4）变频器参数设置

变频器参数设置如表3-11所示。

表3-11　变频器参数设置

参数号	出厂值	设置值	说明
P700	2	2	I/O端子控制
P1000	2	2	模拟输入1通道
P731	52.3	52.3	故障监控（继电器失电）
P732	52.7	52.7	报警监控（继电器得电）
P733	52.2	52.2	变频运行中（继电器得电）
P0701	1	1	ON接通正转，OFF停止
P0701	12	2	ON接通正转，OFF停止

（5）工作原理说明

① 主电路接线：三相电380V通过L1～L3引入交流接触器KM1的上端端子，KM1的下端端子出线引入MM440变频器的L1～L3，变频器的输出端U、V、W引入交流接触器的KM3的上端端子，KM3的下端端子出线引入三相异步电动机，此步骤为变频启动的主电路接线。或者三相电380V通过L1～L3引入交流接触器KM2的上端端子，KM2的下端端子出线引入三相异步电动机U1、V1、W1、此步骤为工频启动的主电路接线。

② 主电路控制过程：KM1主电路吸合接通变频器三相电源。当变频器输出时，交流接触器KM3吸合，电动机运行。或KM2主电路吸合接通主电源，电动机工频运行。

③ 变频运行：按下控制电路启动按钮SB4，KM1线圈得电并自锁。按下变频器正转按钮SB1，变频器开始运行，变频器继电器24-25接通，中间继电器KA3线圈得电，KA3常开触点5-9闭合，KM3线圈得电。KM3主触点接通，电动机变频运行。

④ 工频运行：在变频器故障时，继电器18-20接通，KA1线圈得电，KA1常开触点5-9接通，KM2线圈得电，KM2主触点接通，电动机工频启动。

⑤ 停止按钮：按下停止按钮SB3，KM1～KM3线圈失电，KM1～KM3主触点断开，电动机停止。

3.6 西门子变频器故障报警代码及处理方法

MM440变频器常见故障代码及报警代码分别如表3-12、表3-13所示。

表3-12　MM440变频器常见故障代码

F0001	F0002	F0003	F0004	F0005
过电流	过电压	欠电压	变频器过温	变频器I^2T过热

续表

F0011	F0012	F0015	F0020	F0021
电动机过热	变频器温度信号丢失	电动机温度信号丢失	电源断相	接地故障
F0022	F0023	F0024	F0030	F0035
功率组件故障	输出故障	整流器过温	冷却风机故障	重启动后出现相同故障
F0040	F0041	F0042	F0051	
自动校准故障	电动机参数自动监测故障	速度控制优化功能故障	参数EEPROM故障	
F0053	F0054	F0060	F0070	F0071
I/O EEPROM故障	I/O板错误	Asic超时	CB设定值故障	USS（BOP-链接）设定值故障
F0072	F0080	F0085	F0090	F0101
USS（COMM-链接）设定值故障	ADC输入信号丢失	外部故障	编码器反馈信号丢失	功率组件溢出
F0221	F0222	F0450	F0452	
PID反馈信息低于最小值	PID反馈信息高于最大值	BIST测试故障	检测出传动带有故障	

表3-13　MM440变频器常见报警代码

A0501	A0502	A0503	A0504	A0505
电流限幅	过电压限幅	欠电压限幅	变频器过温	变频器I^2T过温
A0506	A0511	A0512	A0520	A0521
变频器的“工作-停止”周期	电动机I^2T过温	电动机温度信号丢失	整流器过温	运行环境过温
A0522	A0523	A0535	A0541	A0542
I2C读出超时	输出故障	制动电阻过热	电动机数据自动监测已激活	速度控制优化激活
A0590	A0600	A0700	A0701	A0702
编码器反馈信号丢失的报警	RTOS超出正常范围	CB报警1	CB报警2	CB报警3
A0703	A0704	A0705	A0706	A0707
CB报警4	CB报警5	CB报警6	CB报警7	CB报警8

续表

A0708	A0709	A0710	A0711	A0910
CB报警9	CB报警10	CB报警11	CB组错误	支流回路最大电压$V_{dc\text{-}max}$控制器未激活
A0911	A0912	A0920	A0921	A0922
支流回路最大电压$V_{dc\text{-}max}$控制器已激活	支流回路最小电压$V_{dc\text{-}min}$控制器已激活	ADC参数设定不正确	DAC参数设定不正确	变频器没负载
A0923	A0952			
同时请求正向和反向点动	检测到传动带故障			

西门子变频器故障报警代码及处理方法如表3-14所示

表3-14 西门子变频器故障报警代码及处理方法

故障代码	故障类型	可能的故障原因	处理方法
F001	过电流	电动机功率（P0307)与变频器的功率（r0206）不匹配或电动机的导线短路或有接地故障	①电动机功率（P0307）与变频器的功率（r0206）相匹配电缆的长度不得超过允许的最大值 ②电动机的电缆和电动机内部不得有短路或接地故障 ③输入变频器的电动机参数必须与实际使用的电动机参数相符合 ④输入变频器的定子电阻值（P0350）必须正确无误 ⑤电动机的冷却风道必须通畅 ⑥电动机不得过载，增加斜坡上升时间（P1120) ⑦减少“启动提升”的强度（P1312）
F002	过电压	直流回路的电压（r0026）超过了跳闸电平（P2172）	①电源电压（P0210）必须在变频器铭牌规定的范围以内 ②直流回路电压控制器必须投入工作（P1240），而且斜坡下降时间必须与负载的转动惯量相匹配 ③实际要求的制动功率必须在规定的限定值以内
F003	欠电压	供电电源故障冲击负载超过了规定的限定值	供电电源电压（P0210）必须在变频器铭牌规定的范围以内。检查供电电源是否短时掉电，或有短时的电压降低

续表

故障代码	故障类型	可能的故障原因	处理方法
F004	变频器过温	变频器运行时冷却风量不足，致使环境温度太高	变频器运行时冷却风机必须正常运转，调制脉冲的频率必须设定为默认值，检查环境温度是否超过了变频器的允许值
F0011	电动机过温	电动机过载	负载过大或负载的工作周期时间太长，标称的电动机温度超限值（P0626～P0628）。正确设置电动机I^2T过温报警值（P0604）与电动机的实际过温情况相匹配
F0012	变频器温度信号丢失	变频器（散热器）的温度传感器断线	可以用万用表检测电缆通断
F0015	电动机温度信号丢失	电动机的温度传感器开路或短路，如果检测到温度信号已经丢失，温度监控开关便切换为监控电动机的温度模型	更换温度传感器
F0020	电源断相	如果三相输入电源电压中有一相丢失，便出现故障，但变频器的脉冲仍然允许输出，变频器仍然可以带负载	检查输入电源各相的线路
F0021	接地故障	三相电流的总和超过变频器额定电流的5%时，便出现这一故障	① 检查变频器的接地处理 ② 检查变频器的功率管是否有问题 ③ 检查电源板是否有问题
F0022	功率组件故障	下列情况下将引起硬件故障（r0947＝22和r0949=1） ① 直流回路过电流，IGBT短路 ② 制动斩波器短路 ③ 接地故障 ④ I/O板插入不正确	永久性的F0022故障：检查I/O板必须完全插入插座中，如果在变频器的输出侧或IGBT中有接地故障或短路故障时，断开电动机电缆就能确定是哪种故障。在所有外部接线都已断开（电源接线除外），而变频器仍然出现永久性故障的情况下，几乎可以断定变频器一定存在缺陷，应该进行检修。偶尔发生的F0022故障可能是突然的负载变化或机械阻滞斜坡时间很短
F0023	输出故障	输出的一相断线	检查变频器输出端子、电动机接线端子和电动机电缆连接是否正常。如果连接松动，需要将接线紧固。如果电缆断开，需要更换新的连接电缆
F0024	整流器过温	通风风量不足，冷却风机没有运行，环境温度过高	① 变频器运行时冷却风机必须处于运转状态 ② 脉冲频率必须设定为默认值 ③ 环境温度可能高于变频器允许的运行温度

续表

故障代码	故障类型	可能的故障原因	处理方法
F0042	速度控制优化功能故障	速度控制优化功能（P1960）故障。故障值=0：在规定时间内不能达到稳定速度；故障值=1：读数不合乎逻辑	联系当地经销商
F0052	功率组件故障	读取功率组件的参数时出错，或数据非法	与客户支持部门或维修部门联系
F0053	I/O EEPROM故障	读I/O EEPROM信息时出错，或数据非法	① 检查数据 ② 更换I/O模块
F0054	I/O板错误	连接的I/O板不对，I/O板检测不出识别号，检测不到数据	① 检查数据 ② 更换I/O模板
F0070	CB设定值故障	在通信报文结束时，不能从CB板（通信板）接设定值	检查CB板和通信对象
F0080	ADC输入信号丢失	断线信号超出限定值	检查模拟量接线，测试信号输入
F0085	外部故障	由端子输入信号触发的外部故障	封锁触发故障的端子输入信号
F0090	编码器反馈信号丢失	从编码器来的信号丢失	① 检查编码器的安装固定情况，设定P0400=0并选择SLVC控制方式（P1300=20或22） ② 如果装有编码器，应检查编码器的选型是否正确（检查参数P0400的设定） ③ 检查编码器与变频器之间的接线 ④ 检查编码器应无故障（选择P1300=0，在一定速度下运行，检查r0061中的编码器反馈信号） ⑤ 增加编码器反馈信号消失的门限值（P0492)
F0221	PID反馈信号低于最小值	PID反馈信号低于P2268设置的最小值	改变P2268的设置值，调整反馈增益系数
F0222	PID反馈信号高于最大值	PID反馈信号超过P2267设置的最大值	改变P2267的设置值，或调整反馈增益系数

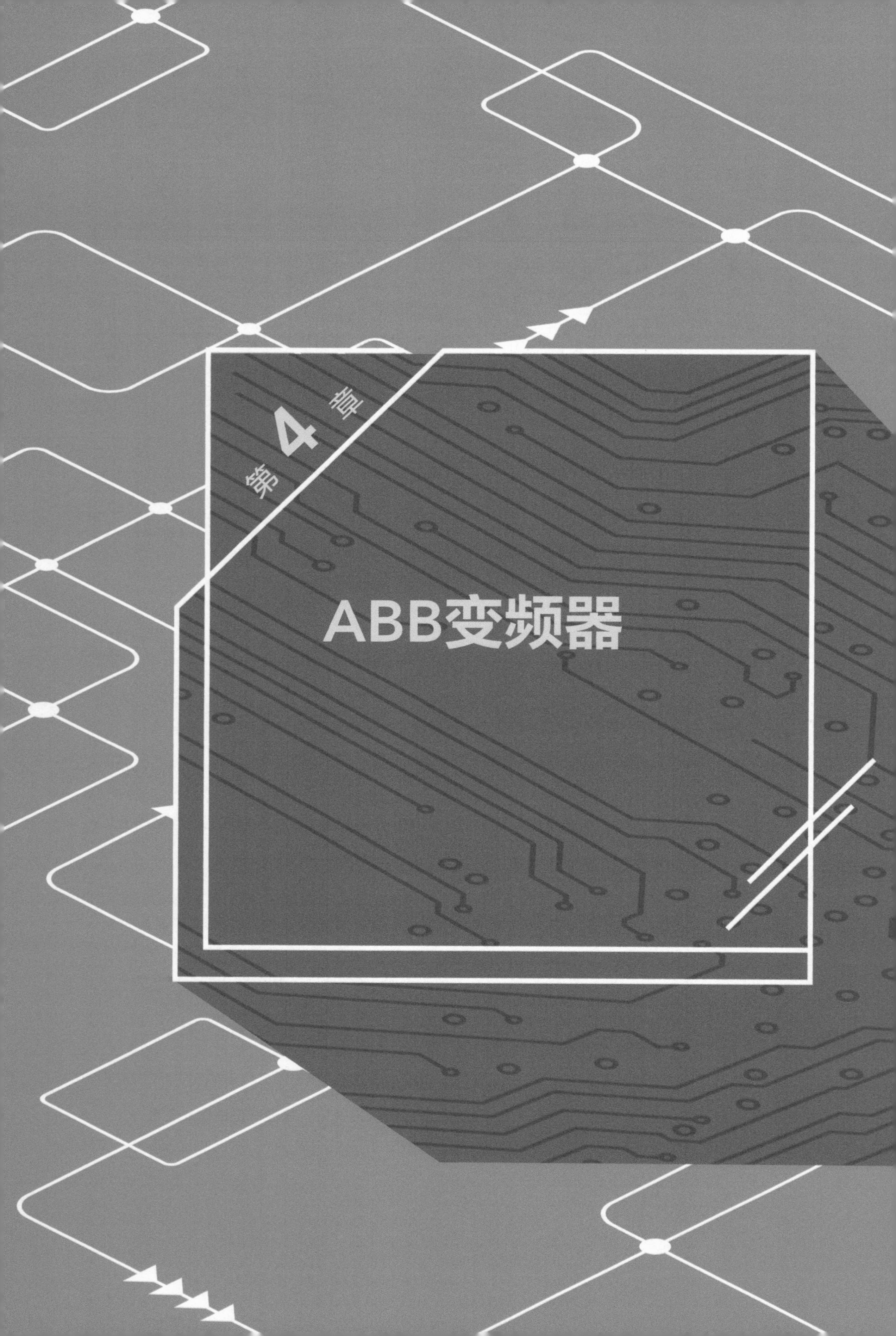

第4章

ABB变频器

4.1 ABB 变频器硬件

4.1.1 ABB变频器调速系统

ABB变频器有多个系列，ABB ACS150是目前应用较为广泛的变频器，本章以ABB ACS150为例进行讲解。变频器在交流电动机调速控制系统中，主要有两种典型使用方法，分别为三相交流变频调速系统和单相交流变频调速系统，如图4-1所示。

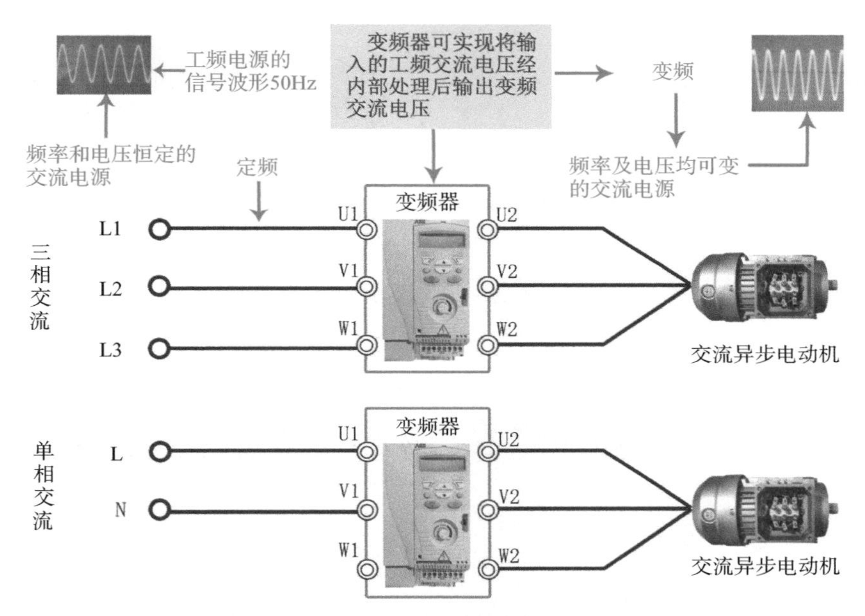

图4-1　三相和单相交流变频调速系统结构组成

ABB ACS150是用于控制三相交流电动机速度的变频器系列。该系列有多种型号。以单相为例，这里选用的ACS150订货号为ACS150-01E-07A5-2。

该变频器额定参数如下。

① 电源电压：220V，单相交流。

② 额定输出功率：1.5kW。

③ 额定输出电流：7.5A。

④ 操作面板：基本操作板（BOP）。

4.1.2 ACS150变频器的端子及接线

（1）变频器接线端子及功能图解

打开变频器后，就可以连接电源和电动机的接线端子。接线端子在变频器下端。

ABB ACS150系列为用户提供了一系列常用的输入输出接线端子，用户可以方便地通过这些接线端子来实现相应的功能。打开变频器后可以看到变频器的接线端子，如图4-2所示。这些接线端子的功能及使用说明如表4-1、表4-2所示。

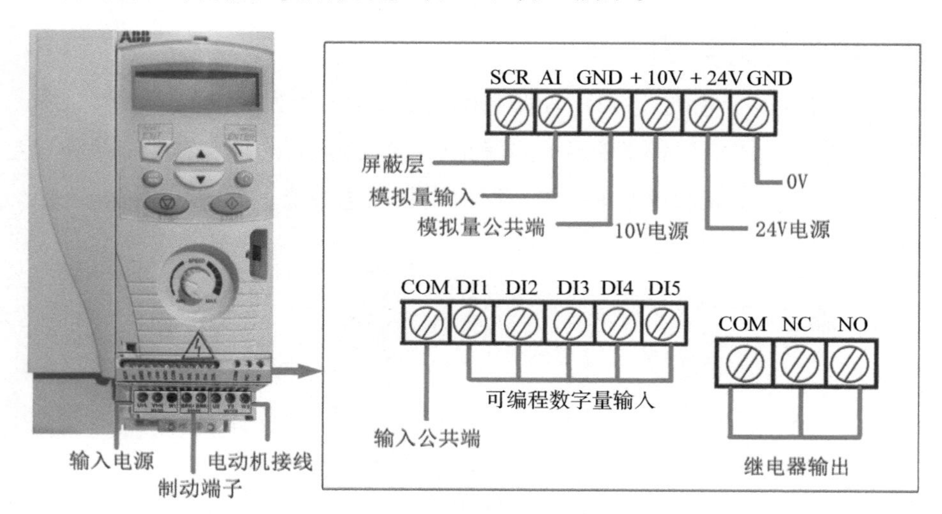

图4-2 ACS150变频器的接线端子

表4-1 主电路端子

端子记号	内容说明（端子规格为M3.0）
U1/L、V1/N、W1	主电路交流电源输入
U2、V2、W2	连接至电动机
BRK+/BRK−	制动电阻（选用）连接端子
⏚	接地用（避免高压突波冲击以及噪声干扰）

表4-2 控制电路端子

端子	功能说明
SCR	屏蔽层
AI	模拟量输入
GND	模拟量输入公共端
+10V	+10V电源
+24V	+24V电源
GND	0V电源
COM	数字量输入公共端
DI1	可编程数字量输入端
DI2	

续表

端子	功能说明
DI3	可编程数字量输入端
DI4	
DI5	
COM	继电器输出公共端
NC	继电器输出常闭触点
NO	继电器输出常开触点

（2）变频器控制电路端子的标准接线

变频器的控制电路一般包括输入电路、输出电路和辅助接口等部分。其中，输入电路接收控制器（PLC）的指令信号（开关量或模拟量信号），输出电路输出变频器的状态信息（正常时的开关量或模拟量输出、异常输出等），辅助接口包括通信接口、外接键盘接口等。ABB ACS150变频器电路端子的标准接线如图4-3所示。

通用变频器是一种智能设备，其特点之一就是各端子的功能可通过调整相关参数的值进行变更。

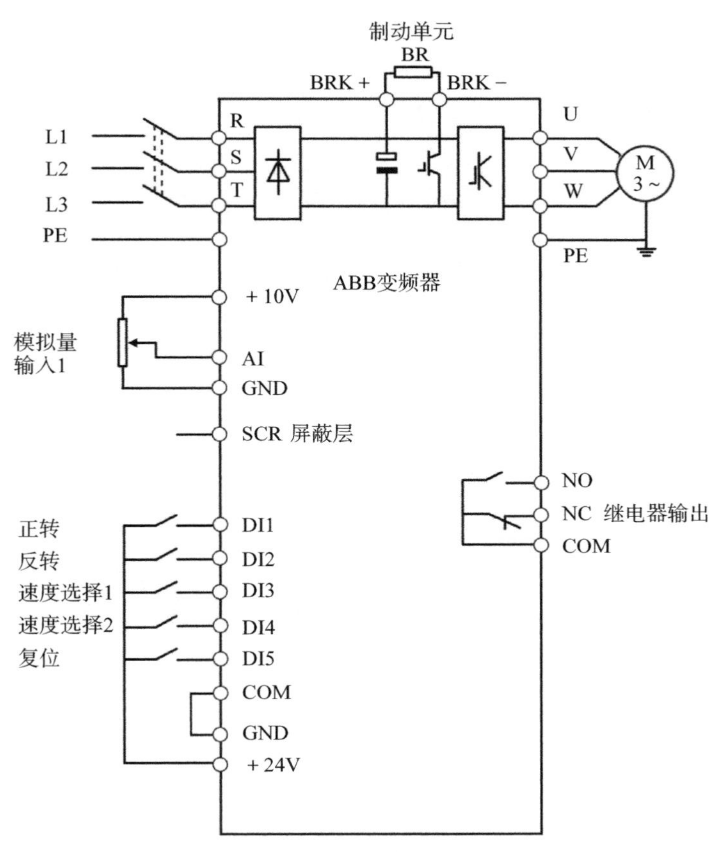

图4-3　ABB ACS150变频器电路端子的标准接线

4.1.3 ACS150变频器面板

ABB ACS150变频器面板如图4-4所示。

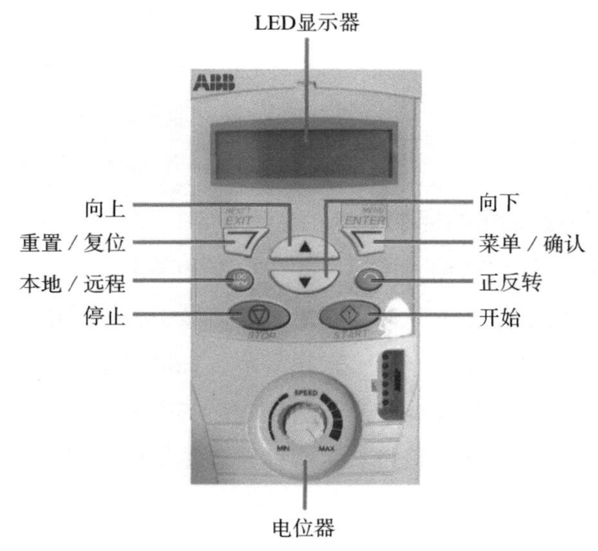

图4-4 ABB ACS150变频器面板

ABB ACS150变频器面板操作如图4-5所示。

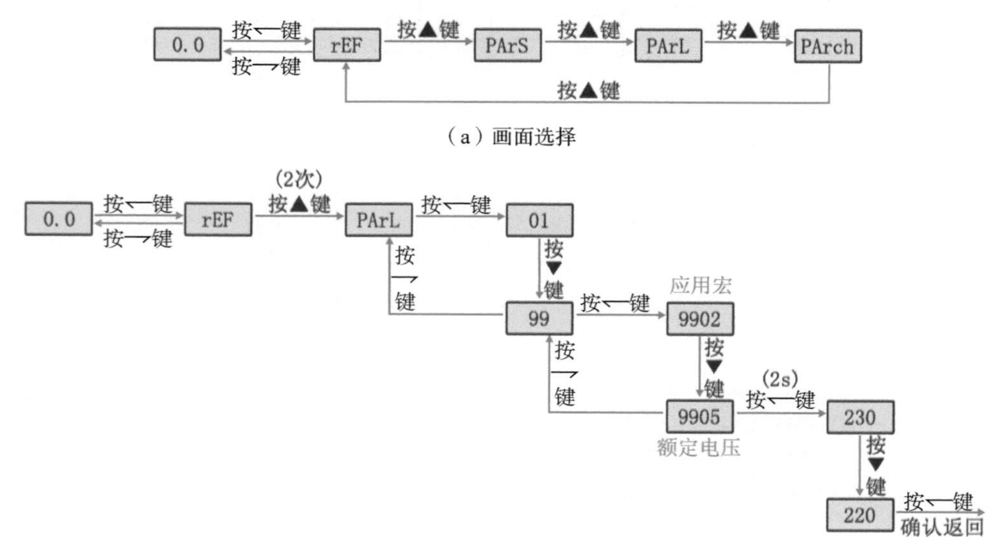

图4-5 ABB ACS150变频器面板操作

4.2 ABB 变频器面板正反转控制电动机案例

4.2.1 ACS150变频器电动机参数调整

为了使电动机与变频器相匹配，需要设置电动机参数，这些参数可以从电动机铭牌中直接得到。电动机参数设置如表4-3所示，变频器电动机参数设置方法如图4-6所示。电动机参数设定完成后，变频器当前处于准备状态，可正常运行。

表4-3 电动机参数设置

参数号	出厂值	设置值	说明
9905	230	220	电动机额定电压（V）
9906	3.25	1.93	电动机额定电流（A）
9907	50	50	电动机额定频率（Hz）
2202	5	0.5	加速时间（s）
2203	5	0.5	减速时间（s）

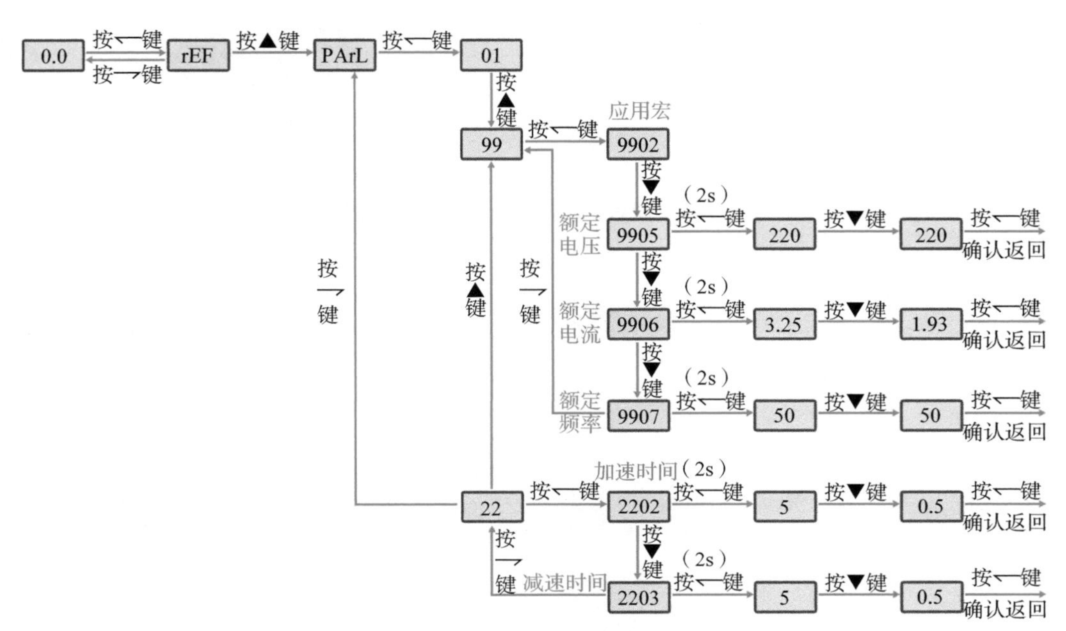

图4-6 变频器电动机参数设置方法

4.2.2 ACS150变频器面板控制接线图

ABB ACS150变频器面板控制电路接线原理图及实物接线图如图4-7所示。

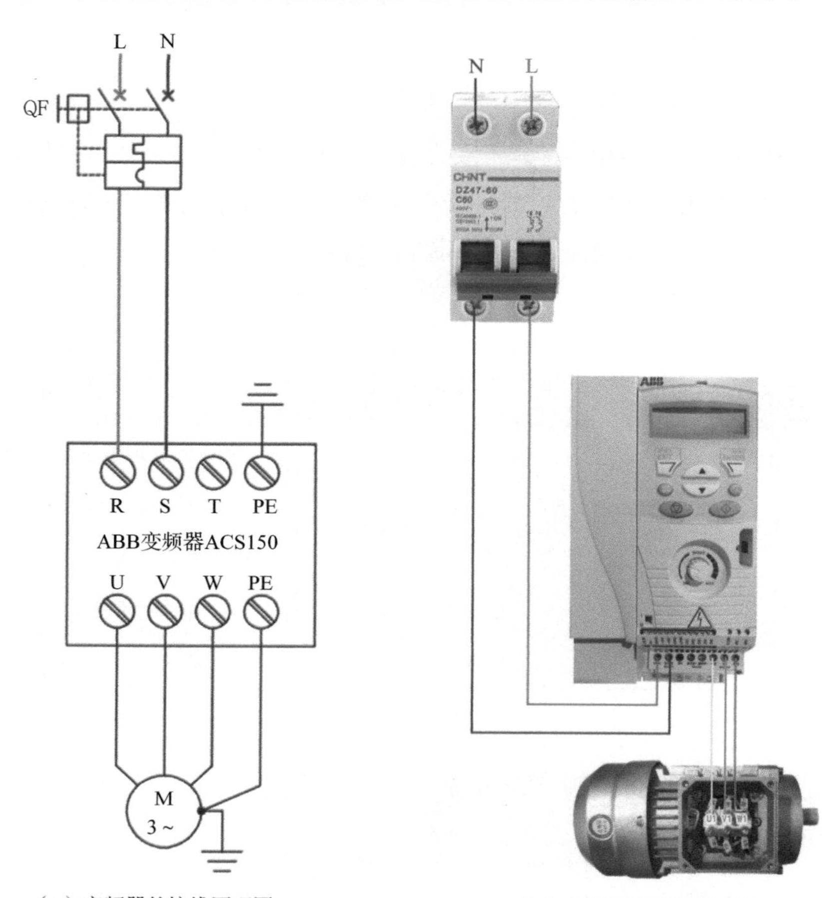

（a）变频器的接线原理图

（b）变频器的实物接线图

图4-7 ABB ACS150变频器面板控制电路接线原理图及实物接线图

4.2.3 ACS150变频器面板控制电气元件

元器件明细表如表4-4所示。

表4-4 元器件明细表

文字符号	名称	型号	在电路中起的作用
VFD	变频器	ACS150-01E-07A5-2	在电路中可以降低启动电流，改变电动机转速，实现电动机无级调速，在低于额定转速时有节电功能
QF	断路器	DZ47-60-2P-C10	电源总开关，在主电路中起控制兼保护作用
M	电动机	YS7124/370W	将电能转换为机械能，带动负载运行

4.2.4 ACS150变频器面板控制参数设定

变频器参数具体设置如表4-5所示，变频器电动机参数设置方法如图4-6所示。

表4-5 变频器参数具体设置

参数号	出厂值	设置值	说明
9905	230	220	电动机额定电压（V）
9906	3.25	1.93	电动机额定电流（A）
9907	50	50	电动机额定频率（Hz）
2202	5	0.5	加速时间（s）
2203	5	0.5	减速时间（s）

4.2.5 ACS150变频器面板控制电动机工作原理

① 闭合电源总开关QF。变频器输入端R、S上电，为启动电动机做好准备。

② 变频器面板控制：按下面板上的LOC/REM按钮，使变频器显示器左上角显示LOC本地控制，这时变频器就是本地面板控制。

a. 面板启动：按下面板START键，电动机启动运行。

b. 面板停止：再按一下面板STOP键，电动机停止运行。

c. 面板电位器调速：在电动机运行状态下，旋转面板电位器键，可以修改变频器的频率，进而改变电动机的转速。

③ 断开电源总开关QF。变频器输入端R、S断电，变频器失电断开。

4.3 ABB 变频器三段速正反转控制电动机案例

4.3.1 ACS150变频器三段速正反转控制电动机接线图

（1）变频器的接线原理图

ABB ACS150变频器三段速正反转控制电动机电路接线原理图如图4-8所示。

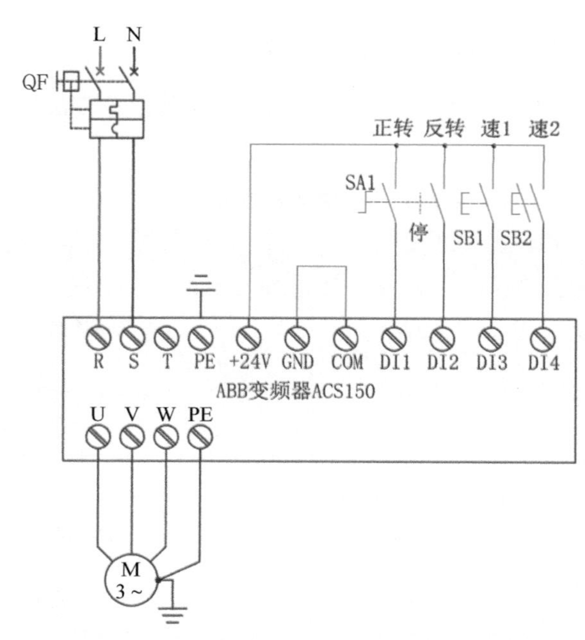

图4-8 ABB ACS150变频器三段速正反转控制电动机电路接线原理图

（2）变频器的实物接线图

ABB ACS150变频器三段速正反转控制电动机电路实物接线图如图4-9所示。

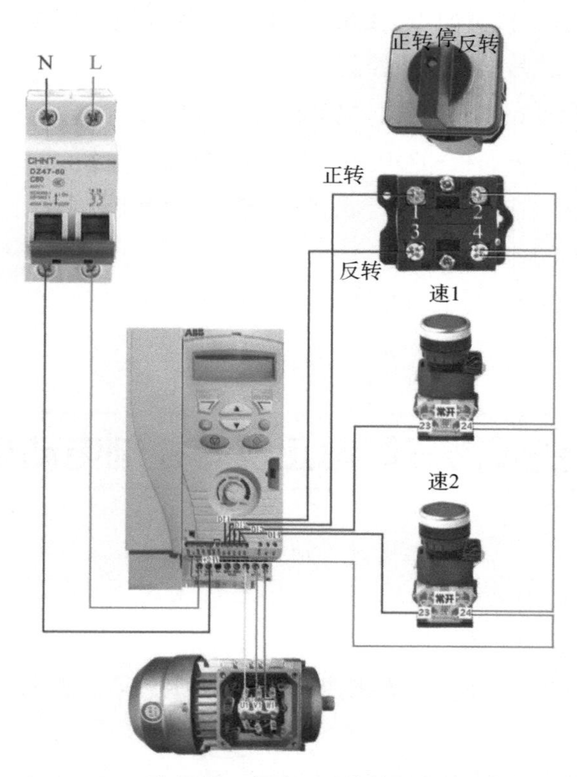

图4-9 ABB ACS150变频器三段速正反转控制电动机电路实物接线图

4.3.2 ACS150变频器三段速正反转控制电气元件

元器件明细表如表4-6所示。

表4-6 元器件明细表

文字符号	名称	型号	在电路中起的作用
VFD	变频器	ACS150-01E-07A5-2	在电路中可以降低启动电流，改变电动机转速，实现电动机无级调速，在低于额定转速时有节电功能
QF	断路器	DZ47-60-2P-C10	电源总开关，在主电路中起控制兼保护作用
SA1	旋钮开关	LW26-10（3挡）	控制电动机正/反转与停止信号
SB1	按钮开关1	LA38	控制电动机速度1
SB2	按钮开关2	LA38	控制电动机速度2
M	电动机	YS7124/370W	将电能转换为机械能，带动负载运行

4.3.3 ACS150变频器三段速正反转控制电动机参数设定

变频器参数具体设置如表4-7所示，变频器电动机参数设置方法如图4-6所示，具体变频器控制参数设置方法如图4-10所示。

表4-7 变频器参数具体设置

参数号	出厂值	设置值	说明
9905	230	220	电动机额定电压（V）
9906	3.25	1.93	电动机额定电流（A）
9907	50	50	电动机额定频率（Hz）
2202	5	0.5	加速时间（s）
2203	5	0.5	减速时间（s）
1001	9	9	命令源选择由端子排输入
1003	3	3	方向双向
1201	9	9	恒速给定
1202	0.0	10	恒速1
1203	0.0	15	恒速2
1204	0.0	20	恒速3

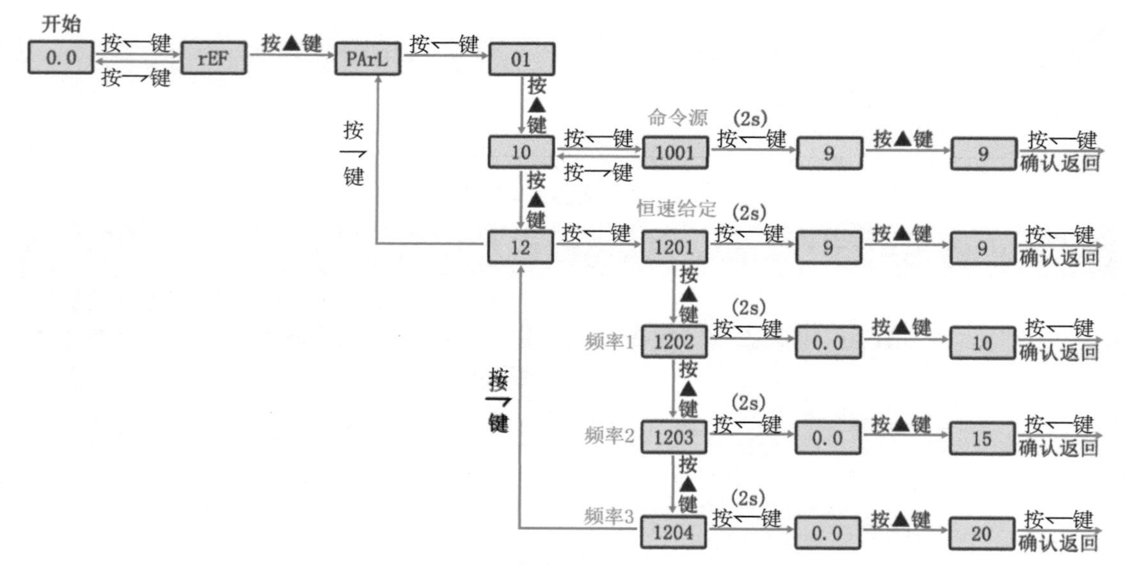

图4-10 变频器控制参数设置方法

4.3.4 ACS150变频器三段速正反转控制电动机工作原理

① 闭合电源总开关QF。变频器输入端R、S上电，为启动电动机做好准备。

② 变频器端子控制

a. 端子启停：旋钮开关SA1旋到正转挡位，电动机正转运行；旋钮开关SA1旋到中间挡位，电动机停止；旋钮开关SA1旋到反转挡位，电动机反转运行。

b. 端子多段速给定：在电动机运行状态下，按下按钮SB3，电动机以10Hz运行。按下按钮SB4，电动机以15Hz运行；按下按钮SB3和SB4，电动机以20Hz运行。

③ 断开电源总开关QF。变频器输入端R、S断电，变频器失电断开。

4.4 ABB变频器模拟量控制电动机案例

4.4.1 ACS150变频器模拟量控制电动机接线图

（1）变频器的接线原理图

ABB ACS150变频器模拟量控制电动机电路接线原理图如图4-11所示。

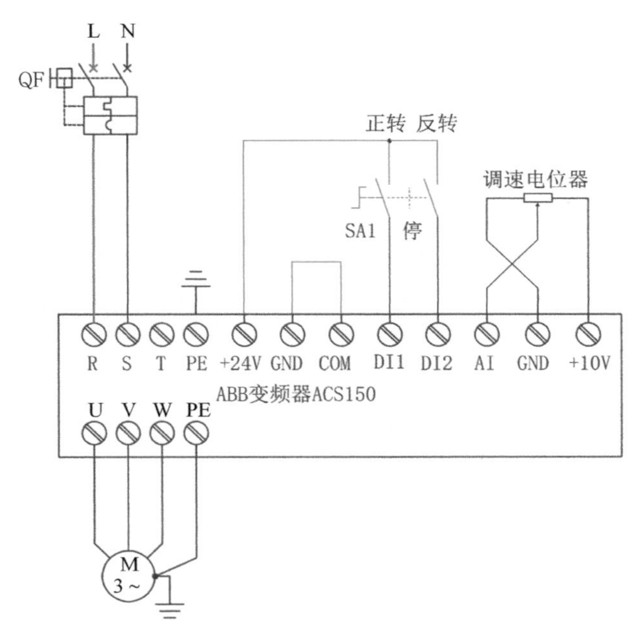

图4-11 ABB ACS150变频器模拟量控制电动机电路接线原理图

（2）变频器的实物接线图

ABB ACS150变频器模拟量控制电动机电路实物接线图如图4-12所示。

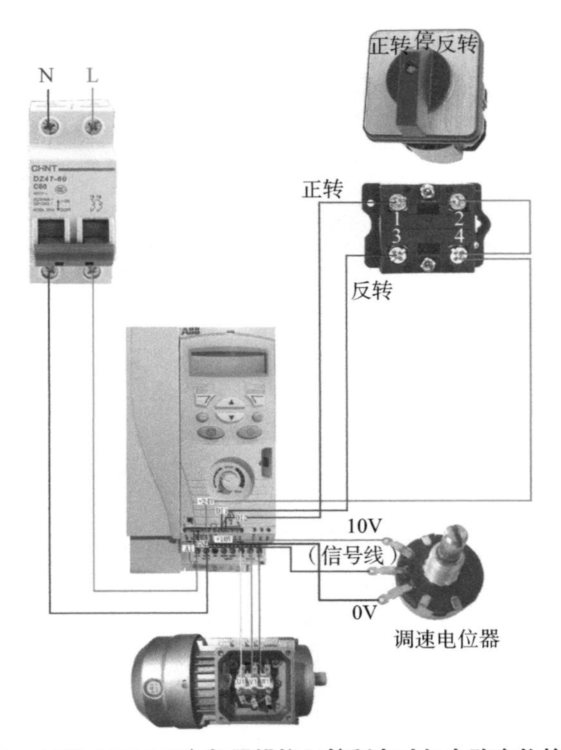

图4-12 ABB ACS150变频器模拟量控制电动机电路实物接线图

4.4.2 ACS150变频器模拟量控制电动机电气元件

元器件明细表如表4-8所示。

表4-8 元器件明细表

文字符号	名称	型号	在电路中起的作用
VFD	变频器	ACS150-01E-07A5-2	在电路中可以降低启动电流，改变电动机转速，实现电动机无级调速，在低于额定转速时有节电功能
QF	断路器	DZ47-60-2P-C10	电源总开关，在主电路中起控制兼保护作用
SA1	旋钮开关	LW26-10（3挡）	控制电动机正/反转与停止信号
RP	电位器	0～10kΩ	控制变频器频率
M	电动机	YS7124/370W	将电能转换为机械能，带动负载运行

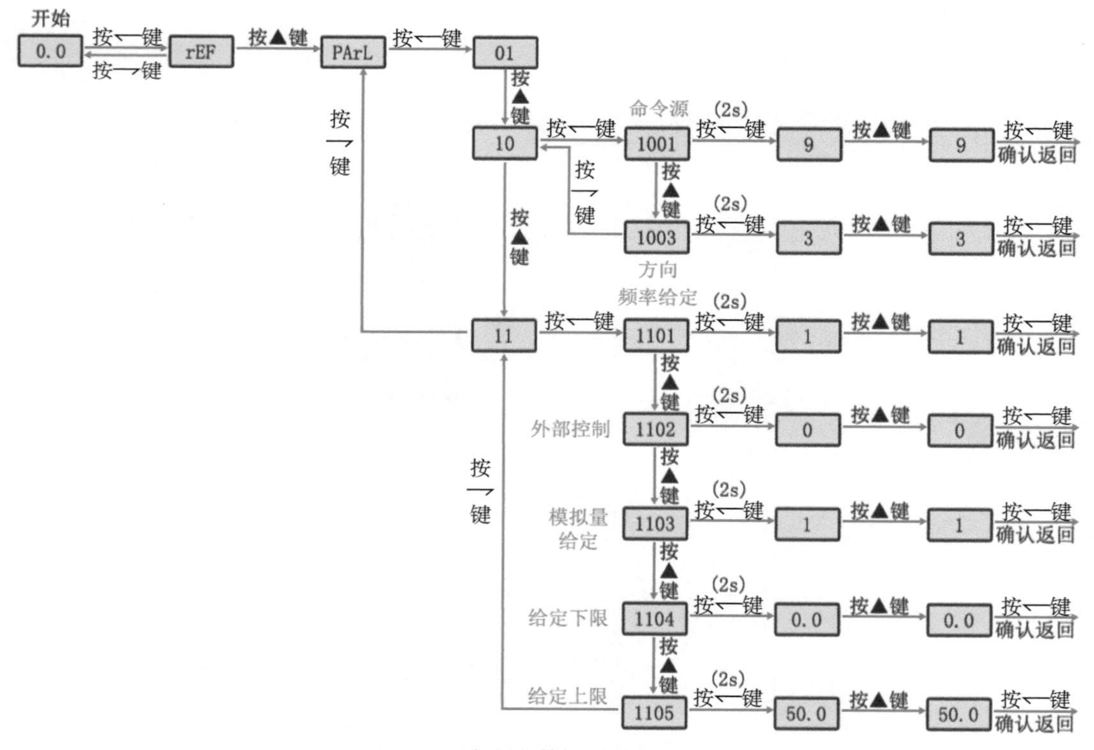

图4-13 变频器控制参数设置方法

4.4.3 ACS150变频器模拟量控制电动机参数设定

变频器参数具体设置如表4-9所示，变频器电动机参数设置方法如图4-6所示，具体变频器控制参数设置方法如图4-13所示。

表4-9　变频器参数设置

参数号	出厂值	设置值	说明
9905	230	220	电动机额定电压（V）
9906	3.25	1.93	电动机额定电流（A）
9907	50	50	电动机额定频率（Hz）
2202	5	0.5	加速时间（s）
2203	5	0.5	减速时间（s）
1001	9	9	命令源选择由端子排输入
1003	3	3	方向双向
1101	1	1	频率给定
1102	0	0	外部控制
1103	1	1	模拟量给定
1104	0.0	0.0	给定下限频率（Hz）
1105	50.0	50.0	给定上限频率（Hz）

4.4.4 ACS150变频器模拟量控制电动机工作原理

① 闭合电源总开关QF。变频器输入端R、S上电，为启动电动机做好准备。

② 变频器控制

a. 端子启停：旋钮开关SA1旋到正转挡位，电动机正转运行；旋钮开关SA1旋到中间挡位，电动机停止；旋钮开关SA1旋到反转挡位，电动机反转运行。

b. 外部电位器频率给定：在电动机运行状态下，旋转外部电位器，可以修改变频器的频率，进而改变电动机的转速。

③ 断开电源总开关QF。变频器输入端R、S断电，变频器失电断开。

4.5 ABB变频器变频切换工频电路

控制要求：在正常运行中，以变频启动运行，当变频器有故障时切换为工频运行。SB1与SB2为正反转按钮，SB3为控制电路停止按钮，SB4为启动按钮，KA1为故障继电器，KM1为变频器输入电源接触器，KM3为变频输出接触器，KM2为工频运行接触器。变频器的频率为模拟量输入控制。

（1）变频器的主电路

ABB变频工频切换主电路图如图4-14所示。

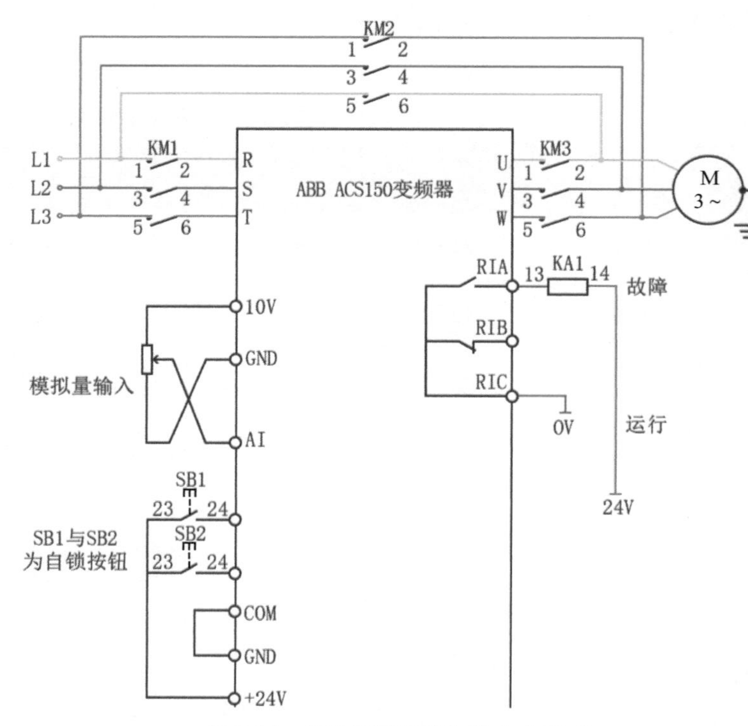

图4-14 ABB变频工频切换主电路图

（2）变频器的控制电路

ABB变频工频切换控制电路图如图4-15所示。

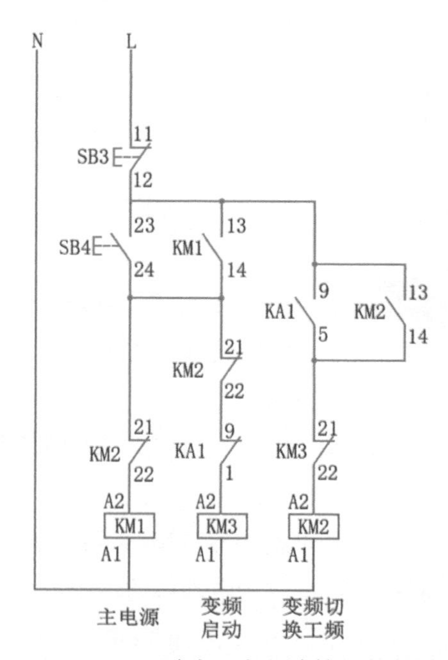

图4-15 ABB变频工频切换控制电路图

（3）变频器参数设置

变频器参数设置如表4-10所示。

表4-10　变频器参数设置

参数号	出厂值	设置值	说明
9905	230	220	电动机额定电压（V）
9906	3.25	1.93	电动机额定电流（A）
9907	50	50	电动机额定频率（Hz）
2202	5	0.5	加速时间（s）
2203	5	0.5	减速时间（s）
1001	9	9	命令源选择由端子排输入
1003	3	3	方向双向
1101	1	1	频率给定
1102	0	0	外部控制
1103	1	1	模拟量给定
1104	0.0	0.0	给定下限频率（Hz）
1105	50.0	50.0	给定上限频率（Hz）
1401	3	4	变频器故障输出

（4）工作原理说明

① 主电路接线：三相电380V通过L1～L3引入交流接触器KM1的上端端子，KM1的下端端子出线引入ABB变频器的R、S、T，变频器的输出端U、V、W引入交流接触器的KM3的上端端子，KM3的下端端子出线引入三相异步电动机，此步骤为变频启动的主电路接线。或者三相电380V通过L1～L3引入交流接触器KM2的上端端子，KM2的下端端子出线引入三相异步电动机U1、V1、W1，此步骤为工频启动的主电路接线。

② 主电路控制过程：KM1主电路线圈吸合接通变频器三相电源。当变频器输出时，交流接触器KM3吸合，电动机变频运行。或KM2主电路吸合接通主电源，电动机工频运行。

③ 变频运行：按下控制电路启动按钮SB4，KM1线圈得电并自锁。按下变频器正转按钮SB1，变频器开始运行，KA1常闭触点9-1接通，KM3线圈得电。主触点KM3吸合，电动机变频运行。

④ 工频运行：在变频器故障时，继电器RIA、RIB、RIC动作，KA1线圈得电，KA1常开触点5-9接通，KM2线圈得电，KM2主触点接通，电动机工频启动。

⑤ 停止按钮：按下停止按钮SB3，KM1～KM3线圈失电，KM1～KM3主触点断开，电动机停止。

4.6 ABB 变频器故障报警代码及处理方法

ABB变频器故障报警代码及处理方法如表4-11所示。

表4-11 ABB变频器故障报警代码及处理方法

故障代码	故障类型	可能的故障原因	处理方法
F0001	过电流	输出电流超过了跳闸值（变频器过电流跳闸限值是变频器额定电流的325%）	① 检查电动机负载 ② 检查加速时间（2202和2205） ③ 检查电动机和电动机电缆（包括相序） ④ 检查周围环境条件。如果安装地点的环境温度超过40°C，那么变频器必须降容使用
F0002	直流过电压	中间电流直流电压过高（200V变频器中间电路直流电压的跳闸值是420V，400V变频器中间电路直流电压的跳闸值是840V）	① 检查过电压控制器 ② 检查输入电源的稳态电压和瞬态电压 ③ 检查制动斩波器和制动电阻（如有）。如果使用了制动斩波器和制动电阻，必须禁止中间电路直流过电压控制功能 ④ 检查减速时间 ⑤ 对变频器进行改造，增加制动斩波器和制动电阻
F0003	设备过温	变频器IGBT温度过高（跳闸值是135°C）	① 检查周围环境条件 ② 检查冷却空气流量冷却风机 ③ 检查电动机功率和变频器功率
F0004	短路	电动机电缆或者电动机短路	检查电动机和电动机电缆
F0006	直流欠电压	由于电源缺相、熔断器烧损、整流桥内部故障或者电源电压太低，造成中间电路直流电压太低（200V变频器中间电路直流电压欠电压跳闸值是162V，400V变频器中间电路直流电压欠电压跳闸值是308V）	① 检查欠电压控制器 ② 检查电源和熔断器

续表

故障代码	故障类型	可能的故障原因	处理方法
F0007	AI1 LOSS AI1丢失	模拟输入值小于参数3021 AI1 FLT LIMIT（AI故障极限的值）	① 检查故障功能的参数设置 ② 检查模拟控制信号电压等级是否正确 ③ 检查接线
F0009	电动机过温	过载、电动机功率太小、冷却不足或者启动数据错误	① 检查电动机额定参数、负载和冷却风机 ② 检查启动数据 ③ 检查故障功能的参数设置 ④ 让电动机冷却，保证电动机冷却系统正常：检查冷却风机、清洁冷却表面等
F0012	电动机堵转	由于过载或者电动机功率太小，造成电动机工作在堵转区	① 检查电动机负载和变频器额定参数 ② 检查故障功能的参数设置
F0016	接地故障	电动机或者电动机电缆接地	① 检查电动机 ② 检查故障功能的参数设置 ③ 检查电动机电缆。电动机电缆不能超过规定的最大长度
F0017	欠载	由于机械负载脱开，造成电动机负载太轻	① 检查变频器的机械负载 ② 检查故障功能的参数设置 ③ 检查电动机功率和变频器功率
F0018	热故障	变频器内部故障。用于测量变频器内部温度的热敏电阻发生短路或者开路故障	联系当地ABB代表处
F0021	电流测量	变频器内部故障。电流测量超出了范围	联系当地ABB代表处
F0022	电源缺相	由于电源缺相或者熔断器烧损，造成中间电路直流电压振荡（当中间电路直流电压的纹波超过额定中间电路直流电压的14% 之后，变频器跳闸）	① 检查输入熔断器 ② 检查电源三相是否平衡 ③ 检查故障功能的参数设置
F0026	变频器识别号	变频器辨识故障	联系当地ABB代表处
F0027	配置文件	内部配置文件错误	联系当地ABB代表处
F0034	电动机缺相	由于电动机缺相，造成电动机电路故障	检查电动机和电动机电缆
F0035	输出接线故障	输入功率电缆和电动机电缆连接错误	① 检查输入功率电缆连接 ② 检查故障功能的参数设置
F0036	软件版本不兼容	载入的软件不兼容	联系当地ABB代表处

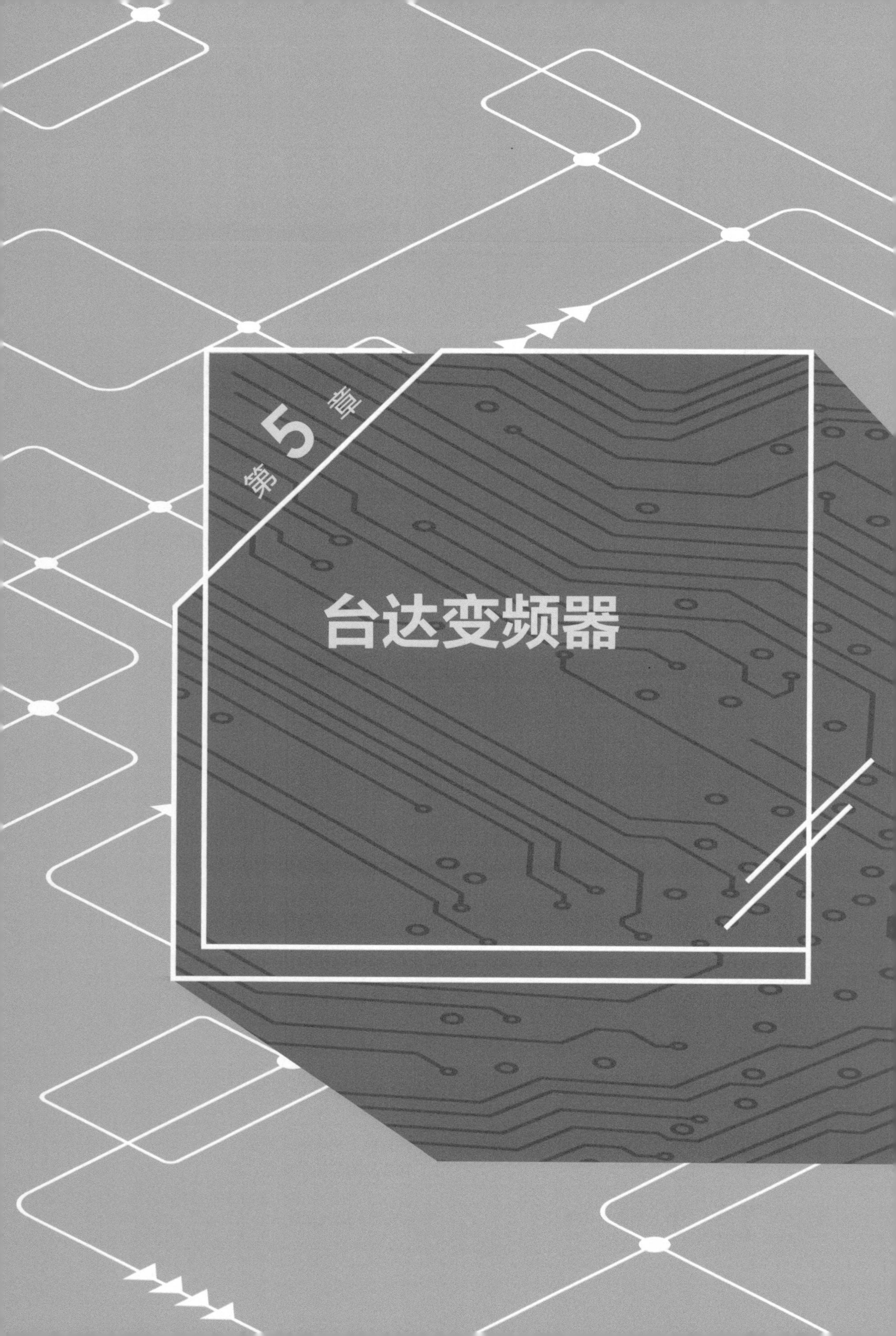
第5章
台达变频器

5.1 台达变频器硬件

5.1.1 台达变频器调速系统

台达变频器有多个系列，台达VFD-M是目前应用较为广泛的变频器，本章以台达VFD-M为例进行讲解。变频器在交流电动机调速控制系统中，主要有两种典型使用方法，分别为三相交流变频调速系统和单相交流变频调速系统，如图5-1所示。

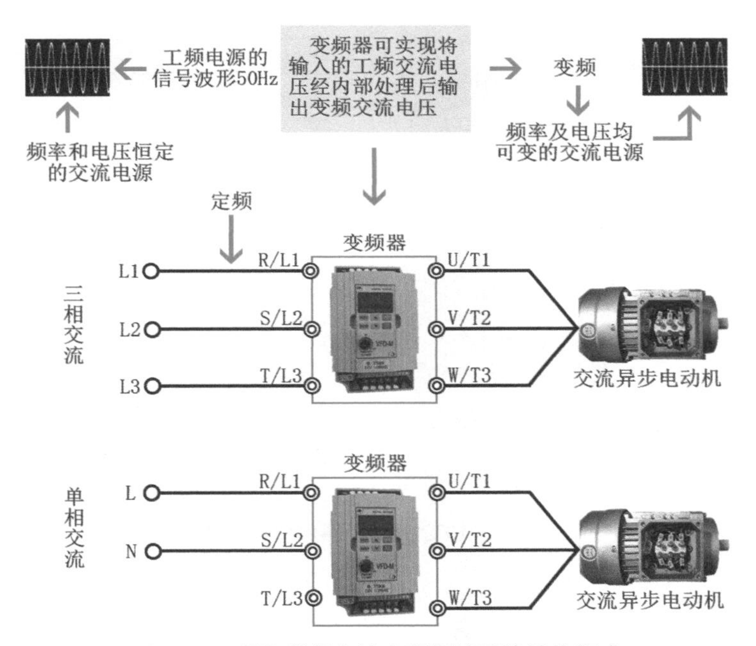

图5-1　三相和单相交流变频调速系统结构组成

台达VFD-M是用于控制三相交流电动机速度的变频器系列。该系列有多种型号。以单相为例，这里选用的VFD-M订货号为VFD007M21A。

该变频器额定参数如下。

① 电源电压：220V，单相交流。

② 额定输出功率：0.75kW。

③ 额定输出电流：5A。

④ 操作面板：基本操作板（BOP）。

5.1.2 VFD-M变频器的端子及接线

（1）变频器接线端子及功能图解

打开变频器后，就可以连接电源和电动机的接线端子。接线端子在变频器机壳上下端。

台达VFD-M系列为用户提供了一系列常用的输入输出接线端子，用户可以方便地通过这些接线端子来实现相应的功能。打开变频器后可以看到变频器的接线端子，如图5-2所示。这些接线端子的功能及使用说明如表5-1、表5-2所示。

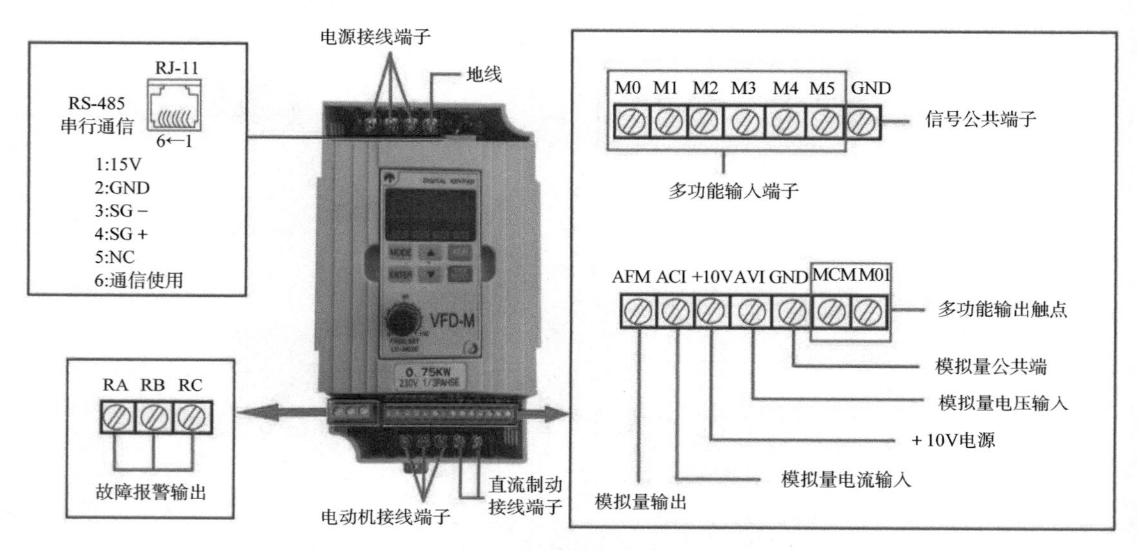

图5-2 VFD-M变频器的接线端子

表5-1 主电路端子

端子记号	内容说明（端子规格为M3.0）
R/L1、S/L2、T/L3	主电路交流电源输入
U/T1、V/T2、W/T3	连接至电动机
B3-B2	制动电阻（选用）连接端子
⏚	接地用（避免高压突波冲击以及噪声干扰）

表5-2 控制电路端子

端子	功能说明	出厂设定（NPN模式）
M0	多功能输入辅助端子	M0～M5、GND功能选择可参考参数P38～P42多功能输入选择 接GND时（ON），动作电流为10mA；开路或高电压时（OFF），容许漏电流为10μA
M1		
M2		
M3		
M4		
M5		
GND	控制信号地参考点	
＋10V	DC＋10V输出	＋10V-GND 可输出固定直流电压＋10V（10mA）
AVI	模拟电压频率指令	范围：DC0～10V对应到0～最大输出频率
ACI	模拟电流频率指令	范围：4～20mA对应到0～最大输出频率
AFM	多功能模拟电压输出	输出电流：2mA（max） 范围：DC0～10V
M01	多功能输出端子（光耦合）	交流电动机驱动器以晶体管开路集电极方式输出各种监视信号 如运转中，频率到达、过载指示等信号。应详细参考参数P45多功能输出端子选择
MCM	多功能输出端子共同端（光耦合）	Max DC48V 50mA
RA	多功能Relay输出触点（常开a）	RA-RC
RB	多功能Relay输出触点（常开b）	RB-RC
RC	多功能Relay输出触点共同端	

（2）变频器控制电路端子的标准接线

变频器的控制电路一般包括输入电路、输出电路和辅助接口等部分。其中，输入电路接收控制器（PLC）的指令信号（开关量或模拟量信号），输出电路输出变频器的状态信息（正常时的开关量或模拟量输出、异常输出等），辅助接口包括通信接口、外接键盘接口等。台达VFD-M变频器电路端子的标准接线如图5-3所示。

通用变频器是一种智能设备，其特点之一就是各端子的功能可通过调整相关参数的值进行变更。

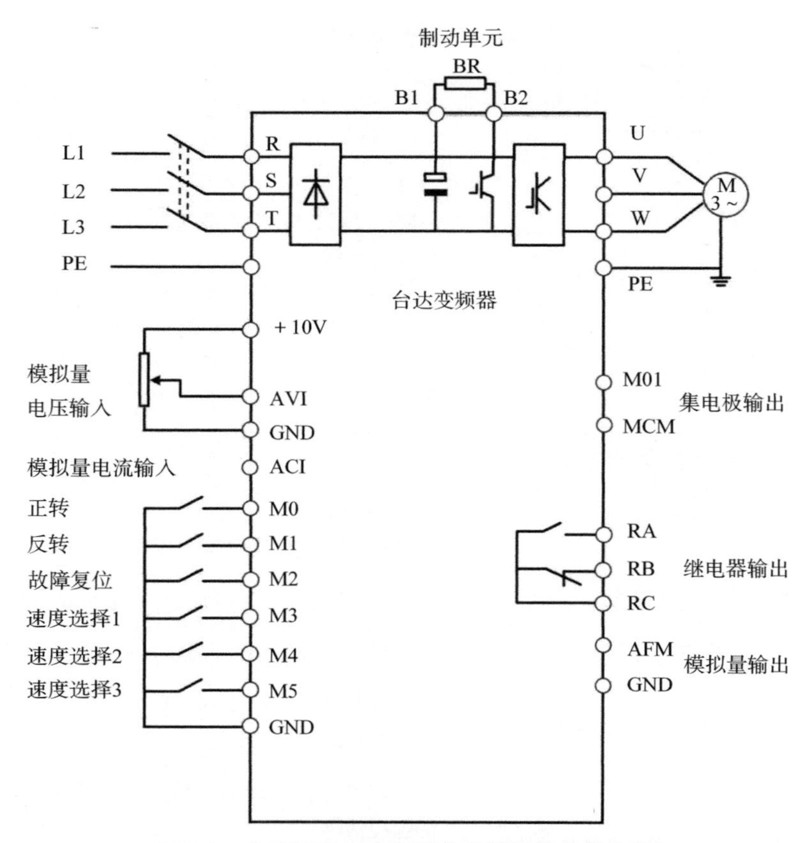

图5-3　台达VFD-M变频器电路端子的标准接线

5.1.3 VFD-M变频器面板

台达VFD-M变频器面板如图5-4所示。

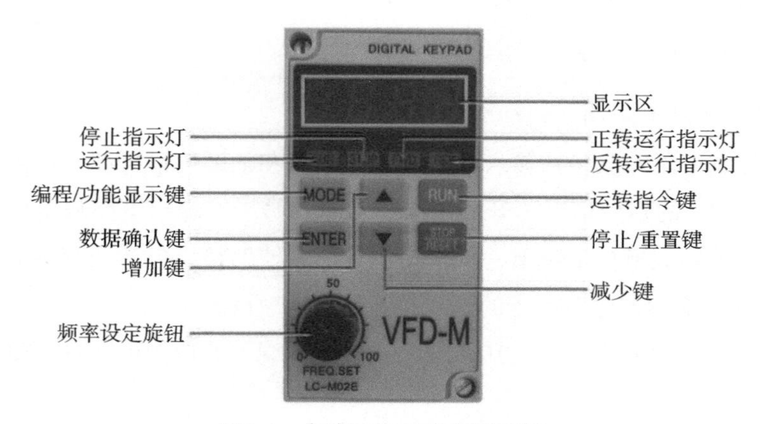

图5-4　台达VFD-M变频器面板

台达VFD-M变频器面板操作如图5-5所示

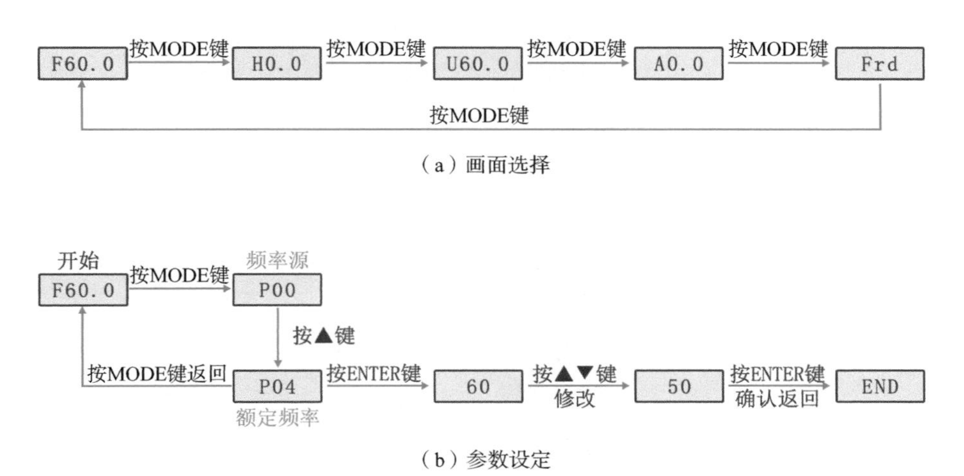

图5-5　台达VFD-M变频器面板操作

5.2 台达变频器面板正反转控制电动机案例

5.2.1 VFD-M变频器电动机参数调整

为了使电动机与变频器相匹配，需要设置电动机参数，这些参数可以从电动机铭牌中直接得到。电动机参数设置如表5-3所示，变频器电动机参数设置方法如图5-6所示。电动机参数设定完成后，变频器当前处于准备状态，可正常运行。

表5-3　电动机参数设置

参数号	出厂值	设置值	说明
P04	60	50	电动机额定频率（Hz）
P05	230	220	电动机额定电压（V）
P52	0	1.93	电动机额定电流（A）

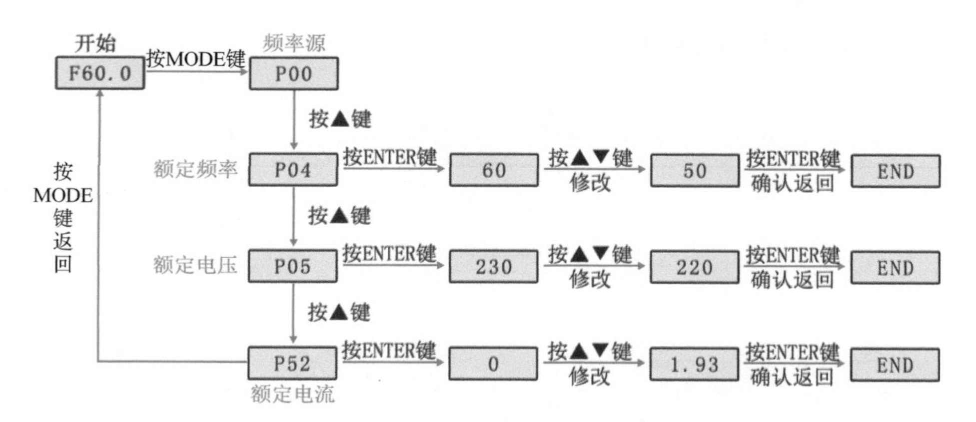

图5-6　变频器电动机参数设置方法

5.2.2 VFD-M变频器面板控制接线图

台达VFD-M变频器面板控制电路接线原理图及实物接线图如图5-7所示。

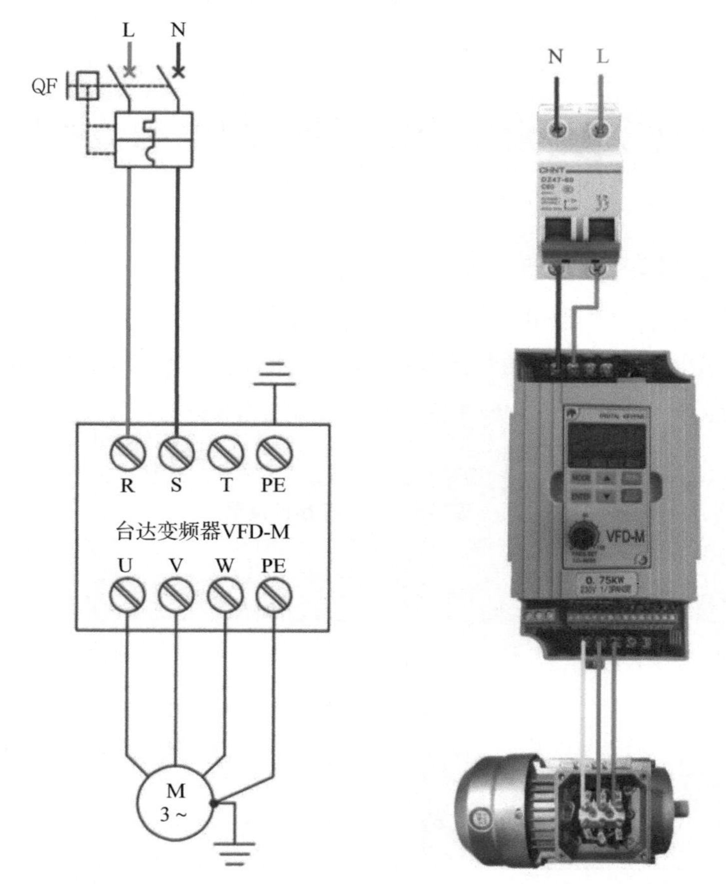

（a）变频器的接线原理图　（b）变频器的实物接线图

图5-7　台达VFD-M变频器面板控制电路接线原理图及实物接线图

5.2.3 VFD-M变频器面板控制电气元件

元器件明细表如表5-4所示。

表5-4 元器件明细表

文字符号	名称	型号	在电路中起的作用
VFD	变频器	VFD007M21A	在电路中可以降低启动电流，改变电动机转速，实现电动机无级调速，在低于额定转速时有节电功能
QF	断路器	DZ47-60-2P-C10	电源总开关，在主电路中起控制兼保护作用
M	电动机	YS7124/370W	将电能转换为机械能，带动负载运行

5.2.4 VFD-M变频器面板控制参数设定

变频器参数具体设置如表5-5所示，变频器电动机参数设置方法如图5-6所示，具体变频器控制参数设置方法如图5-8所示。

表5-5 变频器参数具体设置

参数号	出厂值	设置值	说明
P04	60	50	电动机额定频率（Hz）
P05	220	220	电动机额定电压（V）
P52	0	1.93	电动机额定电流（A）
P00	00	04	由键盘（电动电位计）输入设定值
P01	00	00	由键盘输入设定值（选择命令源）
P03	60.0	50.0	电动机运行的最高频率（Hz）
P08	1.5	0.0	电动机运行的最低频率（Hz）
P10	10	5	点动斜坡上升时间（s）
P11	10	5	点动斜坡下降时间（s）

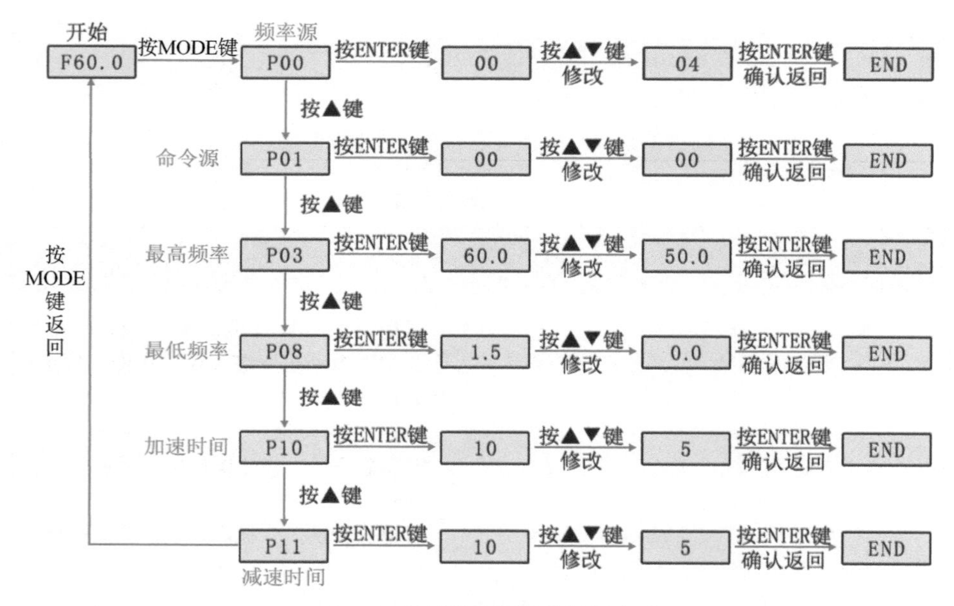

图5-8 变频器控制参数设置方法

5.2.5 VFD-M变频器面板控制电动机工作原理

① 闭合电源总开关QF。变频器输入端R、S上电，为启动电动机做好准备。

② 变频器面板控制

a. 面板启动：按下面板RUN键，电动机启动运行。

b. 面板停止：再按一下面板STOP键，电动机停止运行。

c. 面板电位器调速：在电动机运行状态下，旋转面板电位器键，可以修改变频器的频率，进而改变电动机的转速。

③ 断开电源总开关QF。变频器输入端R、S断电，变频器失电断开。

5.3 台达变频器三段速正反转控制电动机案例

5.3.1 VFD-M变频器三段速正反转控制电动机接线图

（1）变频器的接线原理图

台达VFD-M变频器三段速正反转控制电动机电路接线原理图如图5-9所示。

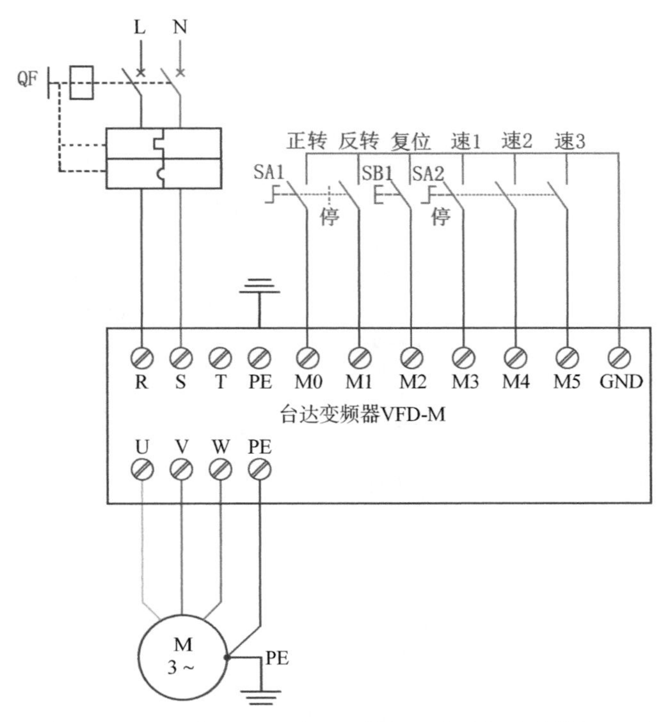

图5-9 台达VFD-M变频器三段速正反转控制电动机电路接线原理图

（2）变频器的实物接线图

台达VFD-M变频器三段速正反转控制电动机电路实物接线图如图5-10所示。

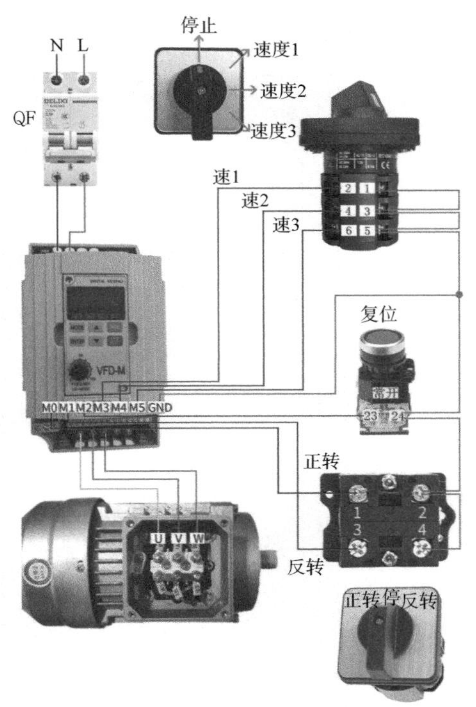

图5-10 台达VFD-M变频器三段速正反转控制电动机电路实物接线图

5.3.2 VFD-M变频器三段速正反转控制电气元件

元器件明细表如表5-6所示。

表5-6 元器件明细表

文字符号	名称	型号	在电路中起的作用
VFD	变频器	VFD007M21A	在电路中可以降低启动电流，改变电动机转速，实现电动机无级调速，在低于额定转速时有节电功能
QF	断路器	DZ47-60-2P-C10	电源总开关，在主电路中起控制兼保护作用
SA1	旋钮开关	LW26-10（3挡）	控制电动机正/反转与停止信号
SA2	旋钮开关	LW26-10（4挡）	控制电动机速度1/速度2/速度3
SB1	按钮开关	LA38	复位按钮
M	电动机	YS7124/370W	将电能转换为机械能，带动负载运行

5.3.3 VFD-M变频器三段速正反转控制电动机参数设定

变频器参数具体设置如表5-7所示，变频器电动机参数设置方法如图5-6所示，具体变频器控制参数设置方法如图5-11所示。

表5-7 变频器参数具体设置

参数号	出厂值	设置值	说明
P00	00	00	由端子输入设定值（选择频率源）
P01	00	01	由端子输入设定值（选择命令源）
P03	60.0	50.0	电动机运行的最高频率（Hz）
P08	1.5	0.0	电动机运行的最低频率（Hz）
P04	60	50	电动机额定频率（Hz）
P05	220	220	电动机额定电压（V）
P10	10	5	点动斜坡上升时间（s）
P11	10	5	点动斜坡下降时间（s）
P17	0.0	15	选择固定频率15（Hz）
P18	0.0	20	选择固定频率20（Hz）
P20	0.0	30	选择固定频率30（Hz）

续表

参数号	出厂值	设置值	说明
P38	00	00	M0：正转/停止 M1：反转/停止
P39	05	05	复位
P40	06	06	M2接通多段速指令一
P41	07	07	M3接通多段速指令二
P42	08	08	M4接通多段速指令三

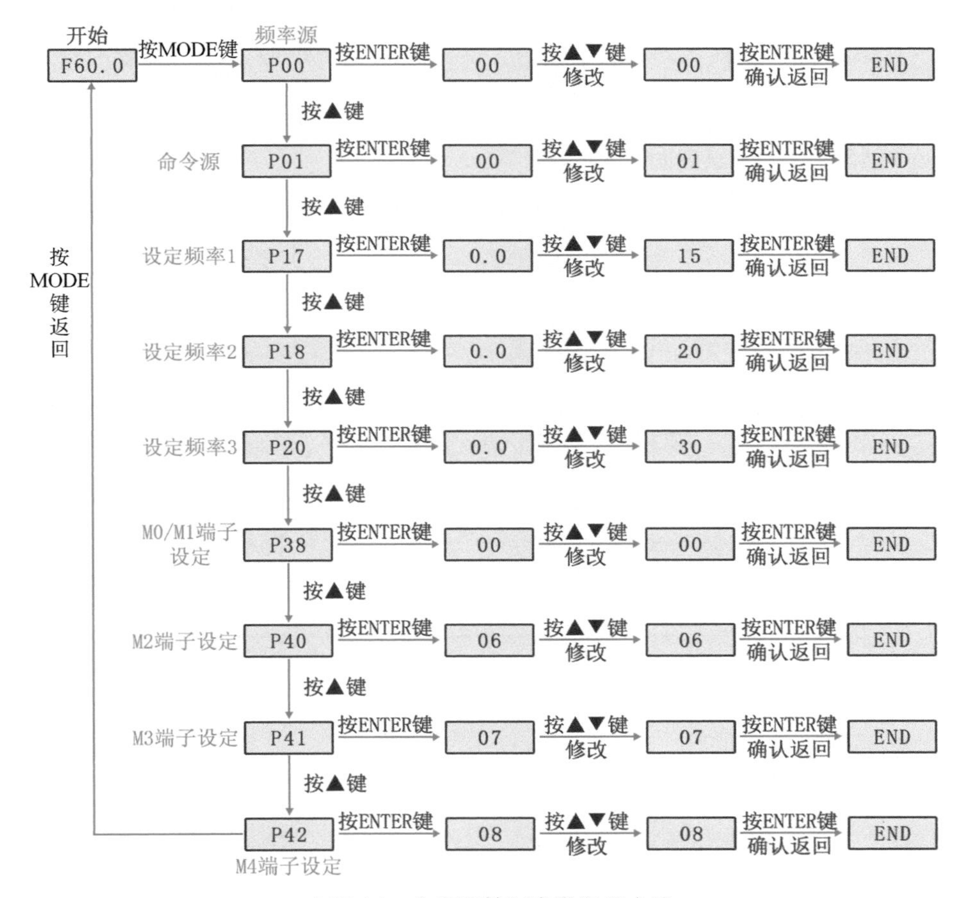

图5-11　变频器控制参数设置方法

5.3.4 VFD-M变频器三段速正反转控制电动机工作原理

① 闭合电源总开关QF。变频器输入端R、S上电，为启动电动机做好准备。

② 变频器端子控制

a. 端子启停：旋钮开关SA1旋到正转挡位，电动机正转运行；旋钮开关SA1旋到中间

挡位，电动机停止；旋钮开关SA1旋到反转挡位，电动机反转运行。

b. 端子多段速给定：在电动机运行状态下，旋钮开关SA2旋到速度1挡位，电动机以10Hz运行；旋钮开关SA2旋到速度2挡位，电动机以15Hz运行；旋钮开关SA2旋到速度3挡位，电动机以20Hz运行。

③ 断开电源总开关QF。变频器输入端R、S断电，变频器失电断开。

5.4 台达变频器模拟量控制电动机案例

5.4.1 VFD-M变频器模拟量控制电动机接线图

（1）变频器的接线原理图

台达VFD-M变频器模拟量控制电动机电路接线原理图如图5-12所示。

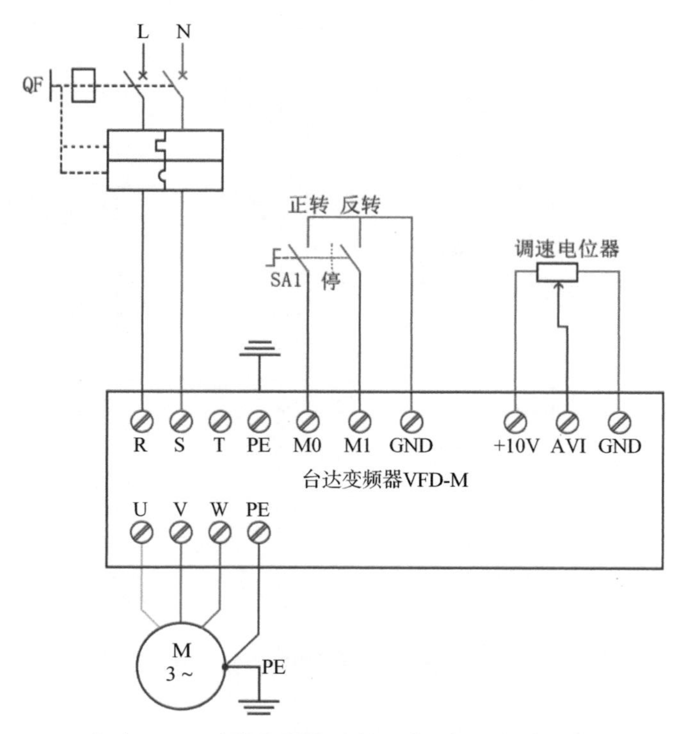

图5-12　台达VFD-M变频器模拟量控制电动机电路接线原理图

（2）变频器的实物接线图

台达VFD-M变频器模拟量控制电动机电路实物接线图如图5-13所示。

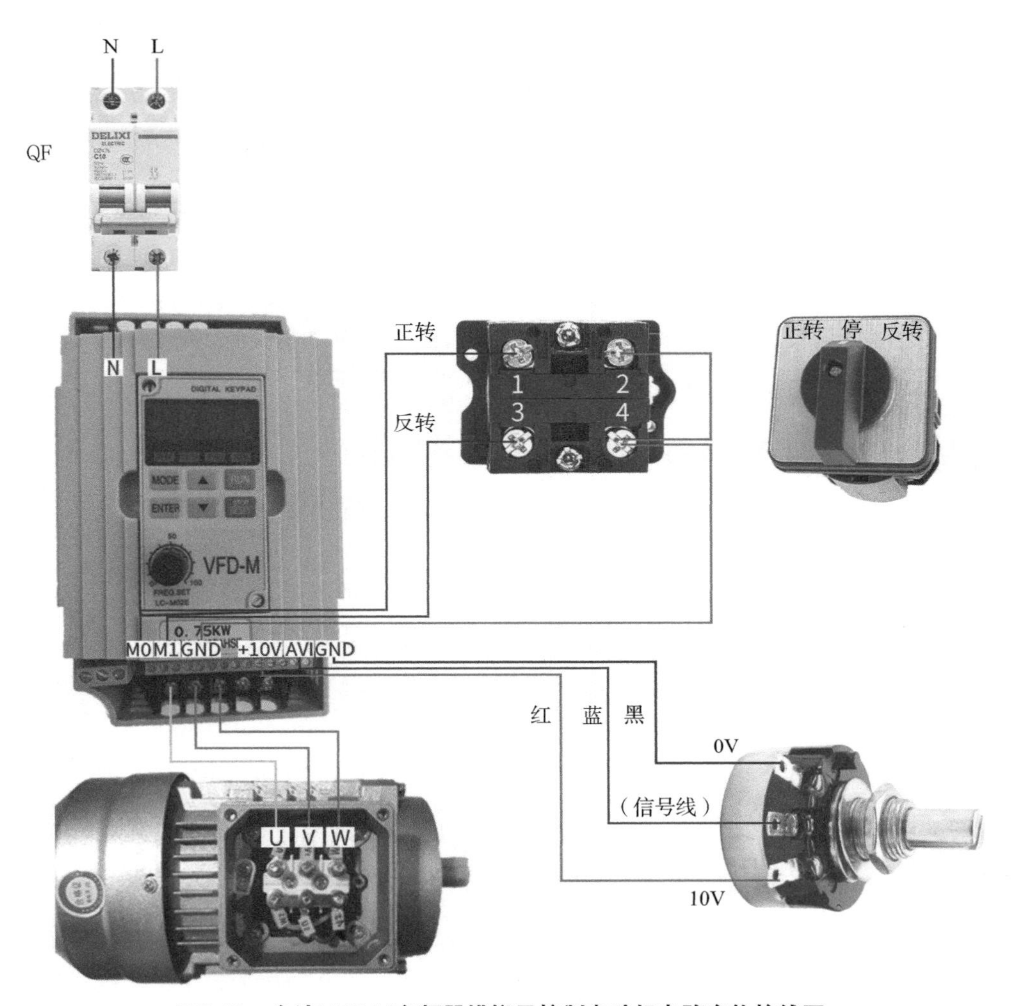

图5-13　台达VFD-M变频器模拟量控制电动机电路实物接线图

5.4.2 VFD-M变频器模拟量控制电动机电气元件

元器件明细表如表5-8所示。

表5-8　元器件明细表

文字符号	名称	型号	在电路中起的作用
VFD	变频器	VFD007M21A	在电路中可以降低启动电流，改变电动机转速，实现电动机无级调速，在低于额定转速时有节电功能

续表

文字符号	名称	型号	在电路中起的作用
QF	断路器	DZ47-60-2P-C10	电源总开关，在主电路中起控制兼保护作用
SA1	旋钮开关	LW26-10（3挡）	控制电动机正/反转与停止信号
RP	电位器	0～10kΩ	控制变频器频率
M	电动机	YS7124/370W	将电能转换为机械能，带动负载运行

5.4.3 VFD-M变频器模拟量控制电动机参数设定

变频器参数具体设置如表5-9所示，变频器电动机参数设置方法如图5-6所示，具体变频器控制参数设置方法如图5-14所示。

表5-9 变频器参数具体设置

参数号	出厂值	设置值	说明
P00	00	01	由模拟量输入设定值
P01	00	01	由端子输入设定值（选择命令源）
P03	60.0	50.0	电动机运行的最高频率（Hz）
P08	1.5	0.0	电动机运行的最低频率（Hz）
P04	60	50	电动机额定频率（Hz）
P05	220	220	电动机额定电压（V）
P10	10	5	点动斜坡上升时间（s）
P11	10	5	点动斜坡下降时间（s）
P38	00	00	M0：正转/停止 M1：反转/停止
P128	0.0	0.0	最小频率对应输入电压值
P129	10.0	10.0	最大频率对应输入电压值

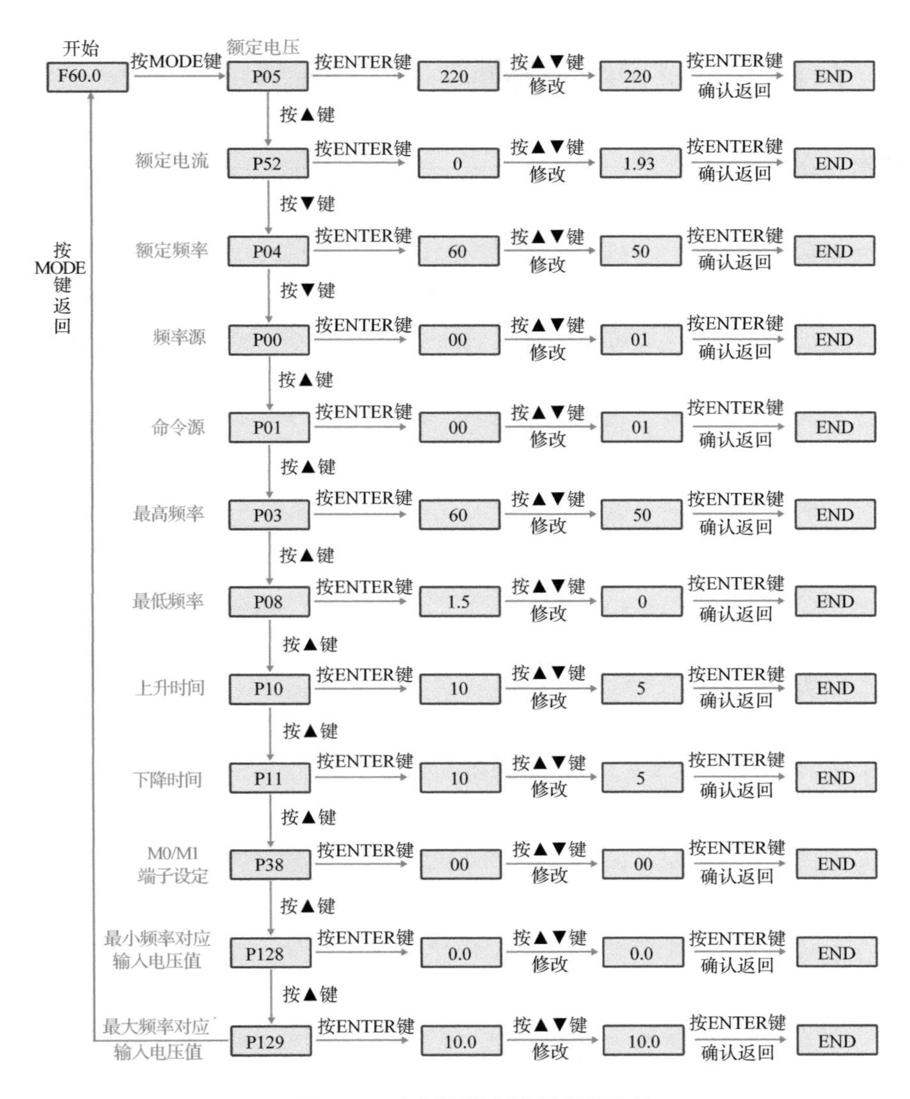

图5-14　变频器控制参数设置方法

5.4.4 VFD-M变频器模拟量控制电动机工作原理

① 闭合电源总开关QF。变频器输入端R、S上电，为启动电动机做好准备。

② 变频器控制

a. 端子启停：旋钮开关SA1旋到正转挡位，电动机正转运行；旋钮开关SA1旋到中间挡位，电动机停止；旋钮开关SA1旋到反转挡位，电动机反转运行。

b. 外部电位器频率给定：在电动机运行状态下，旋转外部电位器，可以修改变频器的频率，进而改变电动机的转速。

③ 断开电源总开关QF。变频器输入端R、S断电，变频器失电断开。

5.5 台达变频器变频切换工频电路

控制要求：在正常运行中以变频启动运行，当变频器有故障时切换为工频运行。SB1与SB2为正反转按钮，SB3为控制电路停止按钮，SB4为启动按钮，KA1为故障继电器，KA2为运行继电器，KM1为变频器输入电源接触器，KM3为变频输出接触器，KM2为工频运行接触器。变频器的频率为模拟量输入控制。

（1）变频器的主电路

台达变频工频切换主电路图如图5-15所示。

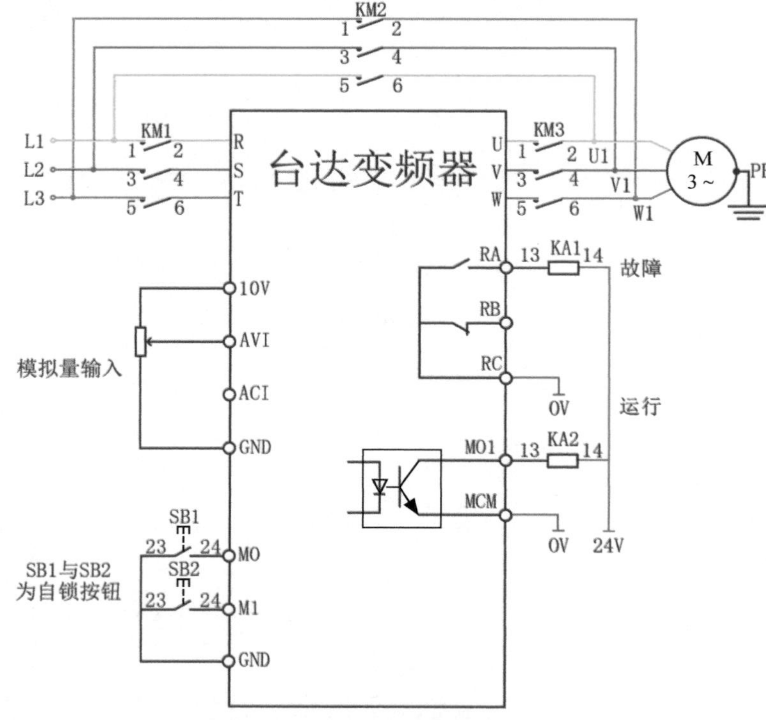

图5-15 台达变频工频切换主电路图

（2）变频器的控制电路

台达变频工频切换控制电路图如图5-16所示。

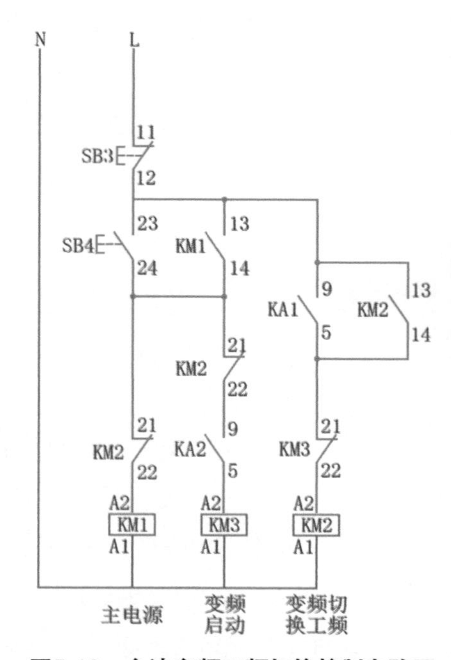

图5-16 台达变频工频切换控制电路图

（3）变频器参数设置

变频器参数设置如表5-10所示。

表5-10　变频器参数设置

参数号	出厂值	设置值	说明
P00	00	01	由模拟量输入设定值
P01	00	01	由端子输入设定值（选择命令源）
P03	60.0	50.0	电动机运行的最高频率（Hz）
P08	1.5	0.0	电动机运行的最低频率（Hz）
P10	10	5	点动斜坡上升时间（s）
P11	10	5	点动斜坡下降时间（s）
P38	00	00	M0：正转/停止 M1：反转/停止
P45	00	00	00:运转中指示
P46	07	07	07：故障指示
P128	0.0	0.0	最小频率对应输入电压值
P129	10.0	10.0	最大频率对应输入电压值

（4）工作原理说明

① 主电路接线：三相电380V通过L1～L3引入交流接触器KM1的上端端子，KM1的下端端子出线引入台达变频器的R、S、T，变频器的输出端U、V、W引入交流接触器KM3的上端端子，KM3的下端端子出线引入三相异步电动机，此步骤为变频启动的主电路接线。或者三相电380V通过L1～L3引入交流接触器KM2的上端端子，KM2的下端端子出线引入三相异步电动机U1、V1、W1，此步骤为工频启动的主电路接线。

② 主电路控制过程：KM1主电路线圈吸合接通变频器三相电源，当变频器输出时，交流接触器KM3吸合，电动机变频运行。或KM2主电路吸合接通主电源，电动机工频运行。

③ 变频运行：按下控制电路启动按钮SB4，KM1线圈得电并自锁。按下变频器正转按钮SB1，变频器开始运行，变频器继电器M01-MCM接通，中间继电器KA2线圈得电，KA2常开触点9-5闭合，KM3线圈得电。KM3主触点接通，电动机变频运行。

④ 工频运行：在变频器故障时，继电器输出接通，KA1线圈得电，KA1常开触点9-5接通，KM2线圈得电，KM2主触点接通，电动机工频启动。

⑤ 停止按钮：按下停止按钮SB3，KM1～KM3线圈失电，KM1～KM3主触点断开，电动机停止。

5.6 台达变频器故障报警代码及处理方法

台达变频器故障代码及处理方法如表5-11所示。

表5-11 台达变频器故障代码及处理方法

故障代码	故障类型	可能的故障原因	处理方法
OC	过电流	变频器侦测输出侧有异常突增的过电流产生	① 检查电动机输出功率与变频器输出功率是否相符合 ② 检查变频器与电动机间的联机是否有短路现象 ③ 增大加速时间（P10、P12），检查电动机是否有超额负载
OU	直流侧过电压	变频器侦测内部直流高压侧有过电压现象产生	① 检查输入电压是否在变频器额定输入电压范围内 ② 监测是否有突波电压产生 ③ 由于电动机惯量回升电压，造成变频器内部直流高压侧电压过高，此时可增加减速时间或加装制动电阻（选用）
OH	变频器超温	变频器侦测内部温度过高，超过保护位准	① 检查环境温度是否过高 ② 检查进出风口是否堵塞 ③ 检查散热片是否有异物 ④ 检查变频器通风空间是否足够
LU	直流侧欠电压	变频器侦测内部直流高压侧过低	检查输入电源是否正常
OL	超过额定电流	变频器侦测输出超过可承受的电流耐量150%的变频器额定电流，可承受60s	① 检查电动机是否过负载 ② 减低P54转矩提升设定值 ③ 增加变频器输出容量
OL1	变频器过载过热	① 内部电子热继电器保护 ② 电动机负载过大	① 检查电动机是否过载 ② 检查P52电动机额定电流值是否适当 ③ 增加电动机容量
OL2	电动机过负荷	电动机负载太大	① 检查电动机负载是否过大 ② 检查过转矩检出位准设定值（P60～P62）
bb	多功能端子输入错误	当外部多功能输入端子（M2～M5）设定此一功能时，交流电动机驱动器停止输出	清除信号来源，“bb”立刻消失

续表

故障代码	故障类型	可能的故障原因	处理方法
ocA	加速过电流	加速中过电流	① 输出连线是否绝缘不良，增加加速时间 ② 减低P54转矩提升设定值，更换较大输出容量的变频器
ocd	减速过电流	减速中过电流产生	① 输出连线是否绝缘不良 ② 增加减速时间 ③ 更换较大输出容量的变频器
ocn	运行中过电流	运转中过电流产生	① 输出连线是否绝缘不良 ② 检查电动机是否堵转 ③ 更换较大输出容量的变频器
EF	多功能输入端子报错	当外部多功能输入端子（M2～M5）设定外部异常（EF）时，交流电动机驱动器停止输出	清除故障来源后按“RESET”键即可
CF1	内部存储卡写入报错	内部存储器IC数据写入异常	检查输入电源电压正常后重新开机
GFF	接地保护或熔丝故障	① 接地保护：变频器有异常输出现象。输出端接地（接地电流高于变频器额定电流的50%以上时），功率模块可能已经损坏，此保护系针对变频器而非人体 ② 熔丝故障：由主电路板的LED指示灯显示熔丝是否故障	① 接地保护：确定IGBT功率模块是否损坏，检查输出侧接线是否绝缘不良 ② 更换熔丝
CFA	自动加速模式失败	自动加减速模式失败	① 交流电动机驱动器与电动机匹配是否恰当 ② 负载回升惯量过大 ③ 负载变化过于急剧
CF3	驱动器线路异常	交流电动机驱动器侦测线路异常	直流侧电压（DC-BUS）侦测线路异常，应送厂维修
PHL	欠相保护	欠相保护	检查是否为三相输入电源
codE	软件保护启动	软件保护启动	显示codE为密码锁定
FbE	PID回授异常	PID回授信号异常	① 检查参数设定（P116）和AVI、ACI的线路 ② 检查系统反应时间和回授信号侦测时间之间的所有可能发生的错误（Pr123）

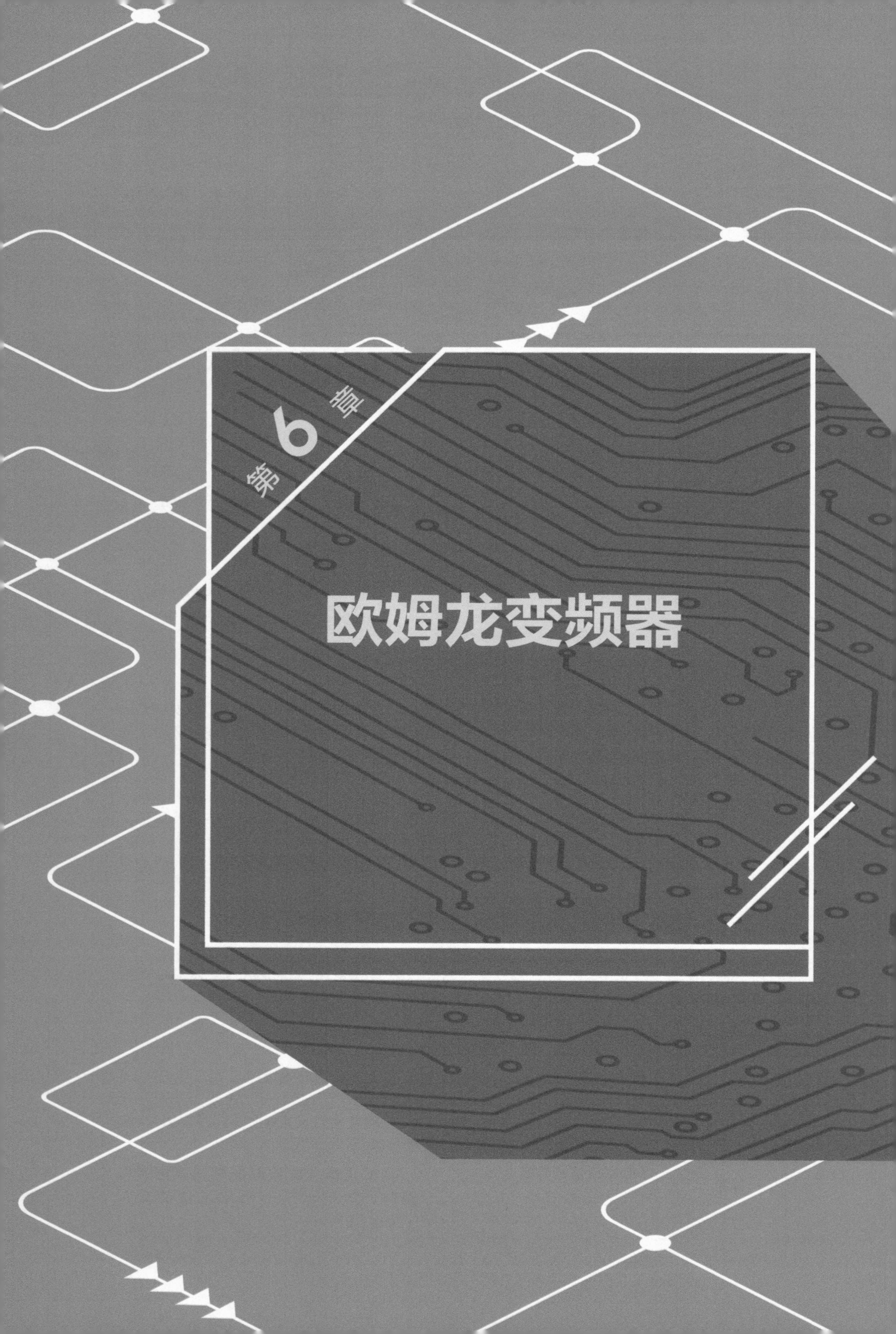
第6章
欧姆龙变频器

6.1 欧姆龙变频器硬件

6.1.1 欧姆龙变频器调速系统

欧姆龙变频器有多个系列，欧姆龙3G3JZ是目前应用较为广泛的变频器，本章以欧姆龙3G3JZ为例进行讲解。变频器在交流电动机调速控制系统中，主要有两种典型使用方法，分别为三相交流变频调速系统和单相交流变频调速系统，如图6-1所示。

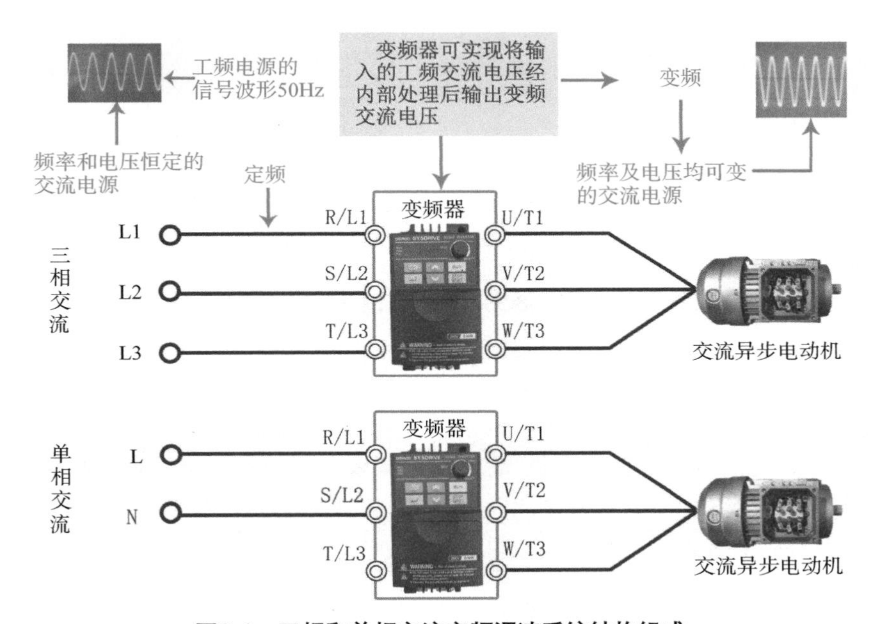

图6-1　三相和单相交流变频调速系统结构组成

欧姆龙3G3JZ是用于控制三相交流电动机速度的变频器系列。该系列有多种型号。以单相为例，这里选用的3G3JZ订货号为3G3JZ-AB004。

该变频器额定参数如下。

① 电源电压：220V，单相交流。

② 额定输出功率：0.4kW。

③ 额定输出电流：2.5A。

④ 操作面板：基本操作板（BOP）。

6.1.2 3G3JZ变频器的端子及接线

（1）变频器接线端子及功能图解

打开变频器后，就可以连接电源和电动机的接线端子。接线端子在变频器机壳上下端。

欧姆龙3G3JZ系列为用户提供了一系列常用的输入输出接线端子，用户可以方便地通过这些接线端子来实现相应的功能。打开变频器后可以看到变频器的接线端子，如图6-2所示。这些接线端子的功能及使用说明如表6-1、表6-2所示。

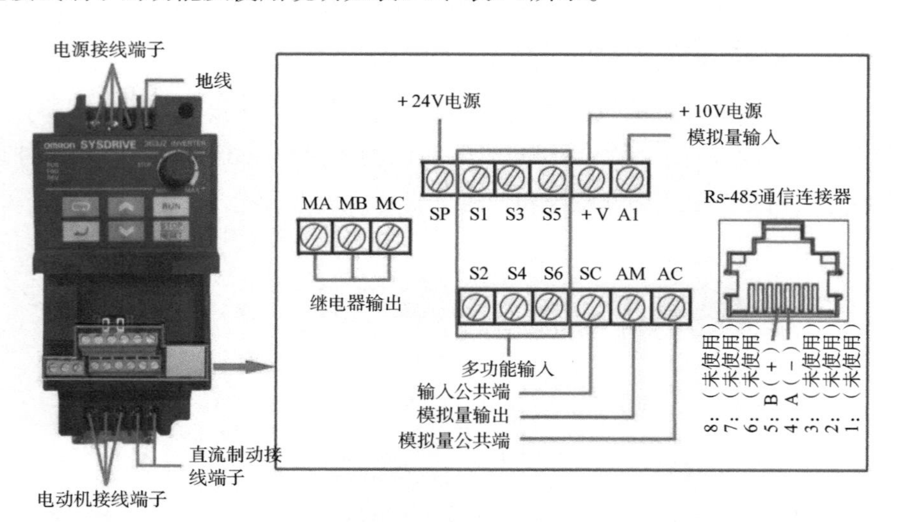

图6-2 3G3JZ变频器的接线端子

表6-1 主电路端子

端子记号	内容说明（端子规格为M3.0）
R/L1、S/L2、T/L3	主电路交流电源输入
U/T1、V/T2、W/T3	连接至电动机
+、−	制动电阻（选用）连接端子
⏚	接地用（避免高压突波冲击以及噪声干扰）

表6-2 控制电路端子

端子	功能说明
SP	+24V电源
S1	多功能输入端子
S2	
S3	
S4	
S5	
S6	

续表

端子	功能说明
SC	输入公共端
+V	+10V电源
AM	模拟量输出端子
A1	模拟量输入端子
AC	模拟量公共端
MA	继电器输出端子
MB	
MC	

（2）变频器控制电路端子的标准接线

变频器的控制电路一般包括输入电路、输出电路和辅助接口等部分。其中，输入电路接收控制器（PLC）的指令信号（开关量或模拟量信号），输出电路输出变频器的状态信息（正常时的开关量或模拟量输出、异常输出等），辅助接口包括通信接口、外接键盘接口等。欧姆龙变频器电路端子的标准接线如图6-3所示。

通用变频器是一种智能设备，其特点之一就是各端子的功能可通过调整相关参数的值进行变更。

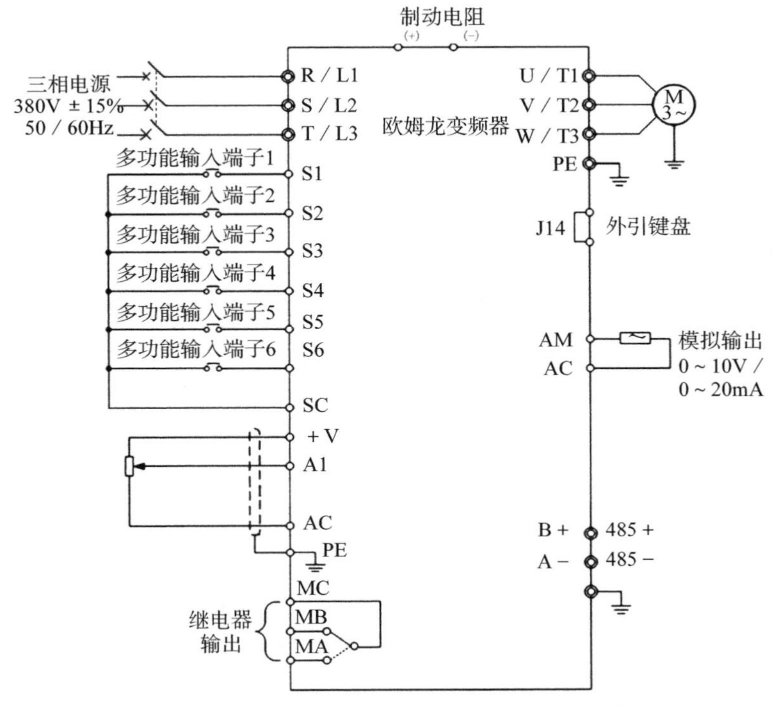

图6-3　欧姆龙3G3JZ变频器电路端子的标准接线

6.1.3 3G3JZ变频器面板

欧姆龙3G3JZ变频器面板如图6-4所示。

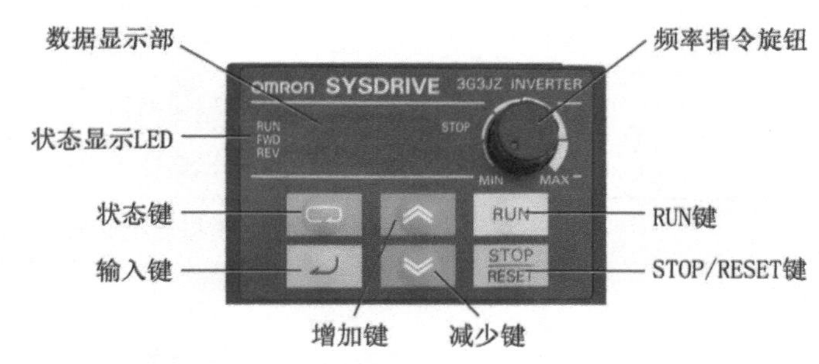

图6-4 欧姆龙3G3JZ变频器面板

欧姆龙3G3JZ变频器面板操作如图6-5所示。

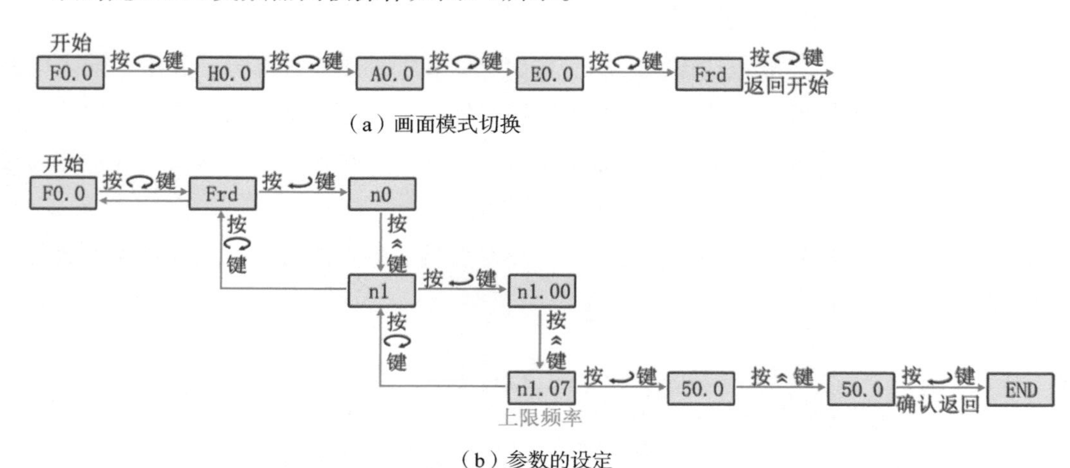

图6-5 欧姆龙3G3JZ变频器面板操作

6.2 欧姆龙变频器面板正反转控制电动机案例

6.2.1 3G3JZ变频器电动机参数调整

为了使电动机与变频器相匹配，需要设置电动机参数，这些参数可以从电动机铭牌中直接得到。电动机参数设置如表6-3所示，变频器电动机参数设置方法如图6-6所示。电动机参数设定完成后，变频器当前处于准备状态，可正常运行。

表6-3 电动机参数设置

参数号	出厂值	设置值	说明
n7.00	2.5	1.93	电动机额定电流（A）
n1.07	50.0	50.0	上限频率（Hz）
n1.08	0.0	0.0	下限频率（Hz）

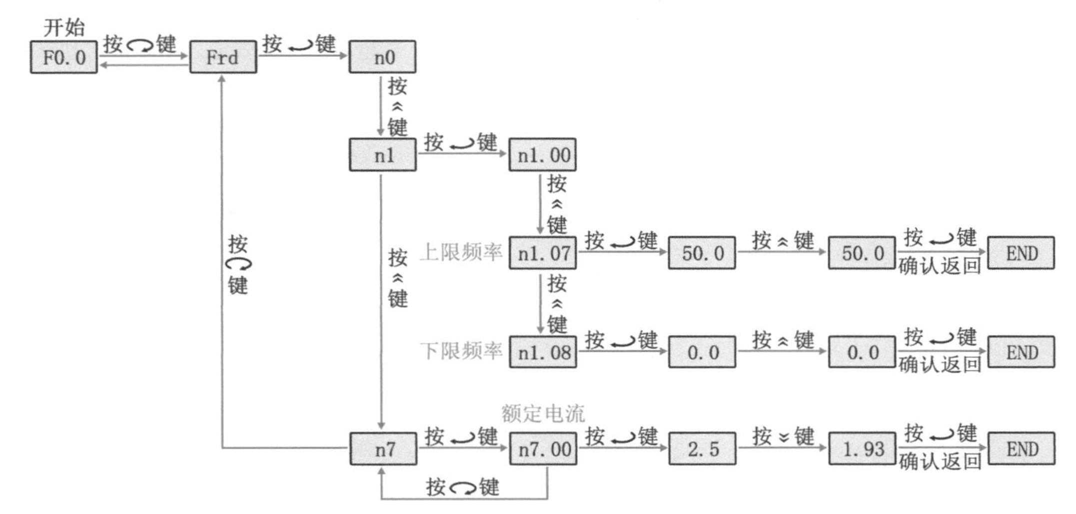

图6-6 变频器电动机参数设置方法

6.2.2 3G3JZ变频器面板控制接线图

欧姆龙3G3JZ变频器面板控制电路接线原理图及实物接线图如图6-7所示。

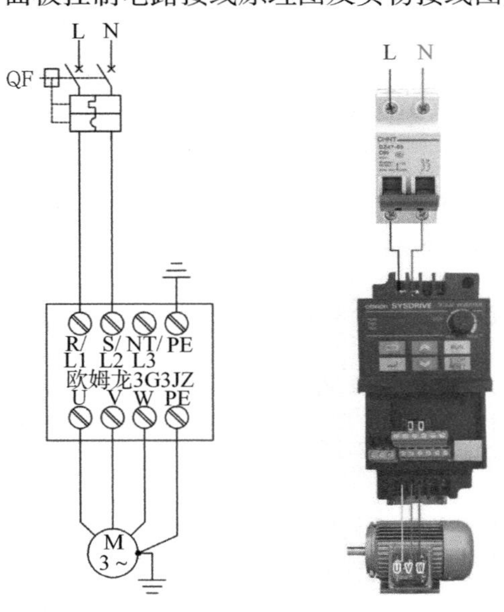

（a）变频器的接线原理图　（b）变频器的实物接线图

图6-7 欧姆龙3G3JZ变频器面板控制电路接线原理图及实物接线图

6.2.3 3G3JZ变频器面板控制电气元件

元器件明细表如表6-4所示。

表6-4 元器件明细表

文字符号	名称	型号	在电路中起的作用
VFD	变频器	3G3JZ-AB004	在电路中可以降低启动电流，改变电动机转速，实现电动机无级调速，在低于额定转速时有节电功能
QF	断路器	DZ47-60-2P-C10	电源总开关，在主电路中起控制兼保护作用
M	电动机	YS7124/370W	将电能转换为机械能，带动负载运行

6.2.4 3G3JZ变频器面板控制参数设定

变频器参数具体设置如表6-5所示，变频器电动机参数设置方法如图6-6所示，具体变频器控制参数设置方法如图6-8所示。

表6-5 变频器参数具体设置

参数号	出厂值	设置值	说明
n7.00	2.5	1.93	电动机额定电流（A）
n1.07	50.0	50.0	上限频率（Hz）
n1.08	0.0	0.0	下限频率（Hz）
n1.09	5	0.5	加速时间（s）
n1.10	5	0.5	减速时间（s）
n2.00	0	1	频率源：面板电位器控制
n2.01	0	0	命令源：面板启停

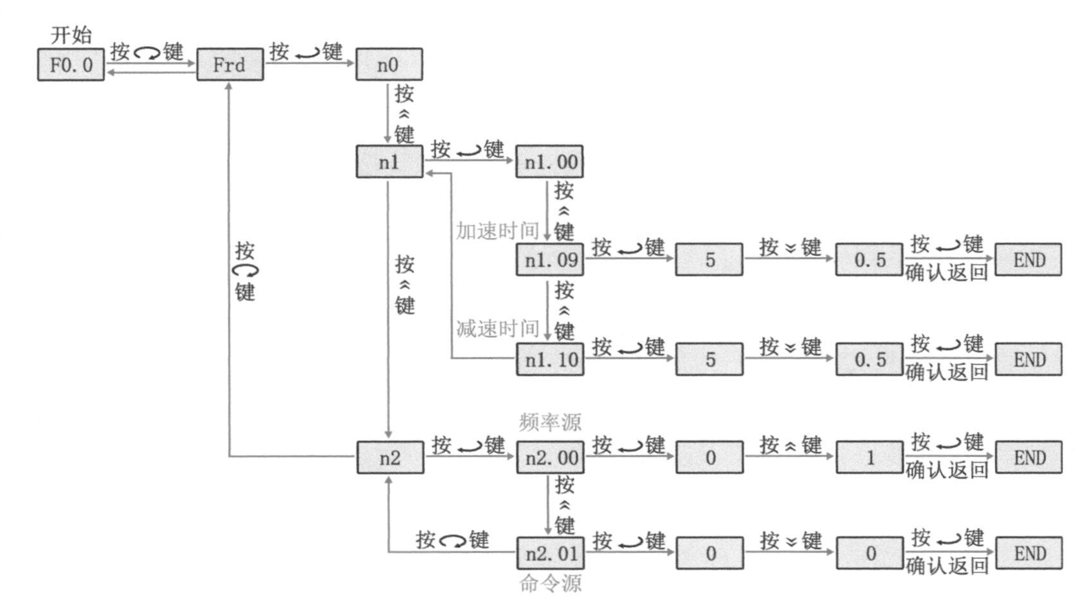

图6-8　变频器控制参数设置方法

6.2.5 3G3JZ变频器面板控制电动机工作原理

① 闭合电源总开关QF。变频器输入端R、S上电，为启动电动机做好准备。

② 变频器面板控制

a. 面板启动：按下面板RUN键，电动机启动运行。

b. 面板停止：再按一下面板STOP键，电动机停止运行。

c. 面板电位器调速：在电动机运行状态下，旋转面板电位器键，可以修改变频器的频率，进而改变电动机的转速。

③ 断开电源总开关QF。变频器输入端R、S断电，变频器失电断开。

6.3 欧姆龙变频器三段速正反转控制电动机案例

6.3.1 3G3JZ变频器三段速正反转控制电动机接线图

（1）变频器的接线原理图

欧姆龙3G3JZ变频器三段速正反转控制电动机电路接线原理图如图6-9所示。

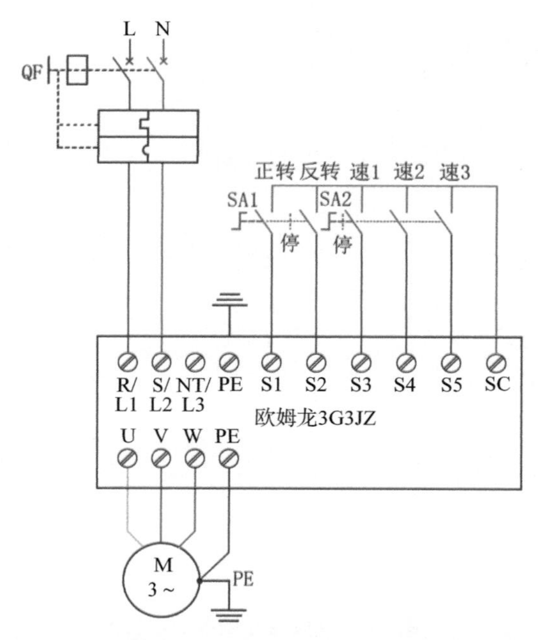

图6-9 欧姆龙3G3JZ变频器三段速正反转控制电动机电路接线原理图

（2）变频器的实物接线图

欧姆龙3G3JZ变频器三段速正反转控制电动机电路实物接线图如图6-10所示。

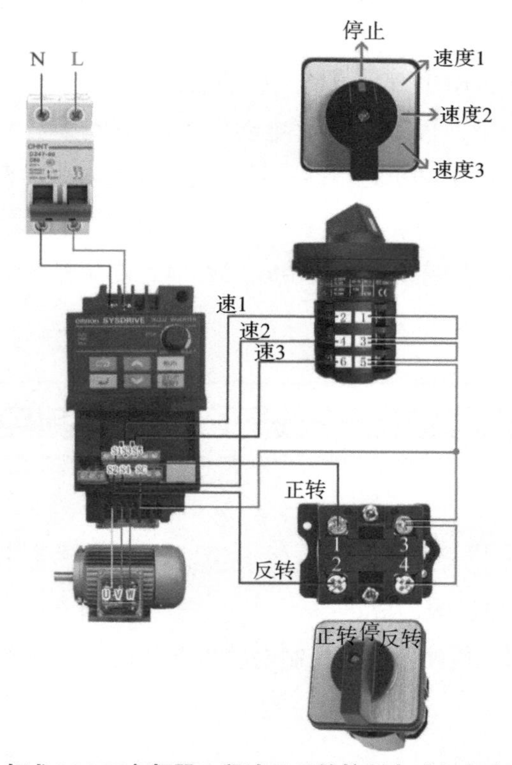

图6-10 欧姆龙3G3JZ变频器三段速正反转控制电动机电路实物接线图

6.3.2 3G3JZ变频器三段速正反转控制电气元件

元器件明细表如表6-6所示。

表6-6 元器件明细表

文字符号	名称	型号	在电路中起的作用
VFD	变频器	3G3JZ-AB004	在电路中可以降低启动电流，改变电动机转速，实现电动机无级调速，在低于额定转速时有节电功能
QF	断路器	DZ47-60-2P-C10	电源总开关，在主电路中起控制兼保护作用
SA1	旋钮开关	LW26-10（3挡）	控制电动机正/反转与停止信号
SA2	旋钮开关	LW26-10（4挡）	控制电动机速度1/速度2/速度3
M	电动机	YS7124/370W	将电能转换为机械能，带动负载运行

6.3.3 3G3JZ变频器三段速正反转控制电动机参数设定

变频器参数具体设置如表6-7所示，变频器电动机参数设置方法如图6-6所示，具体变频器控制参数设置方法如图6-11所示。

表6-7 变频器参数具体设置

参数号	出厂值	设置值	说明
n7.00	2.5	1.93	电动机额定电流（A）
n1.07	50.0	50.0	上限频率（Hz）
n1.08	0.0	0.0	下限频率（Hz）
n1.09	5	0.5	加速时间（s）
n1.10	5	0.5	减速时间（s）
n2.01	0	1	命令源：端子控制
n4.04	0	0	两线制控制:S1正转、S2反转
n4.05	1	1	分配端子S3：多段速1
n4.06	2	2	分配端子S4：多段速2
n4.07	3	3	分配端子S5：多段速3
n5.00	0.0	10.0	设定多段速1：10.0Hz
n5.01	0.0	15.0	设定多段速2：15.0Hz
n5.03	0.0	20.0	设定多段速3：20.0Hz

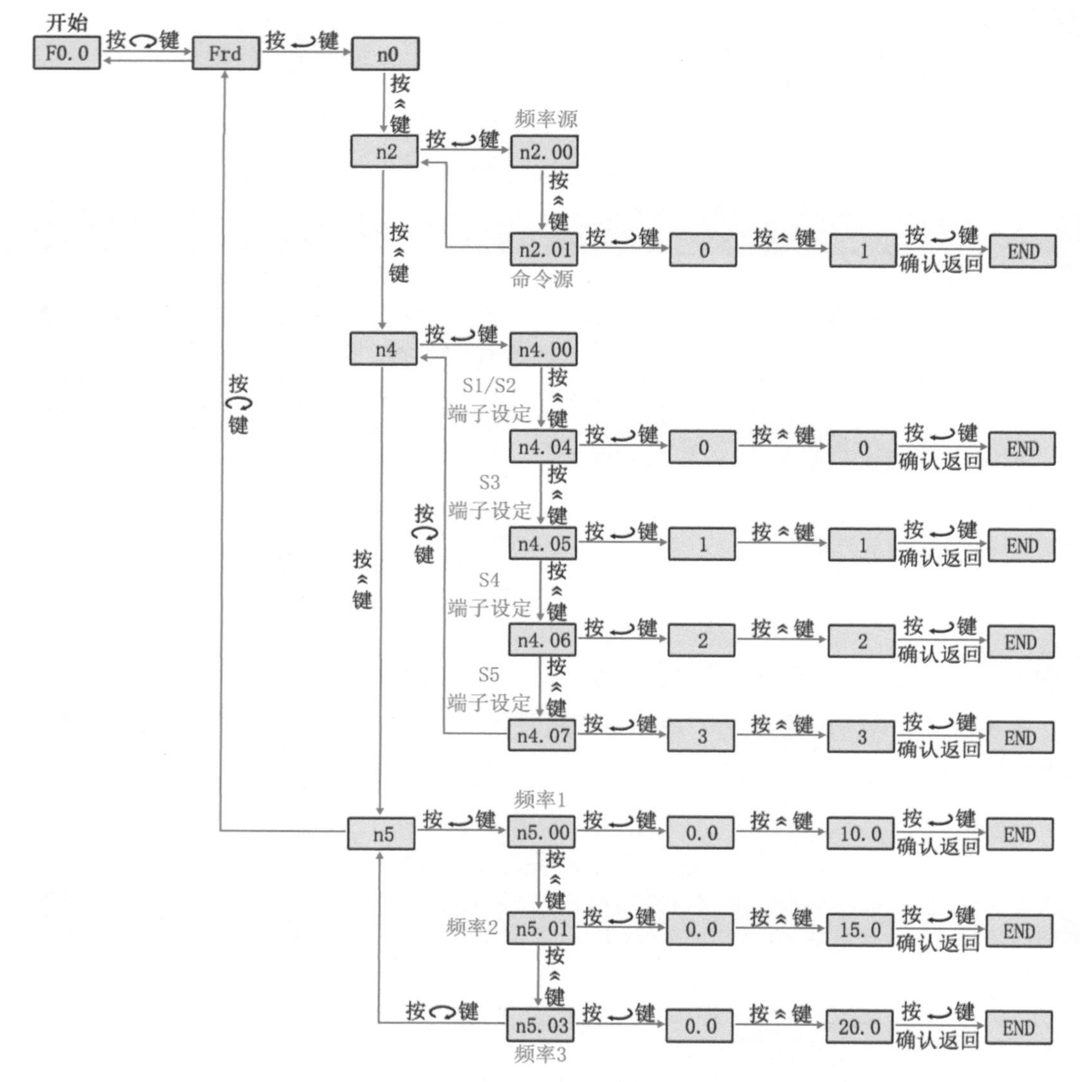

图6-11　变频器控制参数设置方法

6.3.4 3G3JZ变频器三段速正反转控制电动机工作原理

① 闭合电源总开关QF。变频器输入端R、S上电，为启动电动机做好准备。

② 变频器端子控制

a. 端子启停：旋钮开关SA1旋到正转挡位，电动机正转运行；旋钮开关SA1旋到中间挡位，电动机停止；旋钮开关SA1旋到反转挡位，电动机反转运行。

b. 端子多段速给定：在电动机运行状态下，旋钮开关SA2旋到速度1挡位，电动机以10Hz运行；旋钮开关SA2旋到速度2挡位，电动机以15Hz运行；旋钮开关SA2旋到速度3挡位，电动机以20Hz运行。

③ 断开电源总开关QF。变频器输入端R、S断电，变频器失电断开。

6.4 欧姆龙变频器模拟量控制电动机案例

6.4.1 3G3JZ变频器模拟量控制电动机接线图

（1）变频器的接线原理图

欧姆龙3G3JZ变频器模拟量控制电动机电路接线原理图如图6-12所示。

（2）变频器的实物接线图

欧姆龙3G3JZ变频器模拟量控制电动机电路实物接线图如图6-13所示。

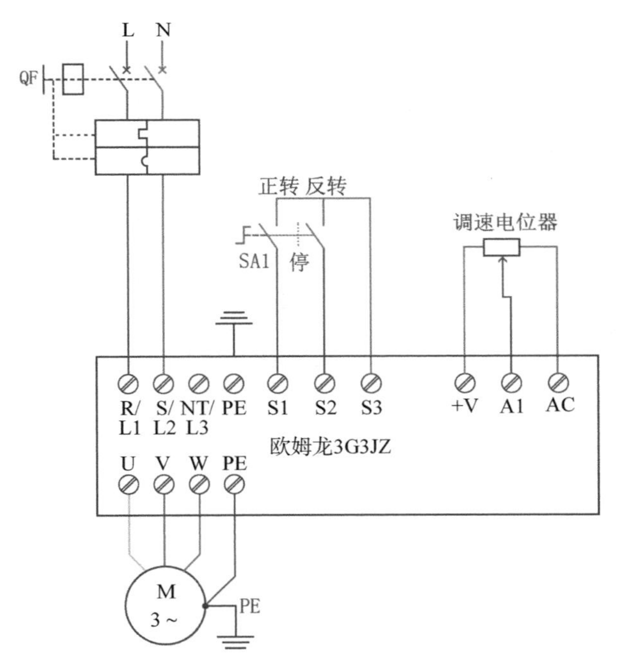

图6-12　欧姆龙3G3JZ变频器模拟量控制电动机电路接线原理图

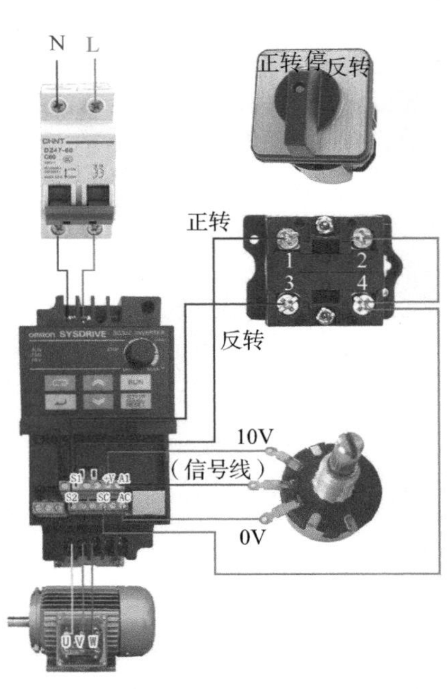

图6-13　欧姆龙3G3JZ变频器模拟量控制电动机电路实物接线图

6.4.2 3G3JZ变频器模拟量控制电动机电气元件

元器件明细表如表6-8所示。

表6-8 元器件明细表

文字符号	名称	型号	在电路中起的作用
VFD	变频器	3G3JZ-AB004	在电路中可以降低启动电流，改变电动机转速，实现电动机无级调速，在低于额定转速时有节电功能
QF	断路器	DZ47-60-2P-C10	电源总开关，在主电路中起控制兼保护作用
SA1	旋钮开关	LW26-10（3挡）	控制电动机正/反转与停止信号
RP	电位器	0～10kΩ	控制变频器频率
M	电动机	YS7124/370W	将电能转换为机械能，带动负载运行

6.4.3 3G3JZ变频器模拟量控制电动机参数设定

变频器参数具体设置如表6-9所示，变频器电动机参数设置方法如图6-6所示，具体变频器控制参数设置方法如图6-14所示。

表6-9 变频器参数具体设置

参数号	出厂值	设置值	说明
n7.00	2.5	1.93	电动机额定电流（A）
n1.07	50.0	50.0	上限频率（Hz）
n1.08	0.0	0.0	下限频率（Hz）
n1.09	5	0.5	加速时间（s）
n1.10	5	0.5	减速时间（s）
n2.00	0	2	频率源：模拟量0～10V控制
n2.01	0	1	命令源：端子控制
n4.04	0	0	两线制控制:S1正转、S2反转
n4.11	0.0	0.0	模拟量输入最小电压（V）
n4.12	0.0	0.0	最小电压对应的下限频率（%）
n4.13	10.0	10.0	模拟量输入最大电压（V）
n4.14	100.0	100.0	最大电压对应的上限频率（%）

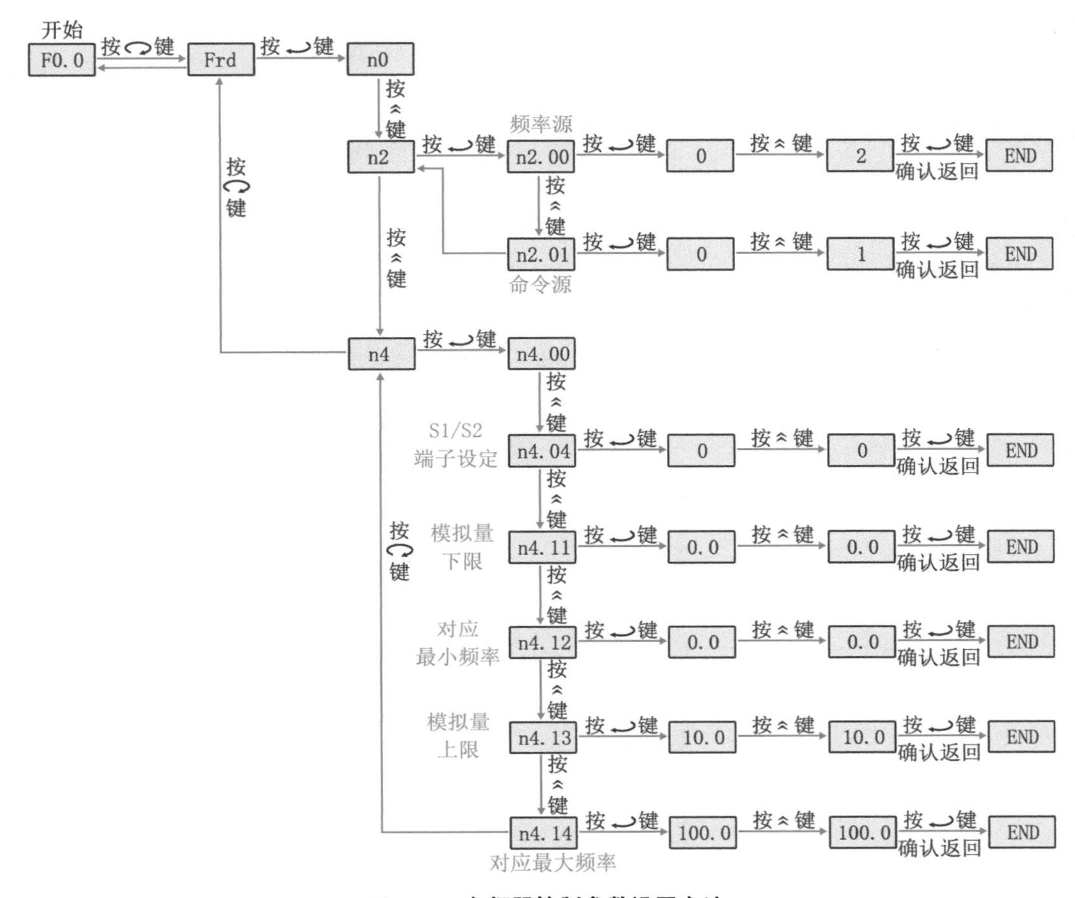

图6-14　变频器控制参数设置方法

6.4.4 3G3JZ变频器模拟量控制电动机工作原理

① 闭合电源总开关QF。变频器输入端R、S上电，为启动电动机做好准备。

② 变频器控制

a. 端子启停：旋钮开关SA1旋到正转挡位，电动机正转运行；旋钮开关SA1旋到中间挡位，电动机停止；旋钮开关SA1旋到反转挡位，电动机反转运行。

b. 外部电位器频率给定：在电动机运行状态下，旋转外部电位器，可以修改变频器的频率，进而改变电动机的转速。

③ 断开电源总开关QF。变频器输入端R、S断电，变频器失电断开。

6.5 欧姆龙变频器变频切换工频电路

控制要求：在正常运行中以变频启动运行，当变频器有故障时切换为工频运行。SB1与SB2为正反转按钮，SB3为控制电路停止按钮，SB4为启动按钮，KA1为故障继电器，KM1为变频器输入电源接触器，KM3为变频输出接触器，KM2为工频运行接触器。变频器的频率为模拟量输入控制。

（1）变频器的主电路

欧姆龙3G3JZ变频工频切换主电路图如图6-15所示。

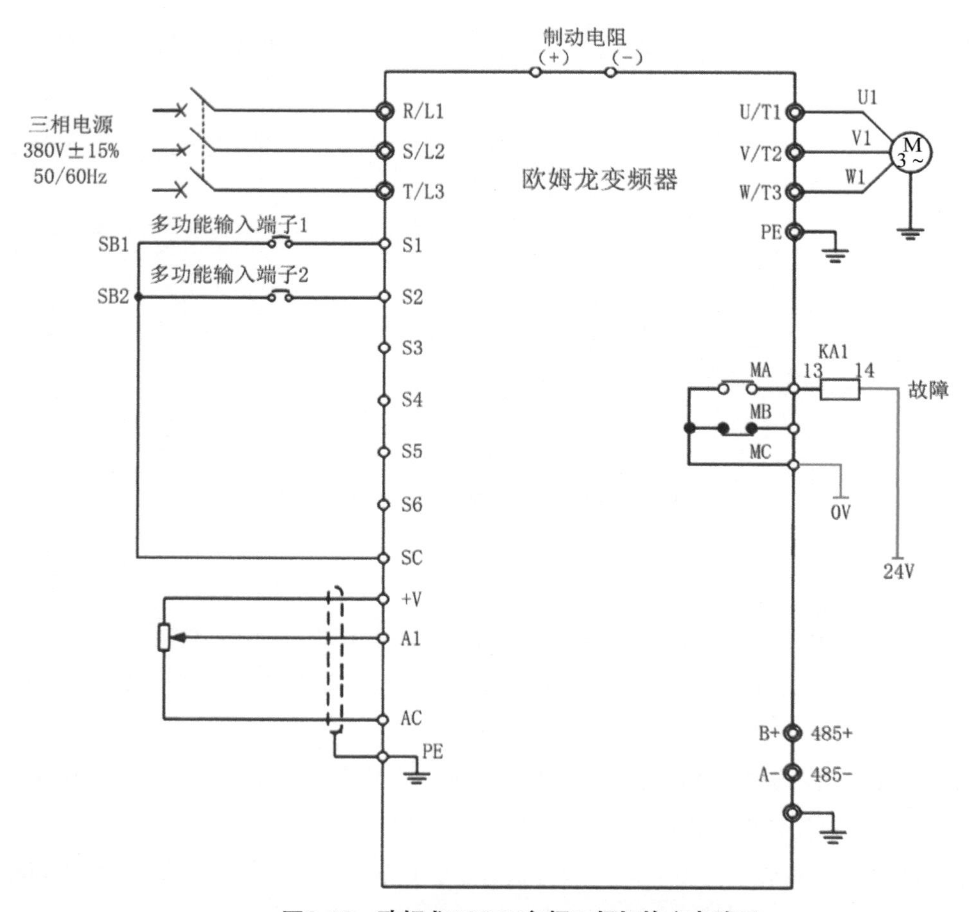

图6-15 欧姆龙3G3JZ变频工频切换主电路图

（2）变频器的控制电路

欧姆龙3G3JZ变频工频切换控制电路图如图6-16所示。

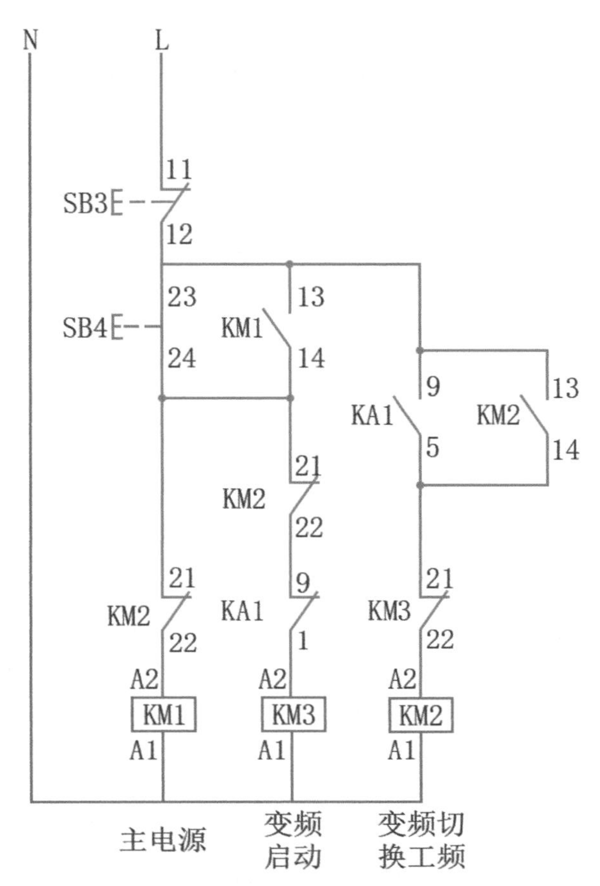

图6-16　欧姆龙3G3JZ变频工频切换控制电路图

（3）变频器参数设置

变频器参数设置如表6-10所示。

表6-10　变频器参数设置

参数号	出厂值	设置值	说明
n7.00	2.5	1.93	电动机额定电流（A）
n1.07	50.0	50.0	上限频率（Hz）
n1.08	0.0	0.0	下限频率（Hz）
n1.09	5	0.5	加速时间（s）
n1.10	5	0.5	减速时间（s）

续表

参数号	出厂值	设置值	说明
n2.00	0	2	频率源：模拟量0～10V控制
n2.01	0	1	命令源：端子控制
n3.00	8	8	多功能输出1功能选择，异常输出时继电器动作
n4.04	0	0	两线制控制：S1正转、S2反转
n4.11	0.0	0.0	模拟量输入最小电压（V）
n4.12	0.0	0.0	最小电压对应的下限频率（%）
n4.13	10.0	10.0	模拟量输入最大电压（V）
n4.14	100.0	100.0	最大电压对应的上限频率（%）

（4）工作原理说明

① 主电路接线：三相电380V通过L1～L3引入交流接触器KM1的上端端子，KM1的下端端子出线引入欧姆龙变频器的R、S、T，变频器的输出端U、V、W引入交流接触器KM3的上端端子，KM3的下端端子出线引入三相异步电动机，此步骤为变频启动的主电路接线。或者三相电380V通过L1～L3引入交流接触器KM2的上端端子，KM2的下端端子出线引入三相异步电动机U1、V1、W1，此步骤为工频启动的主电路接线。

② 主电路控制过程：KM1主电路线圈吸合接通变频器三相电源。当变频器输出时，交流接触器KM3吸合，电动机变频运行。或KM2主电路吸合接通主电源，电动机工频运行。

③ 变频运行：按下控制电路启动按钮SB4，KM1线圈得电并自锁。按下变频器正转按钮SB1，变频器开始运行，中间继电器KA1线圈失电，KA1常开触点9-5断开、常闭触点9-1闭合，KM3线圈得电。KM3主触点接通，电动机变频运行。

④ 工频运行：在变频器故障时，继电器接通，KA1线圈得电，KA1常开触点9-5闭合，KM2线圈得电，KM2主触点接通，电动机工频启动。

⑤ 停止按钮：按下停止按钮SB3，KM1～KM3线圈失电，KM1～KM3主触点断开，电动机停止。

6.6 欧姆龙变频器故障报警代码及处理方法

欧姆龙变频器故障报警代码及处理方法如表6-11所示。

表6-11 欧姆龙故障报警代码及处理方法

故障代码	故障类型	可能的故障原因	处理方法
OC	过电流（输出的电流超过变频器额定输出电流的约240%以上）	① 变频器输出短路或接地 ② V/F设定异常 ③ 电动机容量过大 ④ 在变频器输出一侧开关触点 ⑤ 变频器输出部损坏	① 确认电动机和电动机动力线后进行修正 ② 将V/F模式设定返回到初始值 ③ 使容量变更为小于最大适用电动机容量 ④ 修正顺序，使变频器输出电流过程中不开关触点 ⑤ 更换变频器
OCA	加速中电流超过额定电流（加速中输出的电流超过变频器额定输出电流的约240%以上）	① 加速时间过短 ② V/F设定异常 ③ 电动机容量过大 ④ 负荷过大	① 设定为可容许的最大加速时间 ② 将V/F模式设定返回到初始值 ③ 使容量变更为小于最大适用电动机容量 ④ 减少负荷，修正变频器的容量
OCD	减速中电流超过额定电流（减速中输出的电流超过变频器额定输出电流的约240%以上）	① 减速时间过短 ② V/F设定异常 ③ 电动机容量过大 ④ 负荷过大	① 设定为可容许的最大减速时间 ② 将V/F模式设定返回到初始值 ③ 使容量变更为小于最大适用电动机容量 ④ 减少负荷，修正变频器的容量
OCN	恒常状态电流超过额定电流（在恒常状态下输出的电流超过变频器额定输出电流的约240%以上）	① V/F设定异常 ② 电动机容量过大 ③ 外力负荷过大	① 将V/F模式设定返回到初始值 ② 使容量变更为小于最大适用电动机容量 ③ 减少外力负荷，修正变频器的容量

续表

故障代码	故障类型	可能的故障原因	处理方法
OV	过电压【变频器在运转过程中检测出主电路过电压（200V级：超过DC410V时检测出。400V级：超过DC820V时检测出）】	① 回升量过大 ② 电源电压过大	① 设定时延长减速时间，使n6.00（减速时防止失速动作电平）下降10V左右。如需要减速时间较长的场合，应选用3G3MZ等能配用制动电阻的型号 ② 把电源改为电源电压规格范围以内
LV	主电路电压过低【变频器运转中检测出主电路电压过低（200V级：低于DC200V时检测出。400V级：低于DC400V时检测出）】	① 发生瞬间停电 ② 电源布线有异常或缺相 ③ 电源电压异常 ④ 内部电路损坏	① 使用瞬停补偿功能（n804：瞬停恢复后运转选择）；改进电源 ② 确认有无断线/螺钉松动/布线脱落后进行修正 ③ 把电源改为电源电压规格范围以内 ④ 更换变频器
OH1	散热片过热（变频器运转中散热片的温度达到约90℃）		更换散热风扇
OH2	电源印制电路板过热（变频器运转中内部电源印制电路板的温度达到约90℃）	① 冷却风扇停止（冷却风扇已超过使用寿命/故障） ② 冷却风扇的动作选择不准确 ③ 负荷过大 ④ V/F设定异常 ⑤ 空气对流被阻碍 ⑥ 周围温度过高	① 更换冷却风扇（仅限于带有风扇的变频器） ② 把冷却风扇动作选择（n308）设定为“0”（仅限于带有风扇的变频器） ③ 减少负荷，提高变频器容量，延长加减速时间 ④ 将V/F模式设定返回到初始值 ⑤ 改变周围环境，使其符合变频器设置时要求的周围尺寸条件 ⑥ 通过换气/降温等措施使周围温度降低

续表

故障代码	故障类型	可能的故障原因	处理方法
OL	变频器过负荷 变频器过负荷保护动作启动时（根据变频器输出电流来计算变频器发热量。输出电流为变频器额定电流的150%并持续1 min以上时会检测出）	① 加减速时间过短 ② V/F设定异常 ③ 负荷过大 ④ 变频器容量不足	① 延长加减速时间 ② 将V/F模式设定返回到初始值 ③ 减少负荷 ④ 增加变频器容量
OL1	电动机过负荷 电动机过负荷保护动作启动时【以电动机额定电流（n7.00）、电动机保护功能选择（n6.06）、电动机保护动作时间（n6.07）为基准，根据变频器输出电流来计算电动机发热量】	① 电动机额定电流（n7.00）的设定有误 ② 电动机保护动作时间（n6.07）设定过短 ③ 加减速时间过短 ④ 最大电压频率（n1.01）设定得过低 ⑤ V/F设定异常 ⑥ 用1台变频器驱动多台电动机 ⑦ 负荷过大	① 确认电动机的规格标牌，在n7.00中设定额定电流 ② 在n6.07中设定为出厂时设定的“60” ③ 延长加减速时间 ④ 确认电动机的规格标牌，在n1.01中设定额定频率 ⑤ 将V/F模式设定返回到初始值 ⑥ 使电动机过负荷检测无效，在各电动机中设置热敏电阻（设定n6.06＝“2”后，电动机过负荷检测变为无效） ⑦ 减少负荷，增加电动机容量
OL2	过转矩检测 超过设定值的电流（n6.04：过转矩检测电平）；输出超过设定时间n6.05（过转矩检测时间）；n6.03（过转矩检测功能选择1）设定为“2”或“4”时检测异常	① 机械异常（机械被锁止等） ② 参数设定错误	① 排除机械异常的原因 ② 把n6.04（过转矩检测电平）以及n6.05（过转矩检测时间）设定为与机械相符的数值（增大n6.04或n6.05的设定值）
GFF	接地（在变频器输出侧的接地电流超过变频器额定输出电流的约50%）	① 电缆线损坏 ② 电动机烧坏/绝缘老化	① 确认UVW输出和FG之间的电阻值，有通电情况时更换电缆线 ② 确认电动机的绝缘电阻，有通电情况时更换电动机

续表

故障代码	故障类型	可能的故障原因	处理方法
PHL	输入电源缺相（根据主电路直流电压的变动情况检测输入缺相情况）	① 输入电源缺相 ② 发生瞬间停电 ③ 主电路电容器老化	① 确认主电路电源布线有无断线/布线错误后进行修正 ② 进行瞬间停电对策或使输入缺相检测无效 ③ 电源侧无异常但却频繁发生异常时更换变频器
EF	外部异常 在多功能输入中输入了外部异常【在多功能输入选择n4.05～n4.08的任意一项中设定了“14”（外部异常），该输入进行了动作】	① 输入了外部异常 ② 顺序异常	① 排除外部异常输入的原因 ② 修正外部异常输入顺序（输入时间、a触点和b触点的区别等）
AERR	频率指令输入信号异常 以电流（4～20mA）输入方式使用频率指令时，流过的电流为小于频率指令输入A1端子最小电流输入（n4.15）值时，检测出信号丧失（n2.06）	① 电缆线断线 ② 输入信号的异常 ③ 与输入信号的最小电流值规格不同	① 确认电缆线断线后进行修正 ② 确认上位机侧或检测器是否损坏后进行修正 ③ 把频率指令输入A1端子最小电流输入（n4.15）设定为符合于输入信号的值。把频率指令输入丧失检测选择（n2.06）设定为“0”，使其无效
BB	外部基极封锁 输入了外部基极封锁指令【在多功能输入选择n4.05～n4.08的任意一项中设定了“9”（外部基极封锁），该输入进行了动作】 ※变频器自由滑行至停止	① 输入了外部基极封锁指令 ② 顺序异常	① 排除外部基极封锁的输入原因 ② 修正外部基极封锁指令输入顺序（输入时间、a触点和b触点的区别等）
CF1.0	EEPROM写入异常	变频器内部的EEPROM发生异常	① 输入复位，参数进行初始化（n0.02=“9”或“10”）后，使电源OFF/ON ② 使电源OFF/ON后仍然出现异常时，更换变频器
CF2.0	EEPROM读取异常	变频器内部的EEPROM发生异常	

续表

故障代码	故障类型	可能的故障原因	处理方法
CF3.0	U相电路异常	变频器U相输出电路发生异常	① 检测异常后，使电源OFF/ON ② 多次使电源OFF/ON后仍然出现异常时，更换变频器
CF3.1	V相电路异常	变频器V相输出电路发生异常	
CF3.2	W相电路异常	变频器W相输出电路发生异常	

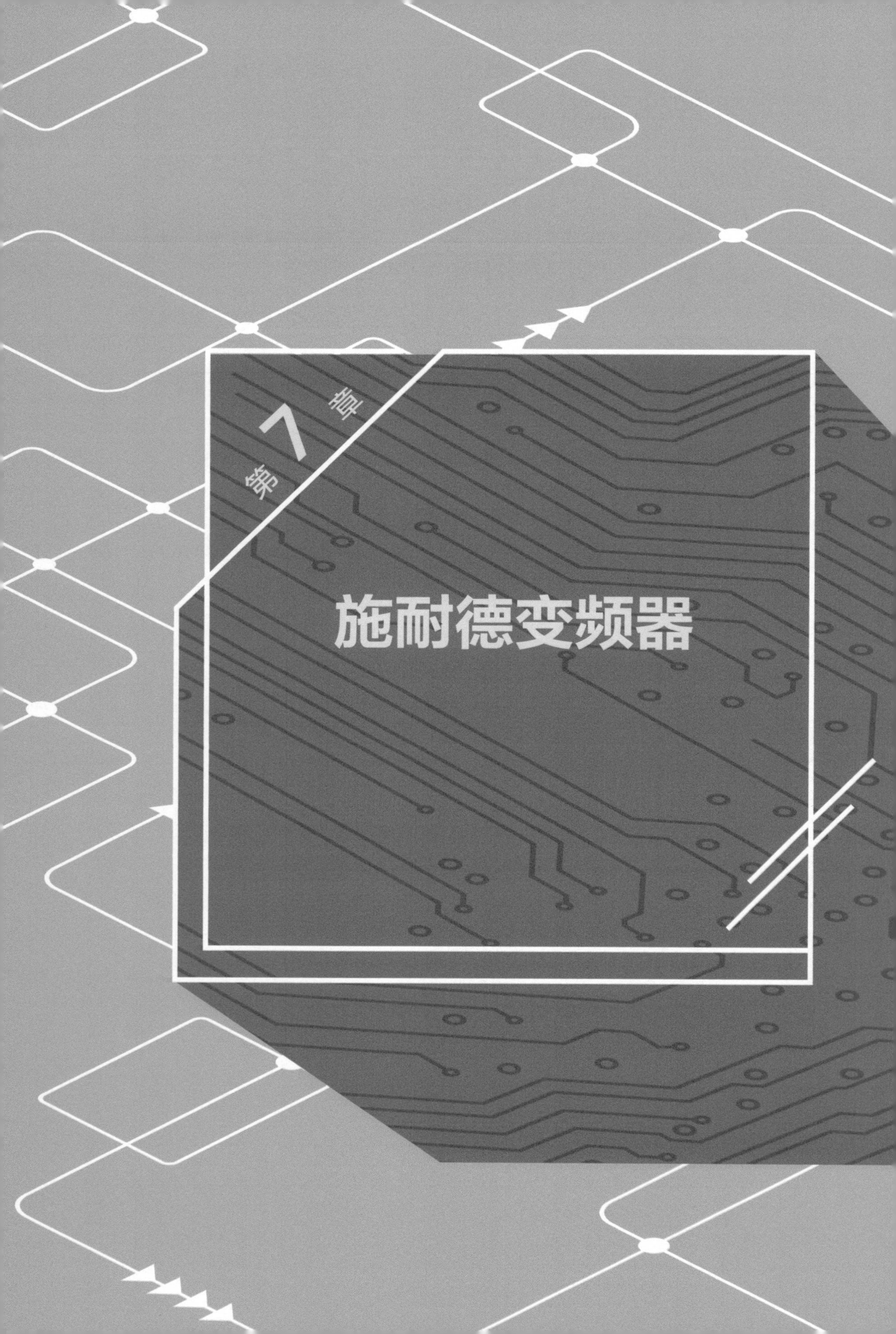
第八章
施耐德变频器

7.1 施耐德变频器硬件

7.1.1 施耐德变频器调速系统

施耐德变频器有多个系列，施耐德ATV12是目前应用较为广泛的变频器，本章以施耐德ATV12为例进行讲解。变频器在交流电动机调速控制系统中，主要有两种典型使用方法，分别为三相交流变频调速系统和单相交流变频调速系统，如图7-1所示。

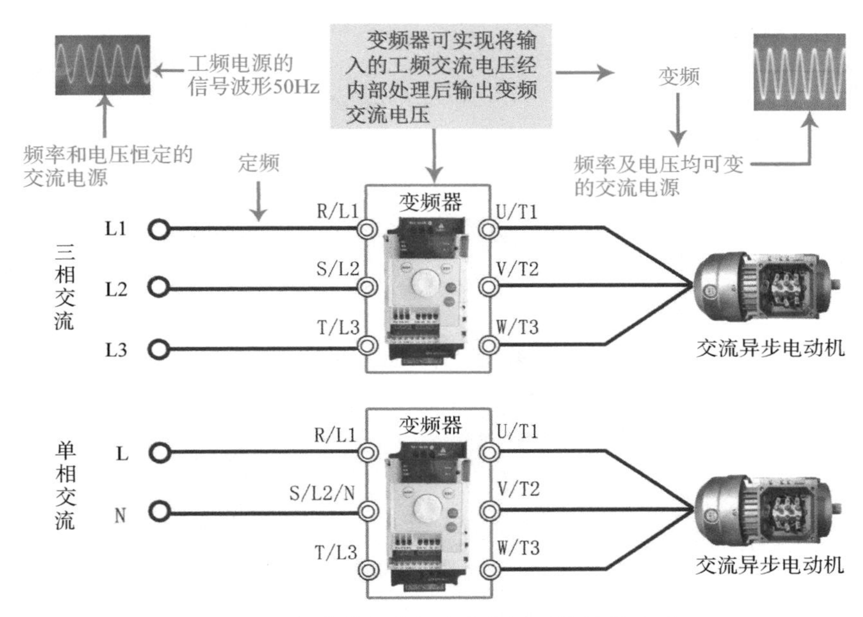

图7-1 三相和单相交流变频调速系统结构组成

施耐德ATV12是用于控制三相交流电动机速度的变频器系列。该系列有多种型号。以单相为例，这里选用的ATV12订货号为ATV12H037M2。

该变频器额定参数如下。

① 电源电压：220V，单相交流。

② 额定输出功率：0.37kW。

③ 额定输出电流：2.4A。

④ 操作面板：基本操作板（BOP）。

7.1.2 ATV12变频器的端子及接线

（1）变频器接线端子及功能图解

打开变频器后，就可以连接电源和电动机的接线端子。接线端子在变频器机壳上下端。

施耐德ATV12系列为用户提供了一系列常用的输入输出接线端子，用户可以方便地通过这些接线端子来实现相应的功能。打开变频器后可以看到变频器的接线端子，如图7-2所示。这些接线端子的功能及使用说明如表7-1、表7-2所示。

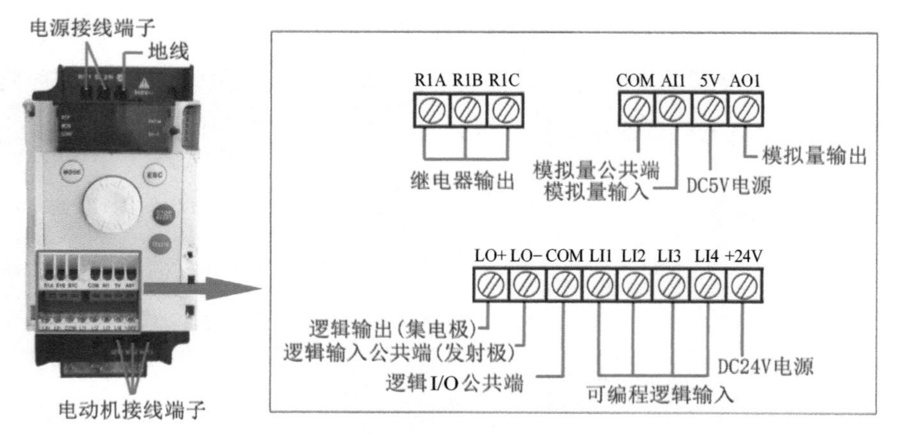

图7-2 ATV12变频器的接线端子

表7-1 主电路端子

端子记号	内容说明
R/L1、S/L2、T/L3	主电路交流电源输入
U/T1、V/T2、W/T3	连接至电动机
PA/＋、PC/－	制动电阻（选用）连接端子
⏚	接地用（避免高压突波冲击以及噪声干扰）

表7-2 控制电路端子

端子	功能说明
R1A	继电器的常开触点
R1B	继电器的常闭触点
R1C	继电器的公共端
COM	模拟量和逻辑I/O公共端
AI1	电压或电流模拟量输入
5V	为给定电位计提供直流5V电源

续表

端子	功能说明
AO1	电压或电流模拟量输出
LO+	逻辑输出（集电极）
LO−	逻辑输出公共端（发射极）
LI1	可编程逻辑输入
LI2	
LI3	
LI4	
+24V	变频器提供的DC+24V电源

（2）变频器控制电路端子的标准接线

变频器的控制电路一般包括输入电路、输出电路和辅助接口等部分。其中，输入电路接收控制器（PLC）的指令信号（开关量或模拟量信号），输出电路输出变频器的状态信息（正常时的开关量或模拟量输出、异常输出等），辅助接口包括通信接口、外接键盘接口等。施耐德ATV12变频器电路端子的标准接线如图7-3所示。

通用变频器是一种智能设备，其特点之一就是各端子的功能可通过调整相关参数的值进行变更。

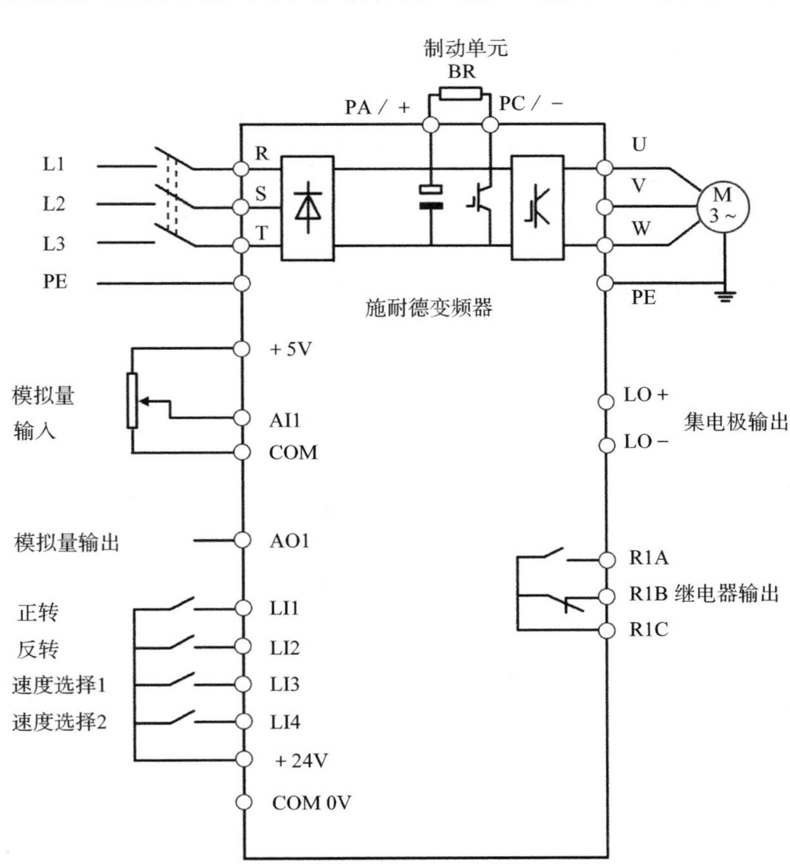

图7-3　施耐德ATV12变频器电路端子的标准接线

7.1.3 ATV12变频器面板

施耐德ATV12变频器面板如图7-4所示。

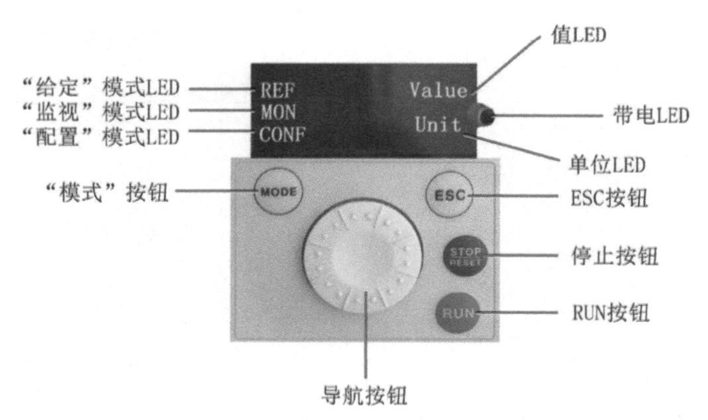

图7-4 施耐德ATV12变频器面板

施耐德ATV12变频器面板操作如图7-5所示。

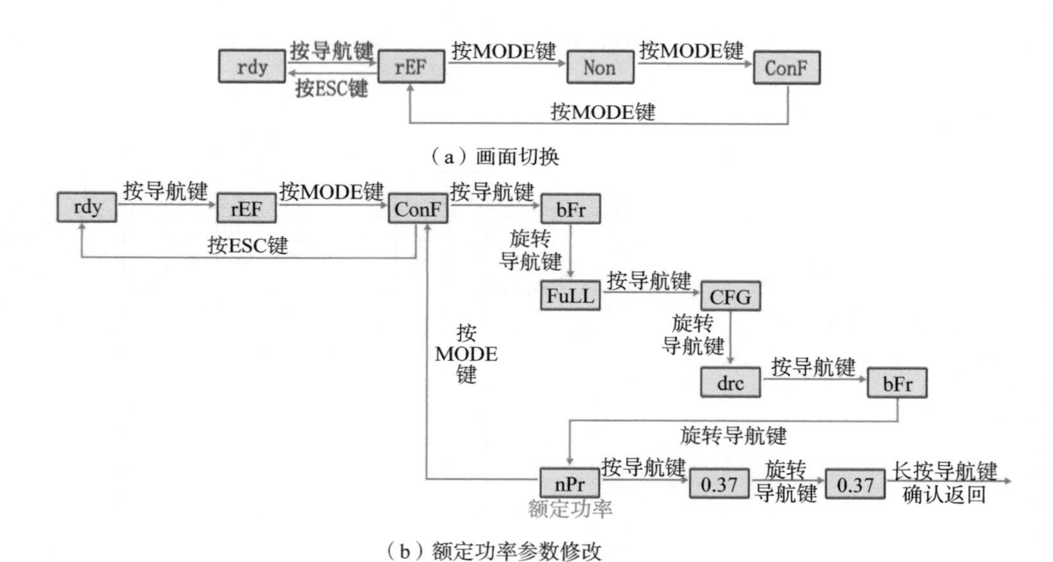

图7-5 施耐德ATV12变频器面板操作

7.2 施耐德变频器面板正反转控制电动机案例

7.2.1 ATV12变频器电动机参数调整

为了使电动机与变频器相匹配，需要设置电动机参数，这些参数可以从电动机铭牌中直接得到。电动机参数设置如表7-3所示，变频器电动机参数设置方法如图7-6所示。电动机参数设定完成后，变频器当前处于准备状态，可正常运行。

表7-3　电动机参数设置

参数号	出厂值	设置值	说明
nPr	0.37	0.37	电动机额定功率（kW）
UnS	220	220	电动机额定电压（V）
nCr	2.4	1.93	电动机额定电流（A）
FrS	50.0	50.0	最大输出频率（Hz）
nSP	1400	1400	电动机额定转速（r/min）

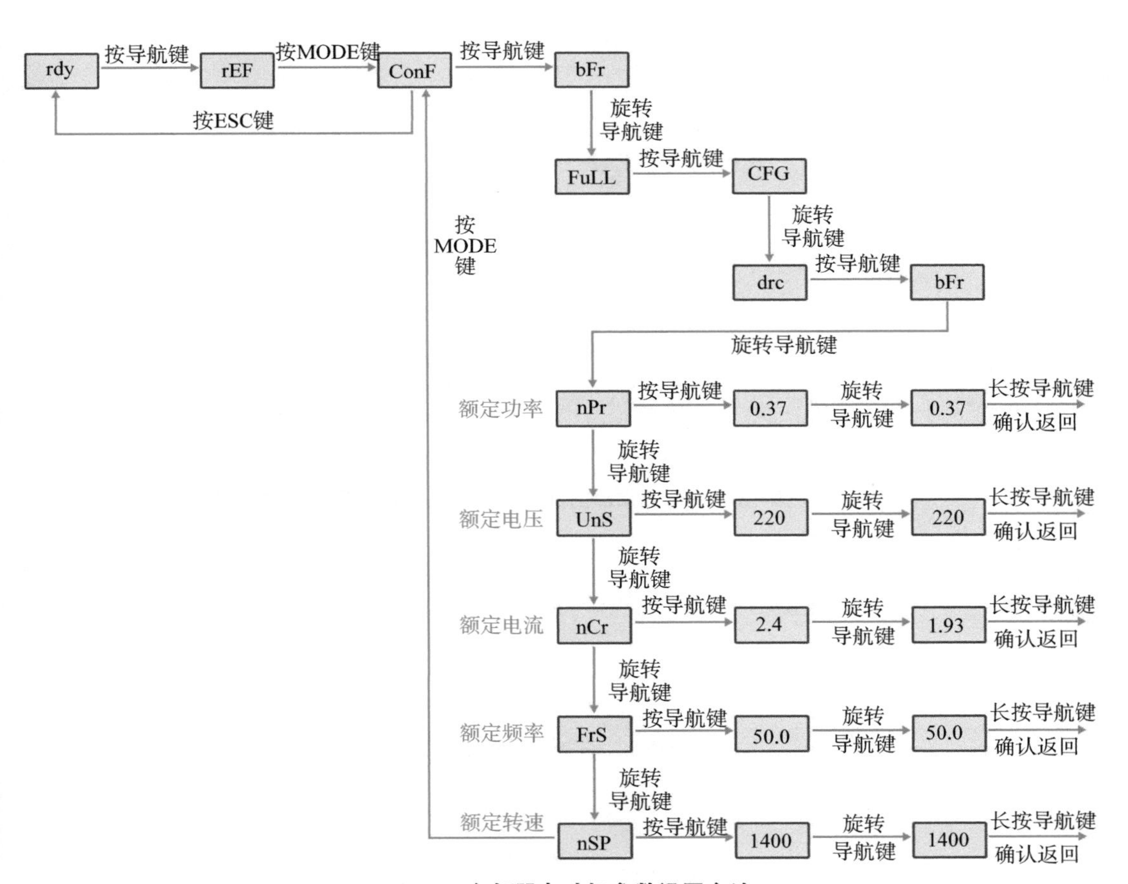

图7-6　变频器电动机参数设置方法

7.2.2 ATV12变频器面板控制接线图

施耐德ATV12变频器面板控制电路接线原理图及实物接线图如图7-7所示。

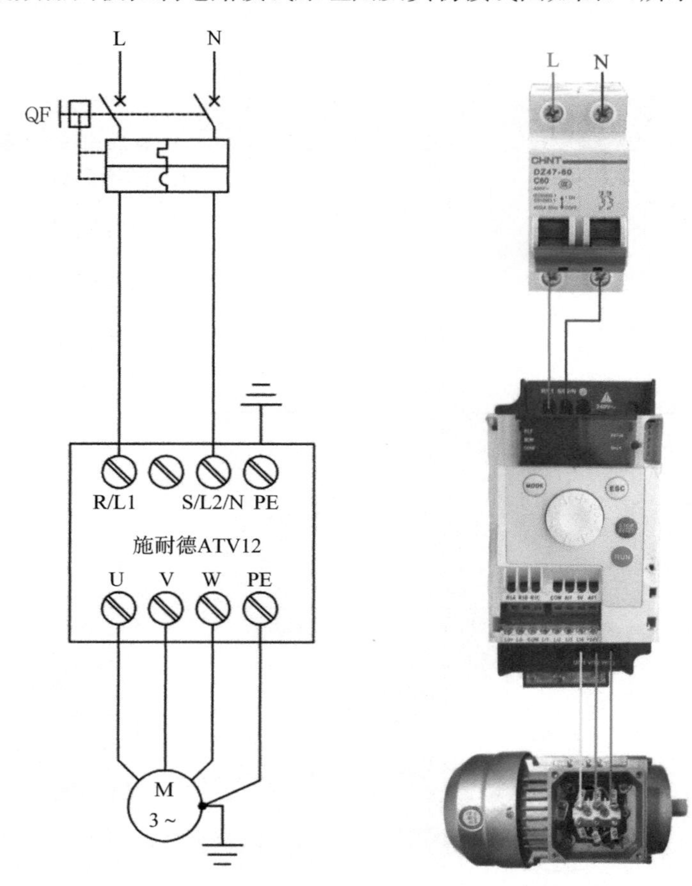

（a）变频器的接线原理图　（b）变频器的实物接线图

图7-7　施耐德ATV12变频器面板控制电路接线原理图及实物接线图

7.2.3 ATV12变频器面板控制电气元件

元器件明细表如表7-4所示。

表7-4　元器件明细表

文字符号	名称	型号	在电路中起的作用
VFD	变频器	ATV12H037M2	在电路中可以降低启动电流，改变电动机转速，实现电动机无级调速，在低于额定转速时有节电功能
QF	断路器	DZ47-60-2P-C10	电源总开关，在主电路中起控制兼保护作用
M	电动机	YS7124/370W	将电能转换为机械能，带动负载运行

7.2.4 ATV12变频器面板控制参数设定

变频器参数具体设置如表7-5所示，变频器电动机参数设置方法如图7-6所示，具体变频器控制参数设置方法如图7-8所示。

表7-5　变频器参数具体设置

参数号	出厂值	设置值	说明
Fr1	AIUI	AIUI	面板控制
nPr	0.37	0.37	电动机额定功率（kW）
UnS	220	220	电动机额定电压（V）
nCr	2.4	1.93	电动机额定电流（A）
FrS	50.0	50.0	最大输出频率（Hz）
nSP	1400	1400	电动机额定转速（r/min）
ACC	5	1	加速时间（s）
DEC	5	1	减速时间（s）

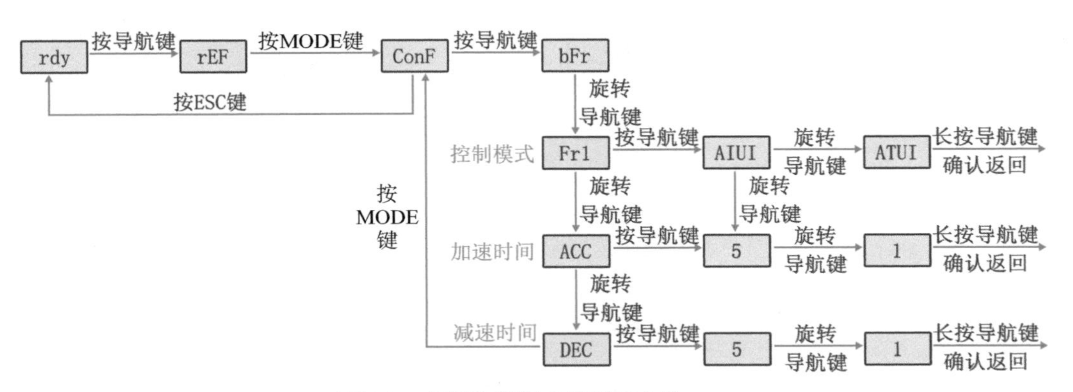

图7-8　变频器控制参数设置方法

7.2.5 ATV12变频器面板控制电动机工作原理

① 闭合电源总开关QF。变频器输入端R、S上电，为启动电动机做好准备。

② 变频器面板控制

a. 面板启动：按下面板RUN键，电动机启动运行。

b. 面板停止：再按一下面板STOP键，电动机停止运行。

c. 面板电位器调速：在电动机运行状态下，可直接通过旋转面板电位器键，修改变频器的频率，进而改变电动机的转速。

③ 断开电源总开关QF。变频器输入端R、S断电，变频器失电断开。

7.3 施耐德变频器三段速正反转控制电动机案例

7.3.1 ATV12变频器三段速正反转控制电动机接线图

（1）变频器的接线原理图

施耐德ATV12变频器三段速正反转控制电动机电路接线原理图如图7-9所示。

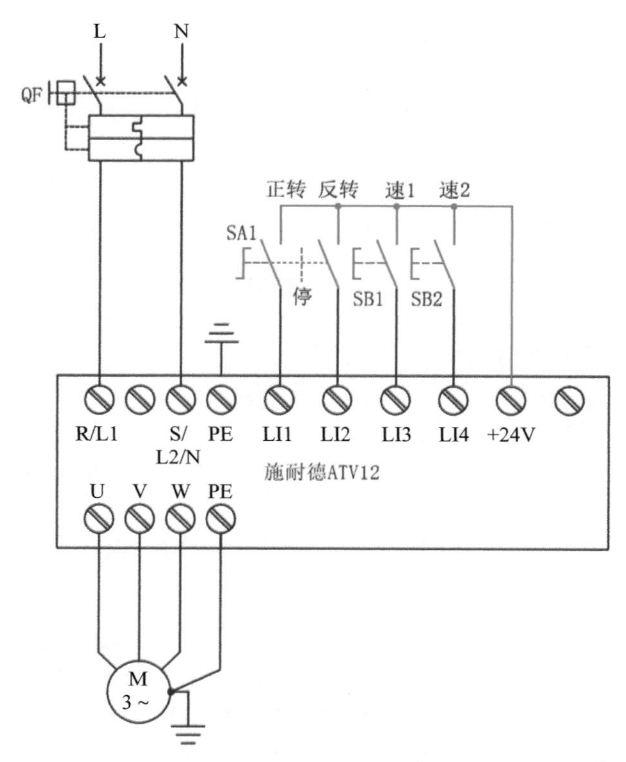

图7-9　施耐德ATV12变频器三段速正反转控制电动机电路接线原理图

（2）变频器的实物接线图

施耐德ATV12变频器三段速正反转控制电动机电路实物接线图如图7-10所示。

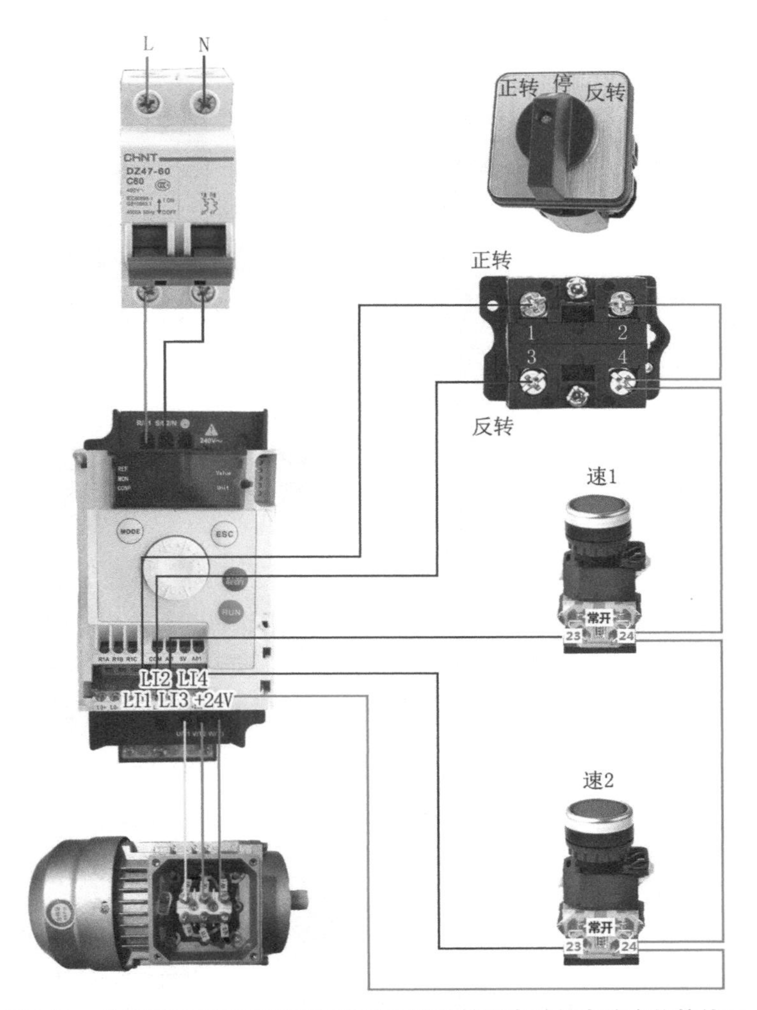

图7-10　施耐德ATV12变频器三段速正反转控制电动机电路实物接线图

7.3.2 ATV12变频器三段速正反转控制电气元件

元器件明细表如表7-6所示。

表7-6　元器件明细表

文字符号	名称	型号	在电路中起的作用
VFD	变频器	ATV12H037M2	在电路中可以降低启动电流，改变电动机转速，实现电动机无级调速，在低于额定转速时有节电功能
QF	断路器	DZ47-60-2P-C10	电源总开关，在主电路中起控制兼保护作用
SA1	旋钮开关	LW26-10（3挡）	控制电动机正/反转与停止信号

续表

文字符号	名称	型号	在电路中起的作用
SA2	旋钮开关	LW26-10（4挡）	控制电动机速度1/速度2/速度3
M	电动机	YS7124/370W	将电能转换为机械能，带动负载运行

7.3.3 ATV12变频器三段速正反转控制电动机参数设定

变频器参数具体设置如表7-7所示，变频器电动机参数设置方法如图7-6所示，具体变频器控制参数设置方法如图7-11所示。

表7-7　变频器参数具体设置

参数号	出厂值	设置值	说明
nPr	0.37	0.37	电动机额定功率（kW）
UnS	220	220	电动机额定电压（V）
nCr	2.4	1.93	电动机额定电流（A）
FrS	50.0	50.0	最大输出频率（Hz）
nSP	1400	1400	电动机额定转速（r/min）
ACC	5	1	加速时间（s）
DEC	5	1	减速时间（s）
CHCF	SIN	SEP	分离模式（命令和给定来自不同通道）
Cd1	tEr	tEr	命令源：端子控制
rrS	L2H	L2H	LI2端子反转
PS2	L3H	L3H	变频器2速控制
PS4	L4H	L4H	变频器4速控制
SP2	0.0	10.0	多段速1
SP3	0.0	15.0	多段速2
SP4	0.0	20.0	多段速3

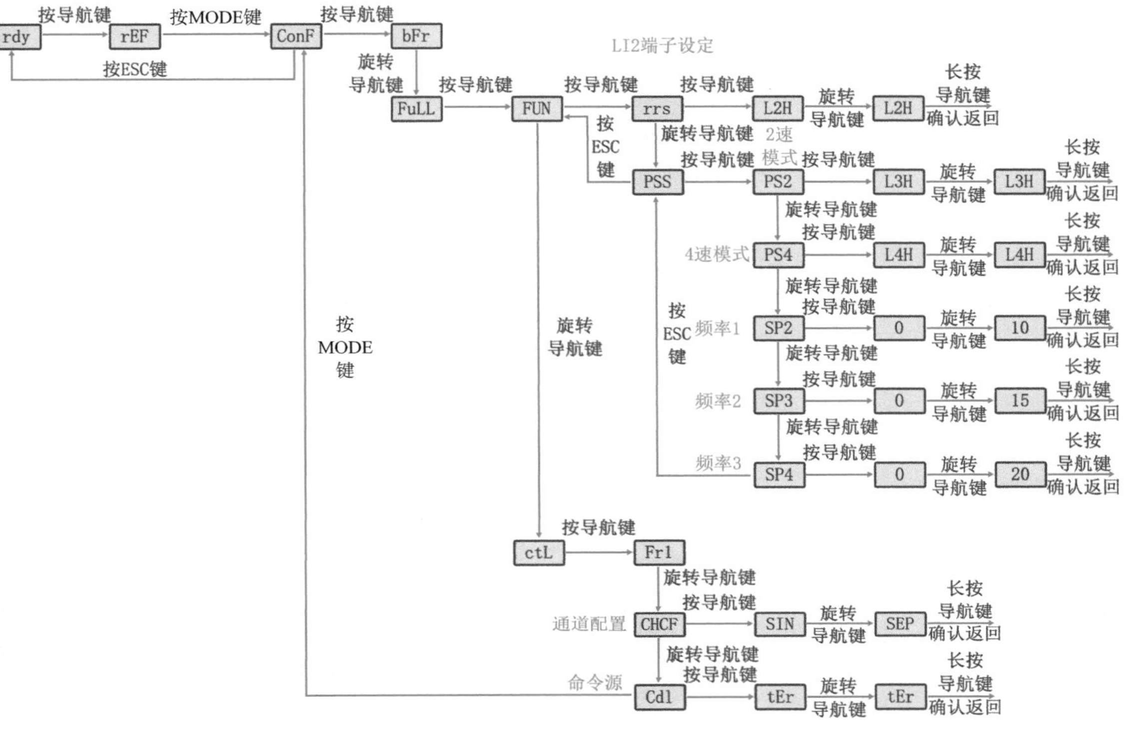

图7-11　变频器控制参数设置方法

7.3.4 ATV12变频器三段速正反转控制电动机工作原理

① 闭合电源总开关QF。变频器输入端R、S上电，为启动电动机做好准备。

② 变频器端子控制

a. 端子启停：旋钮开关SA1旋到正转挡位，电动机正转运行；旋钮开关SA1旋到中间挡位，电动机停止；旋钮开关SA1旋到反转挡位，电动机反转运行。

b. 端子多段速给定：在电动机运行状态下，按下按钮SB1，电动机以10Hz运行；按下按钮SB2，电动机以15Hz运行；按下按钮SB1和SB2，电动机以20Hz运行。

③ 断开电源总开关QF。变频器输入端R、S断电，变频器失电断开。

7.4 施耐德变频器模拟量控制电动机案例

7.4.1 ATV12变频器模拟量控制电动机接线图

（1）变频器的接线原理图

施耐德ATV12变频器模拟量控制电动机电路接线原理图如图7-12所示。

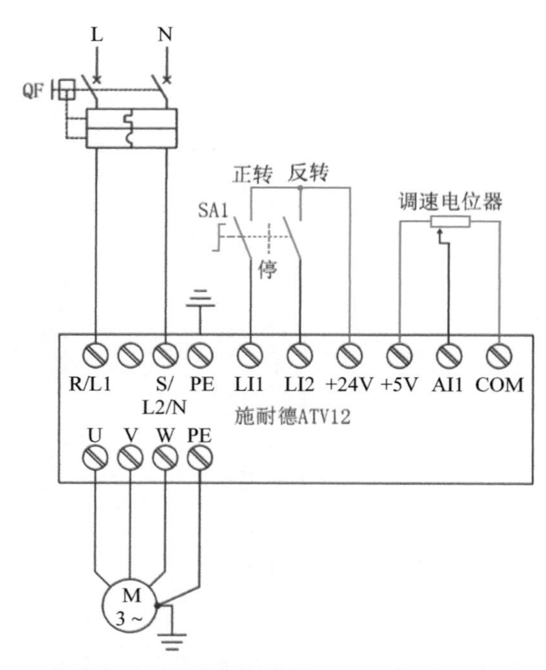

图7-12　施耐德ATV12变频器模拟量控制电动机电路接线原理图

（2）变频器的实物接线图

施耐德ATV12变频器模拟量控制电动机电路实物接线图如图7-13所示。

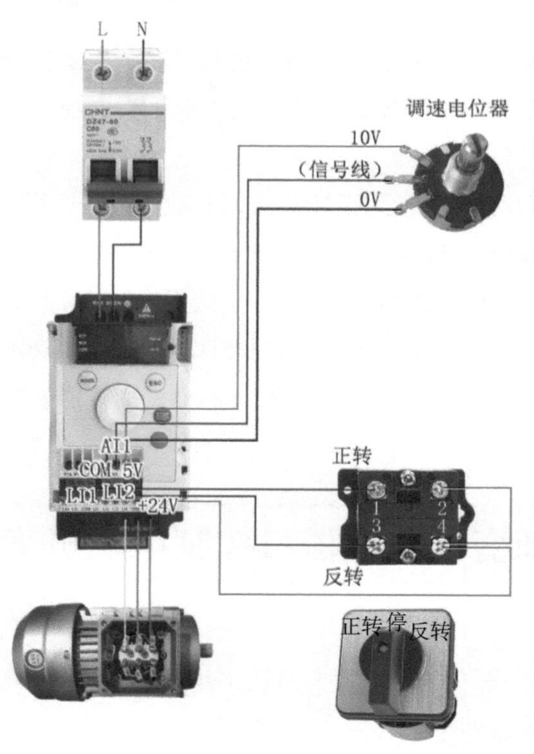

图7-13　施耐德ATV12变频器模拟量控制电动机电路实物接线图

7.4.2 ATV12变频器模拟量控制电动机电气元件

元器件明细表如表7-8所示。

表7-8 元器件明细表

文字符号	名称	型号	在电路中起的作用
VFD	变频器	ATV12H037M2	在电路中可以降低启动电流，改变电动机转速，实现电动机无级调速，在低于额定转速时有节电功能
QF	断路器	DZ47-60-2P-C10	电源总开关，在主电路中起控制兼保护作用
SA1	旋钮开关	LW26-10（3挡）	控制电动机正/反转与停止信号
RP	电位器	0～10kΩ	控制变频器频率
M	电动机	YS7124/370W	将电能转换为机械能，带动负载运行

7.4.3 ATV12变频器模拟量控制电动机参数设定

变频器参数具体设置如表7-9表示，变频器电动机参数设置方法如图7-6所示，具体变频器控制参数设置方法如图7-14所示。

表7-9 变频器参数具体设置

参数号	出厂值	设置值	说明
Fr1	AIUI	AII	模拟量给定
nPr	0.37	0.37	电动机额定功率（kW）
UnS	220	220	电动机额定电压（V）
nCr	2.4	1.93	电动机额定电流（A）
FrS	50.0	50.0	最大输出频率（Hz）
nSP	1400	1400	电动机额定转速（r/min）
ACC	5	1	加速时间（s）
DEC	5	1	减速时间（s）
CHCF	SIN	SEP	分离模式（命令和给定来自不同通道）
Cd1	tEr	tEr	命令源：端子控制
rrS	L2H	L2H	LI2端子反转
AIIT	SU	SU	模拟量给定0～5V有效

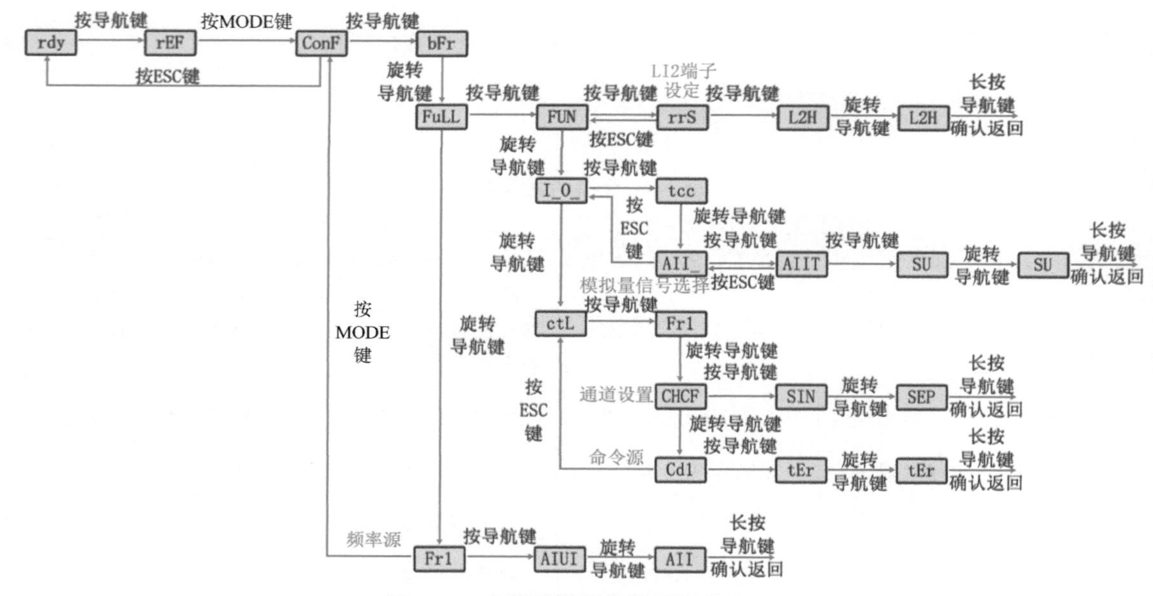

图7-14 变频器控制参数设置方法

7.4.4 ATV12变频器模拟量控制电动机工作原理

① 闭合电源总开关QF。变频器输入端R、S上电，为启动电动机做好准备。

② 变频器控制

a. 端子启停：旋钮开关SA1旋到正转挡位，电动机正转运行；旋钮开关SA1旋到中间挡位，电动机停止；旋钮开关SA1旋到反转挡位，电动机反转运行。

b. 外部电位器频率给定：在电动机运行状态下，旋转外部电位器，可以修改变频器的频率，进而改变电动机的转速。

③ 断开电源总开关QF。变频器输入端R、S断电，变频器失电断开。

7.5 施耐德变频器变频切换工频电路

控制要求：在正常运行中以变频启动运行，当变频器有故障时切换为工频运行。SB1与SB2为正反转按钮，SB3为控制电路停止按钮，SB4为启动按钮，KA1为故障继电器，KA2为运行继电器，KM1为变频器输入电源接触器，KM3为变频输出接触器，KM2为工频运行接触器。变频器的频率为模拟量输入控制。

（1）变频器的主电路

施耐德ATV12变频工频切换主电路图如图7-15所示。

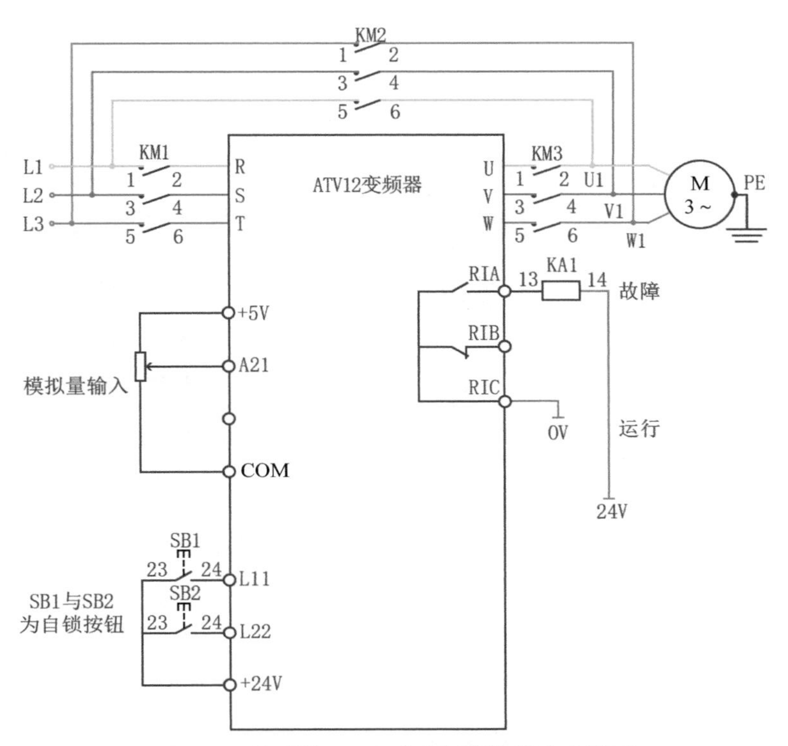

图7-15　施耐德ATV12变频工频切换主电路图

（2）变频器的控制电路

施耐德ATV12变频工频切换控制电路图如图7-16所示。

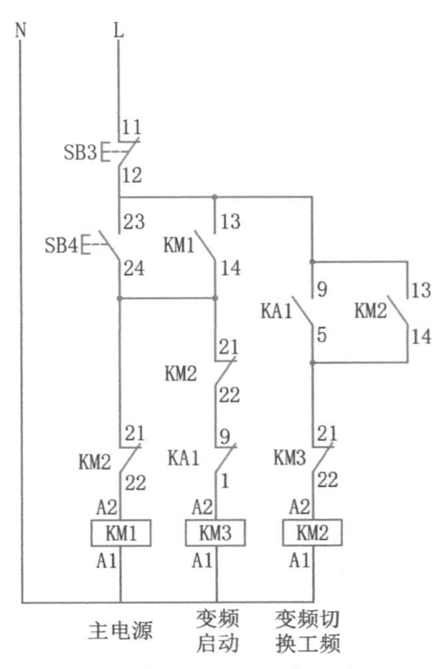

图7-16　施耐德ATV12变频工频切换控制电路图

（3）变频器参数设置

变频器参数设置如表7-10所示。

表7-10 变频器参数设置

参数号	出厂值	设置值	说明
Fr1	AIUI	AII	模拟量给定
nPr	0.37	0.37	电动机额定功率（kW）
UnS	220	220	电动机额定电压（V）
nCr	2.4	1.93	电动机额定电流（A）
FrS	50.0	50.0	最大输出频率（Hz）
nSP	1400	1400	电动机额定转速（r/min）
ACC	5	1	加速时间（s）
DEC	5	1	减速时间（s）
CHCF	SIN	SEP	分离模式（命令和给定来自不同通道）
Cd1	tEr	tEr	命令源：端子控制
rrS	L2H	L2H	LI2端子反转
AIIT	SU	SU	模拟量给定0～5V有效
r1	FLt	FLt	故障输出

（4）工作原理说明

① 主电路接线：三相电380V通过L1～L3引入交流接触器KM1的上端端子，KM1的下端端子出线引入施耐德变频器的R、S、T，变频器的输出端U、V、W引入交流接触器KM3的上端端子，KM3的下端端子出线引入三相异步电动机，此步骤为变频启动的主电路接线。或者三相电380V通过L1～L3引入交流接触器KM2的上端端子，KM2的下端端子出线引入三相异步电动机U1、V1、W1，此步骤为工频启动的主电路接线。

② 主电路控制过程：KM1主电路线圈吸合接通变频器三相电源，当变频器输出时，交流接触器KM3吸合，电动机变频运行。或KM2主电路吸合接通主电源，电动机工频运行。

③ 变频运行：按下控制电路启动按钮SB4，KM1线圈得电并自锁。按下变频器正转按钮SB1，变频器开始运行，变频器继电器RIC-RIB接通，中间继电器KA1线圈失电，KA1常开触点9-5断开、常闭触点9-1吸合，KM3线圈得电。KM3主触点接通，电动机变频运行。

④ 工频运行：在变频器故障时，继电器R1A、R1C接通，KA1线圈得电，KA1常开触

点9、5接通，KM2线圈得电，主触点KM2接通，电动机工频启动。

⑤ 停止按钮：按下停止按钮SB3，KM1～KM3线圈失电，KM1～KM3主触点断开，电动机停止。

7.6 施耐德变频器故障报警代码及处理方法

施耐德常见故障代码如表7-11所示。

表7-11 施耐德常见故障代码

CrF1	InF1	InF2	InF3	InF4
预充电	未知变频器型号	未知或不兼容的电源卡	内部串行链路故障	无效工业区
InF9	----	InFb	InFE	OCF
电流测量电路故障	应用程序固件存在问题	内部热传感器检测到的故障	内部CPU故障	过电流
SCF1	SCF3	SCF4	SOF	tnF
电动机短路	接地短路	IGBT短路	过速	自整定故障
LFFI	ObF	OHF	OLC	OLF
AI电流信号丢失故障	制动过速	变频器过热	过程过载	电动机过载
OPF1	OPF3	OSF	PHF	SCF5
输出缺一相	输出缺少三相	输入过电压	输入缺相	负载短路
SLF1	SLF2	SLF3	SP1F	ULF
Modbus通信故障	SoMove通信故障	HMI通信故障	PI反馈检测故障	过程欠载故障
tJF				
IGBT过热				

施耐德变频器故障代码及处理方法如表7-12所示。

表7-12 施耐德变频器故障报警代码及处理方法

故障代码	故障类型	可能的故障原因	处理方法
CrF1	预充电	充电继电器无法正确工作或充电电阻已损坏	① 变频器断电再通电 ② 检查连接 ③ 检查主电源的稳定性 ④ 与当地的Schneider Electric代表联系

续表

故障代码	故障类型	可能的故障原因	处理方法
InF1	未知变频器型号	电源卡与存储的卡版本不同	与当地的Schneider Electric代表联系
InF2	未知或不兼容的电源卡	电源卡与控制卡不兼容	与当地的Schneider Electric代表联系
InF3	内部串行链路故障	内部卡之间的通信中断	与当地的Schneider Electric代表联系
InF4	无效工业区	内部数据不一致	与当地的Schneider Electric代表联系
InF9	电流测量电路故障	电流测量因硬件电路故障而不正确	与当地的Schneider Electric代表联系
----	应用程序固件存在问题	使用多功能下载器更新应用程序固件时无效	重新下载应用程序固件
InFb	内部热传感器检测到的故障	① 变频器温度传感器未正常工作 ② 变频器短路或断路	与当地的Schneider Electric代表联系
InFE	内部CPU故障	内部微处理器故障	① 变频器断电再通电 ② 与当地的Schneider Electric代表联系
OCF	过电流	① 电动机控制菜单的参数不正确 ② 惯量或负载太大 ③ 机械阻滞	① 检查参数设置 ② 检查电动机 / 变频器 / 负载的大小 ③ 检查机械装置的状态 ④ 连接电动机电抗器 ⑤ 降低开关频率 ⑥ 检查变频器、电动机电缆和电动机绝缘层的接地连接
SCF1	电动机短路	① 变频器输出端短路或接地 ② 处于运行状态时出现接地故障 ③ 处于运行状态时进行电动机切换 ④ 当几台电动机并联使用时变频器输出 ⑤ 有较大的接地漏电电流	① 检查变频器与电动机之间的电缆以及电动机的绝缘情况 ② 连接电动机电抗器
SCF3	接地短路	① 变频器输出端短路或接地 ② 处于运行状态时出现接地故障 ③ 处于运行状态时进行电动机切换 ④ 当几台电动机并联使用时变频器输出 ⑤ 较大的接地漏电电流	① 检查变频器与电动机之间的电缆以及电动机的绝缘情况 ② 连接电动机电抗器

续表

故障代码	故障类型	可能的故障原因	处理方法
SCF4	IGBT短路	上电时检测到内部电源组件短路	与当地的Schneider Electric代表联系
SOF	过速	① 不稳定 ② 负载惯性太大	① 检查电动机 ② 如速度超过最大频率10%，则在需要时调整此参数 ③ 添加制动电阻 ④ 检查电动机/变频器/负载的大小 ⑤ 检查速度环的参数（增益和稳定性）
tnF	自整定故障	① 电动机与变频器没有连接 ② 电动机缺相 ③ 使用特殊电动机 ④ 电动机正在转动（例如被负载驱载）	① 检查电动机与变频器是否兼容 ② 检查在自整定过程中电动机连接是否正常 ③ 如果下游有输出接触器，应在自整定时将其闭合 ④ 检查电动机是否已完全停止
LFF1	AI电流信号丢失故障	在下列情况下可检测到： ① 模拟量输入AI1被配置为电流信号 ② AI1电流标定参数的0% CrL1大于3 mA ③ 模拟量输入电流低于2 mA	检查端子连接
ObF	制动过速	制动过猛或驱动负载惯性太大	① 增大减速时间 ② 必要时安装带有制动电阻的模块单元 ③ 检查电网电压，确保未超过可接受的最大值（在运行状态超过电网电压最大值20%）
OHF	变频器过热	变频器温度太高	检查电动机负载、变频器通风情况和环境温度。等待变频器冷却后再重新启动。可参阅“安装和温度条件”
OLC	过程过载	过程过载	检查变频器参数与应用过程是否一致
OLF	电动机过载	因电动机电流过大而触发	检查电动机热保护的设置和电动机负载

续表

故障代码	故障类型	可能的故障原因	处理方法
OPF1	输出缺少一相	变频器输出中缺少一相	① 检查变频器与电动机的连接情况 ② 如果使用下游接触器，检查连接、电缆和接触器是否正确
OPF2	输出缺少三相	① 电动机未连接 ② 电动机功率过低，低于变频器额定电流的6% ③ 输出接触器打开 ④ 电动机电流中存在瞬时不稳定性	① 检查变频器与电动机的连接 ② 在低功率电动机上测试或无电动机测试：在出厂设置模式中，电动机缺相检测被激活输出缺相检测OPL =YES。如果需要在测试或维护环境中检查变频器而不必使用额定值与变频器相同的电动机，则禁用电动机缺相检测输出缺相检测OPL =NO ③ 检查并优化下列参数：IR补偿UFr、电动机额定电压UnS和电动机额定电流nCr并执行自整定tUn
OSF	输入过电压	① 线电压太高 ② 变频器通电瞬间的电压比可接受最大电压高10% ③ 无运行命令时的电压，比最大输入电压高20% ④ 电网电压受到干扰	检查线电压
PHF	输入缺相	① 变频器电源不正确或熔丝已熔断 ② 一相故障 ③ 在三相ATV12上使用单相电源 ④ 负载不平衡 ⑤ 此保护功能仅在变频器带有负载时才有效	① 检查电源连接和更换熔丝 ② 使用三相电源 ③ 通过将输入缺相检测IPL设置为NO，禁止报告此类故障
SCF5	负载短路	① 变频器输出短路 ② 在参数IGBT测试Strt设置为YES时在运行命令或直流注入命令上检测到短路	检查将变频器连接到电动机的电缆以及电动机绝缘情况
SLF1	Modbus通信故障	Modbus网络上的通信中断	① 检查通信总线的连接 ② 检查是否超时（Modbus超时ttO参数） ③ 参考Modbus用户手册
SLF2	SoMove通信故障	SoMove通信中断	① 检查SoMove连接电缆 ② 检查是否超时

续表

故障代码	故障类型	可能的故障原因	处理方法
SPIF	PI反馈检测故障	PID反馈低于极限值	① 检查PID功能反馈 ② 检查PI反馈监控阈值LPI和时间延迟tPI
ULF	过程欠载故障	① 过程欠载 ② 电动机电流低于应用欠载阈值LUL的时间超过应用欠载延时ULt以保护应用	检查变频器参数与应用过程是否一致
tJF	IGBT过热	① 变频器过热 ② IGBT内部温度相对环境温度和负载而言太高	① 检查负载 / 电动机 / 变频器的大小 ② 降低开关频率 ③ 等待变频器冷却后再重新启动

第8章 英威腾变频器

8.1 英威腾变频器硬件

8.1.1 英威腾变频器调速系统

英威腾变频器有多个系列，英威腾CHE100是目前应用较为广泛的变频器，本章以英威腾CHE100为例进行讲解。变频器在交流电动机调速控制系统中，主要有两种典型使用方法，分别为三相交流变频调速系统和单相交流变频调速系统，如图8-1所示。

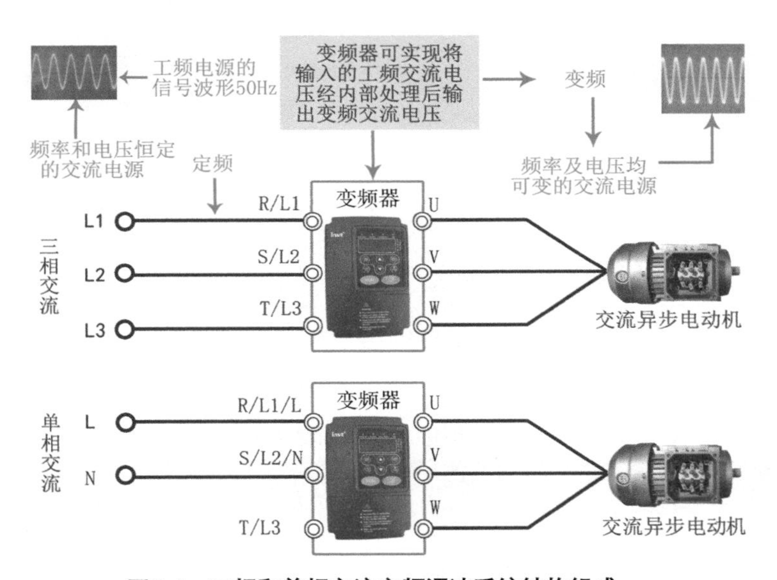

图8-1　三相和单相交流变频调速系统结构组成

英威腾CHE100是用于控制三相交流电动机速度的变频器系列。该系列有多种型号。以单相为例，这里选用的CHE100订货号为CHE100-1R5G-S2。

该变频器额定参数如下。

① 电源电压：220V，单相交流。

② 额定输出功率：1.5kW。

③ 额定输出电流：7A。

④ 操作面板：基本操作板（BOP）。

8.1.2 CHE100变频器的端子及接线

（1）变频器接线端子及功能图解

打开变频器后，就可以连接电源和电动机的接线端子。接线端子在变频器机壳下端。英威腾CHE100系列为用户提供了一系列常用的输入输出接线端子，用户可以方便地通过这些接线端子来实现相应的功能，打开变频器后可以看到变频器的接线端子，如图8-2所示。这些接线端子的功能及使用说明如表8-1、表8-2所示。

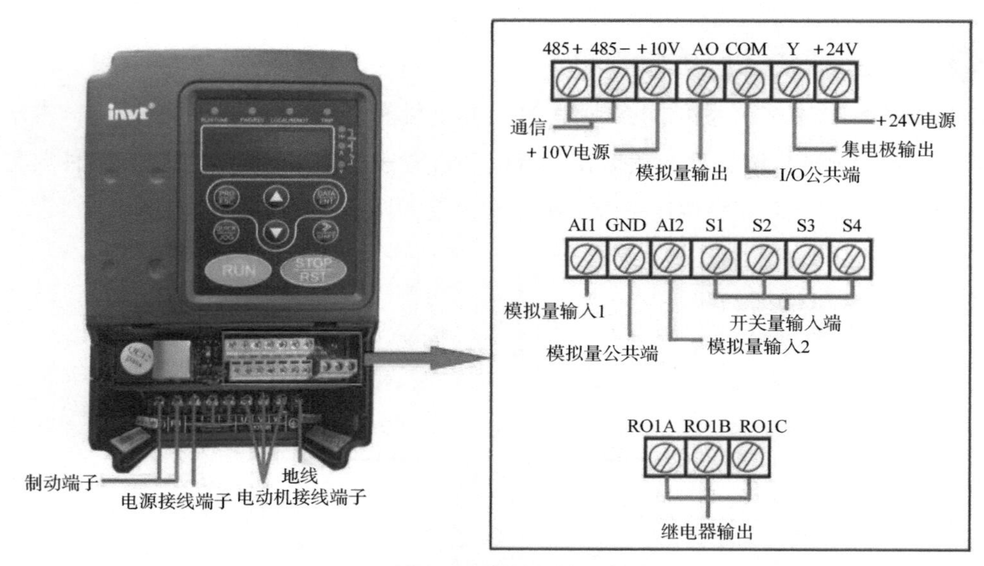

图8-2　CHE100变频器的接线端子

表8-1　主电路端子

端子记号	内容说明
R、S、T	三相电源输入端子
(+)、(−)	外接制动单元预留端子
(+)、PB	外接制动电阻预留端子
P1、(+)	外接直流电抗器预留端子
(−)	直流负母线输出端子
U、V、W	三相交流输出端子
⏚	接地端子（PE）

表8-2　控制电路端子

端子名称	端子用途及说明
S1～S4	开关量输入端子，与PW和COM形成光耦隔离输入 输入电压范围：9～30V 输入阻抗：3.3kΩ
+24V	为本机提供的+24V电源（电流：150mA）

续表

端子名称	端子用途及说明
COM	为＋24V的公共端
AI1	模拟量输入，电压范围：0～10V 输入阻抗：10kΩ
AI2	模拟量输入，电压（0～10V）/电流（0～20mA）通过J16可选 输入阻抗：10kΩ（电压输入）/250Ω（电流输入） 当选择电流（0～20mA）时，20mA对应电压5V
＋10V	为本机提供的＋10V电源
GND	为＋10V的参考零电位（注意：GND与COM是隔离的）
Y	开路集电极输出端子，其对应公共端为COM
AO	模拟量输出端子，可通过跳线J15选择电压或电流输出 输出范围：电压（0～10V）/电流（0～20mA）
ROA、ROB、ROC	RO继电器输出，ROA公共端，ROB常闭，ROC常开 触点容量：AC250V/3A，DC30V/1A

（2）变频器控制电路端子的标准接线

变频器的控制电路一般包括输入电路、输出电路和辅助接口等部分。其中，输入电路接收控制器（PLC）的指令信号（开关量或模拟量信号），输出电路输出变频器的状态信息（正常时的开关量或模拟量输出、异常输出等），辅助接口包括通信接口、外接键盘接口等。英威腾CHE100变频器电路端子的标准接线如图8-3所示。

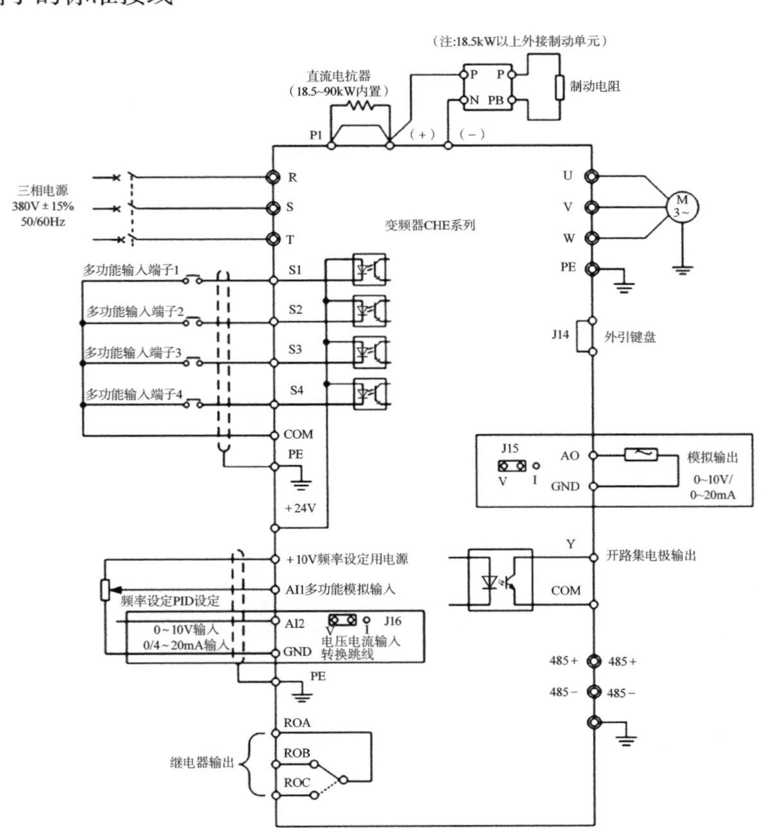

图8-3　英威腾CHE100变频器电路端子的标准接线

通用变频器是一种智能设备，其特点之一就是各端子的功能可通过调整相关参数的值进行变更。

8.1.3 CHE100变频器面板

英威腾CHE100变频器面板如图8-4所示。

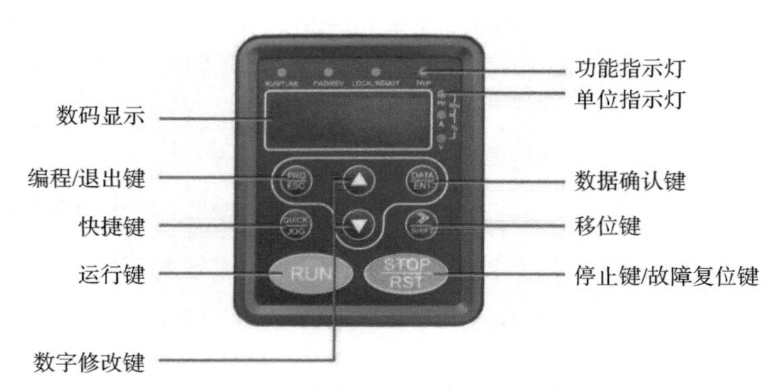

图8-4　英威腾CHE100变频器面板

英威腾CHE100变频器面板修改额定功率操作如图8-5所示。

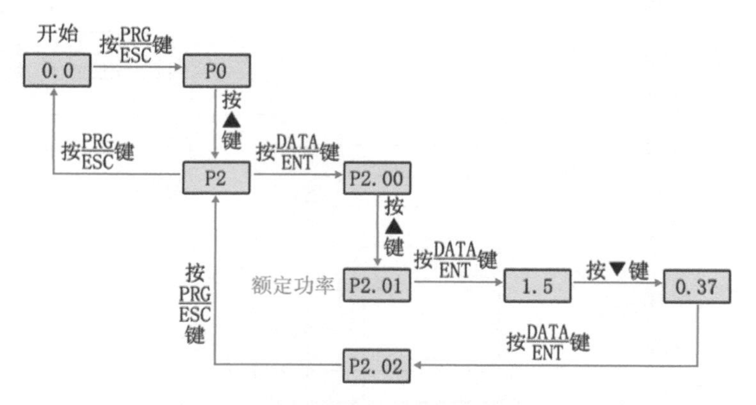

图8-5　英威腾CHE100变频器面板修改额定功率操作

8.2 英威腾变频器面板正反转控制电动机案例

8.2.1 CHE100变频器电动机参数调整

为了使电动机与变频器相匹配，需要设置电动机参数，这些参数可以从电动机铭牌中直接得到。电动机参数设置如表8-3所示，变频器电动机参数设置方法如图8-6所示。电动机参数设定完成后，变频器当前处于准备状态，可正常运行。

表8-3 电动机参数设置

参数号	出厂值	设置值	说明
P2.01	1.5	0.37	电动机额定功率（kW）
P2.02	50.0	50.0	电动机额定频率（Hz）
P2.03	1400	1400	电动机额定转速（r / min）
P2.04	220	220	电动机额定电压（V）
P2.05	7	1.93	电动机额定电流（A）

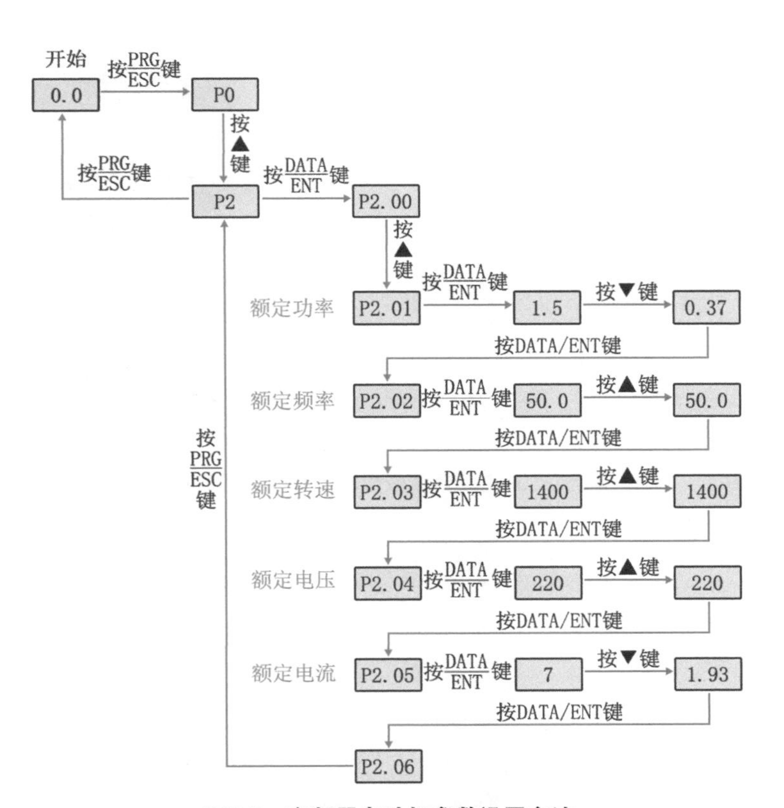

图8-6 变频器电动机参数设置方法

8.2.2 CHE100变频器面板控制接线图

英威腾CHE100变频器面板控制电路接线原理图及实物接线图如图8-7所示。

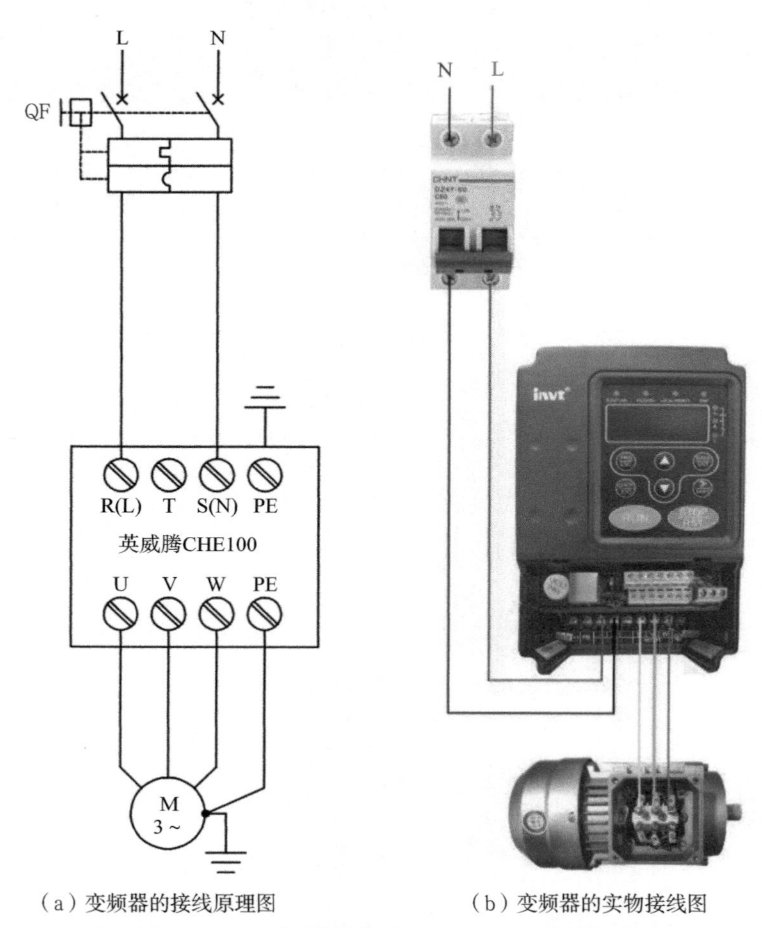

（a）变频器的接线原理图

（b）变频器的实物接线图

图8-7 英威腾CHE100变频器面板控制电路接线原理图及实物接线图

8.2.3 CHE100变频器面板控制电气元件

元器件明细表如表8-4所示。

表8-4 元器件明细表

文字符号	名称	型号	在电路中起的作用
VFD	变频器	CHE100-1R5G-S2	在电路中可以降低启动电流，改变电动机转速，实现电动机无级调速，在低于额定转速时有节电功能

续表

文字符号	名称	型号	在电路中起的作用
QF	断路器	DZ47-60-2P-C10	电源总开关，在主电路中起控制兼保护作用
M	电动机	YS7124/370W	将电能转换为机械能，带动负载运行

8.2.4 CHE100变频器面板控制参数设定

变频器参数具体设置如表8-5所示，变频器电动机参数设置方法如图8-6所示，具体变频器控制参数设置方法如图8-8所示。

表8-5 变频器参数具体设置

参数号	出厂值	设置值	说明
P2.01	1.5	0.37	电动机额定功率（kW）
P2.02	50.0	50.0	电动机额定频率（Hz）
P2.03	1400	1400	电动机额定转速（r/min）
P2.04	220	220	电动机额定电压（V）
P2.05	7	1.93	电动机额定电流（A）
P0.05	50.0	50.0	运行频率上限（Hz）
P0.06	0.0	0.0	运行频率下限（Hz）
P0.08	5	1	加速时间（s）
P0.09	5	1	减速时间（s）
P0.01	0	0	运行指令通道（面板控制）
P0.03	0	0	频率指令选择（面板控制）

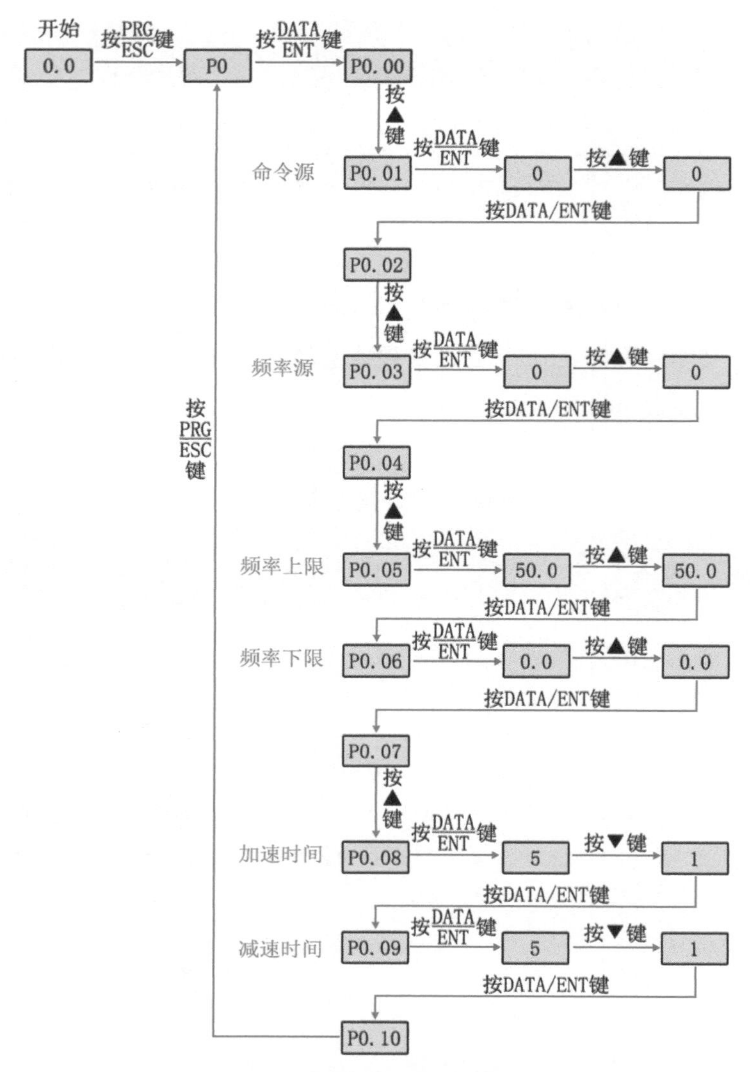

图8-8　变频器控制参数设置方法

8.2.5 CHE100变频器面板控制电动机工作原理

① 闭合电源总开关QF。变频器输入端R、S上电，为启动电动机做好准备。

② 变频器面板控制

a. 面板启动：按下面板RUN键，电动机启动运行。

b. 面板停止：再按一下面板STOP键，电动机停止运行。

c. 面板电位器调速：在电动机运行状态下，可直接通过按前操作面板上的增加键/减少键（▲/▼），修改变频器的频率，进而改变电动机的转速。

③ 断开电源总开关QF。变频器输入端R、S断电，变频器失电断开。

8.3 英威腾变频器三段速正反转控制电动机案例

8.3.1 CHE100变频器三段速正反转控制电动机接线图

（1）变频器的接线原理图

英威腾CHE100变频器三段速正反转控制电动机电路接线原理图如图8-9所示。

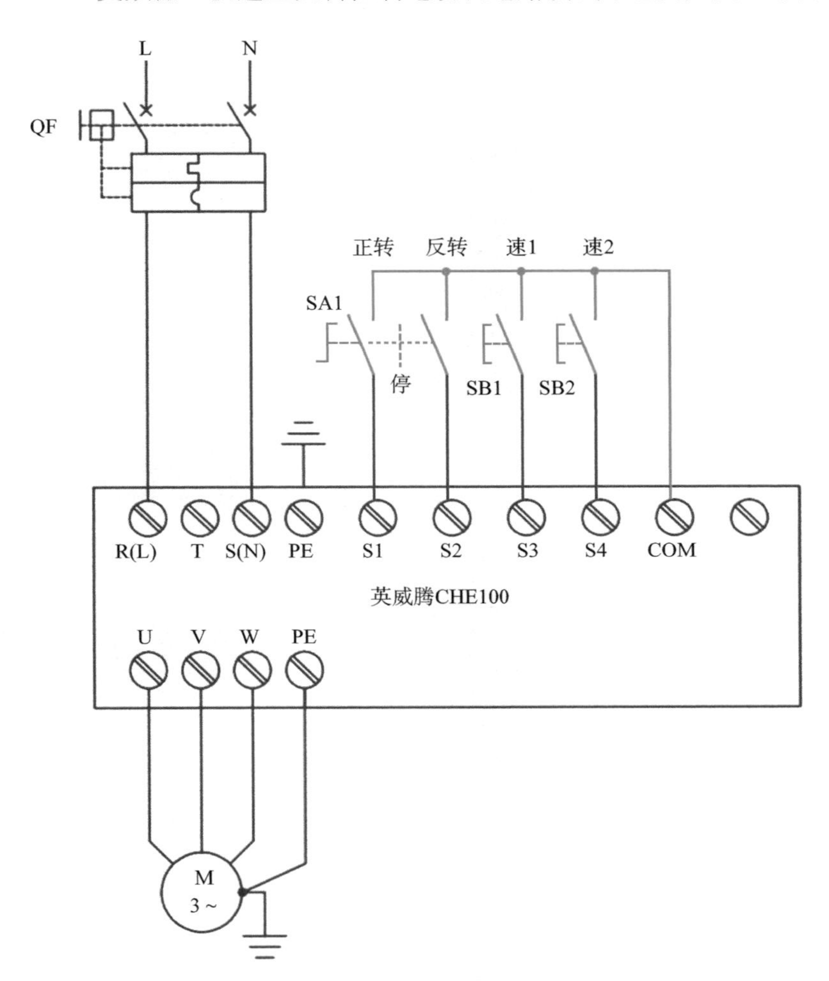

图8-9 英威腾CHE100变频器三段速正反转控制电动机电路接线原理图

（2）变频器的实物接线图

英威腾CHE100变频器三段速正反转控制电动机电路实物接线图如图8-10所示。

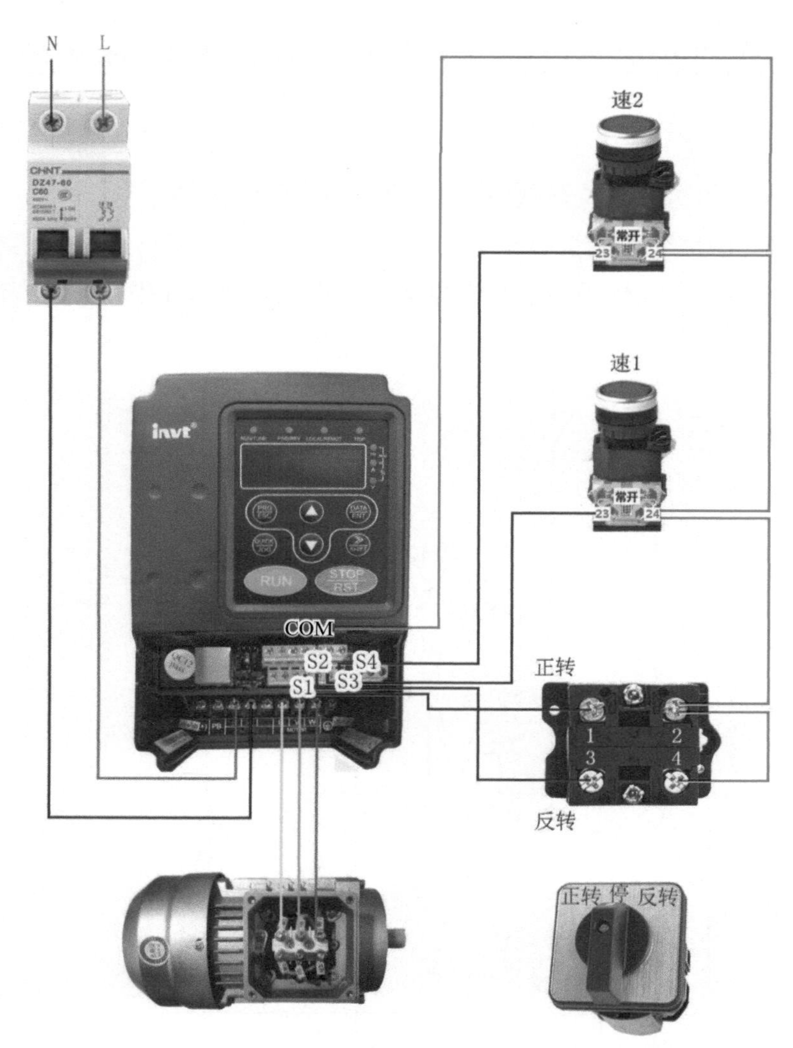

图8-10　英威腾CHE100变频器三段速正反转控制电动机电路实物接线图

8.3.2 CHE100变频器三段速正反转控制电气元件

元器件明细表如表8-6所示。

表8-6　元器件明细表

文字符号	名称	型号	在电路中起的作用
VFD	变频器	CHE100-1R5G-S2	在电路中可以降低启动电流，改变电动机转速，实现电动机无级调速，在低于额定转速时有节电功能
QF	断路器	DZ47-60-2P-C10	电源总开关，在主电路中起控制兼保护作用
SA1	旋钮开关	LW26-10（3挡）	控制电动机正/反转与停止信号

续表

文字符号	名称	型号	在电路中起的作用
SB3	按钮	绿色LA38	控制电动机运行速度1
SB4	按钮	绿色LA38	控制电动机运行速度2
M	电动机	YS7124/370W	将电能转换为机械能，带动负载运行

8.3.3 CHE100变频器三段速正反转控制电动机参数设定

变频器参数具体设置如表8-7所示，变频器电动机参数设置方法如图8-6所示，具体变频器控制参数设置方法如图8-11所示。

表8-7 变频器参数具体设置

参数号	出厂值	设置值	说明
P2.01	1.5	0.37	电动机额定功率（kW）
P2.02	50.0	50.0	电动机额定频率（Hz）
P2.03	1400	1400	电动机额定转速（r/min）
P2.04	220	220	电动机额定电压（V）
P2.05	7	1.93	电动机额定电流（A）
P0.04	50.0	50.0	最大输出频率（Hz）
P0.05	50.0	50.0	运行频率上限（Hz）
P0.06	0.0	0.0	运行频率下限（Hz）
P0.08	5	1	加速时间（s）
P0.09	5	1	减速时间（s）
P0.01	0	1	运行指令通道（端子控制）
P0.03	0	4	频率指令选择（多段速控制）
P5.00	1	1	S1端子功能选择：正转
P5.01	4	2	S2端子功能选择：反转
P5.02	7	12	S3端子功能选择：速1
P5.03	0	13	S4端子功能选择：速1
P5.05	0	0	端子控制运行模式
PA.01	0.0	10.0	多段速1（%）
PA.02	0.0	15.0	多段速2（%）
PA.03	0.0	20.0	多段速3（%）

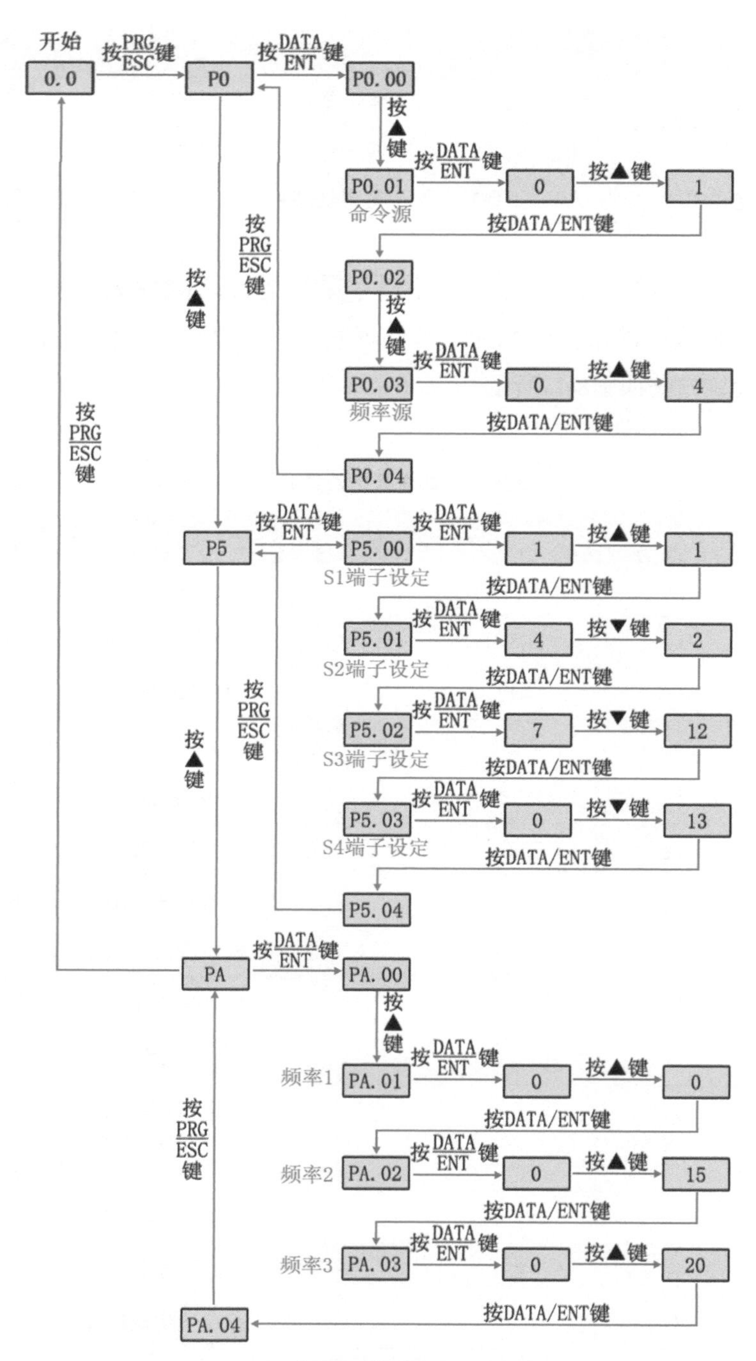

图8-11 变频器控制参数设置方法

8.3.4 CHE100变频器三段速正反转控制电动机工作原理

① 闭合电源总开关QF。变频器输入端R、S上电，为启动电动机做好准备。

② 变频器端子控制

a. 端子启停：旋钮开关SA1旋到正转挡位，电动机正转运行；旋钮开关SA1旋到中间挡位，电动机停止；旋钮开关SA1旋到反转挡位，电动机反转运行。

b. 端子多段速给定：在电动机运行状态下，按下按钮SB1，电动机以10Hz运行；按下按钮SB2，电动机以15Hz运行；按下按钮SB1和SB2，电动机以20Hz运行。

③ 断开电源总开关QF。变频器输入端R、S断电，变频器失电断开。

8.4 英威腾变频器模拟量控制电动机案例

8.4.1 CHE100变频器模拟量控制电动机接线图

（1）变频器的接线原理图

英威腾CHE100变频器模拟量控制电动机电路接线原理图如图8-12所示。

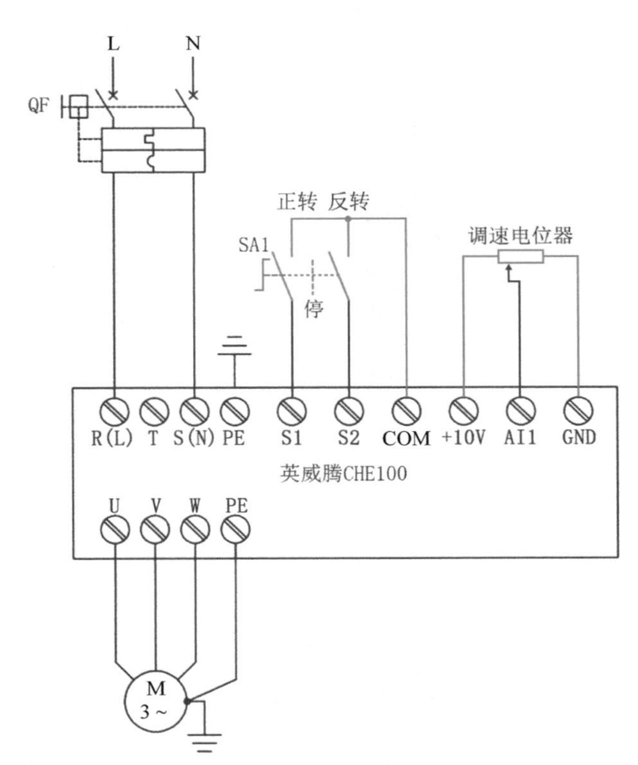

图8-12 英威腾CHE100变频器模拟量控制电动机电路接线原理图

（2）变频器的实物接线图

英威腾CHE100变频器模拟量控制电动机电路实物接线图如图8-13所示。

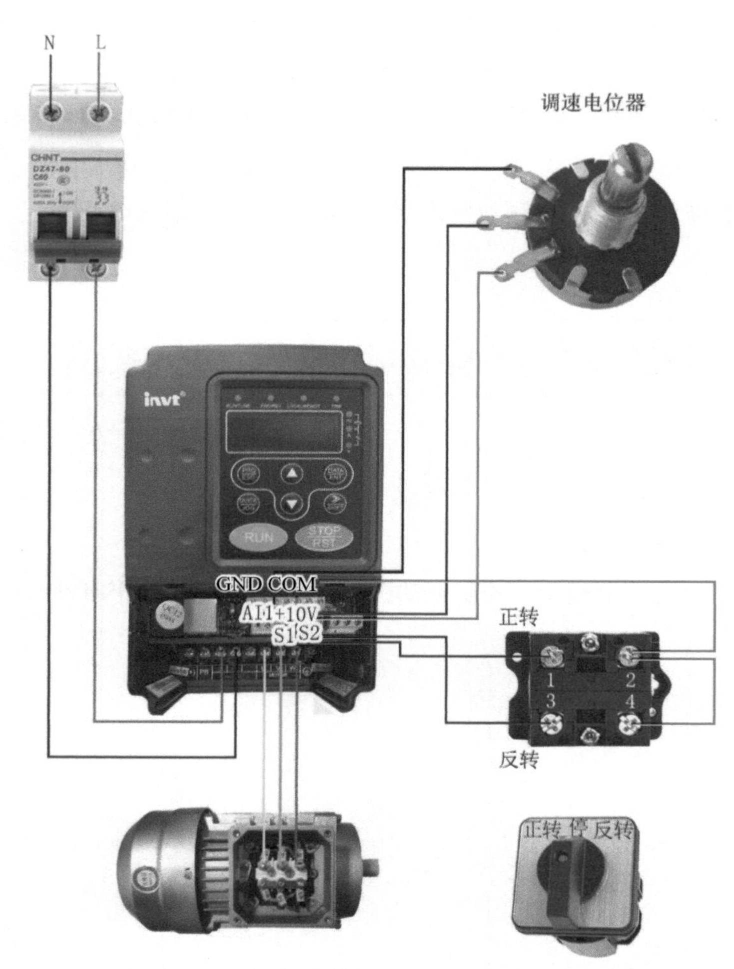

图8-13　英威腾CHE100变频器模拟量控制电动机电路实物接线图

8.4.2 CHE100变频器模拟量控制电动机电气元件

元器件明细表如表8-8所示。

表8-8　元器件明细表

文字符号	名称	型号	在电路中起的作用
VFD	变频器	CHE100-1R5G-S2	在电路中可以降低启动电流，改变电动机转速，实现电动机无级调速，在低于额定转速时有节电功能
QF	断路器	DZ47-60-2P-C10	电源总开关，在主电路中起控制兼保护作用
SA1	旋钮开关	LW26-10（3挡）	控制电动机正/反转与停止信号
RP	电位器	0～10kΩ	控制变频器频率

续表

文字符号	名称	型号	在电路中起的作用
M	电动机	YS7124/370W	将电能转换为机械能，带动负载运行

8.4.3 CHE100变频器模拟量控制电动机参数设定

变频器参数具体设置如表8-9所示，变频器电动机参数设置方法如图8-6所示，具体变频器控制参数设置方法如图8-14所示。

表8-9 变频器参数具体设置

参数号	出厂值	设置值	说明
P2.01	1.5	0.37	电动机额定功率（kW）
P2.02	50.0	50.0	电动机额定频率（Hz）
P2.03	1400	1400	电动机额定转速（r / min）
P2.04	220	220	电动机额定电压（V）
P2.05	7	1.93	电动机动定电流（A）
P0.04	50.0	50.0	最大输出频率（Hz）
P0.05	50.0	50.0	运行频率上限（Hz）
P0.06	0.0	0.0	运行频率下限（Hz）
P0.08	5	1	加速时间（s）
P0.09	5	1	减速时间（s）
P0.01	0	1	运行指令通道（端子控制）
P0.03	0	1	频率指令选择（模拟量控制）
P5.00	1	1	S1端子功能选择：正转
P5.01	4	2	S2端子功能选择：反转
P5.07	0.00V	0.00V	AI1下限值
P5.08	0.0%	0.0%	AI1下限对应设定
P5.09	10.00V	10.00V	AI1上限值
P5.10	100.0%	100.0%	AI1上限对应设定

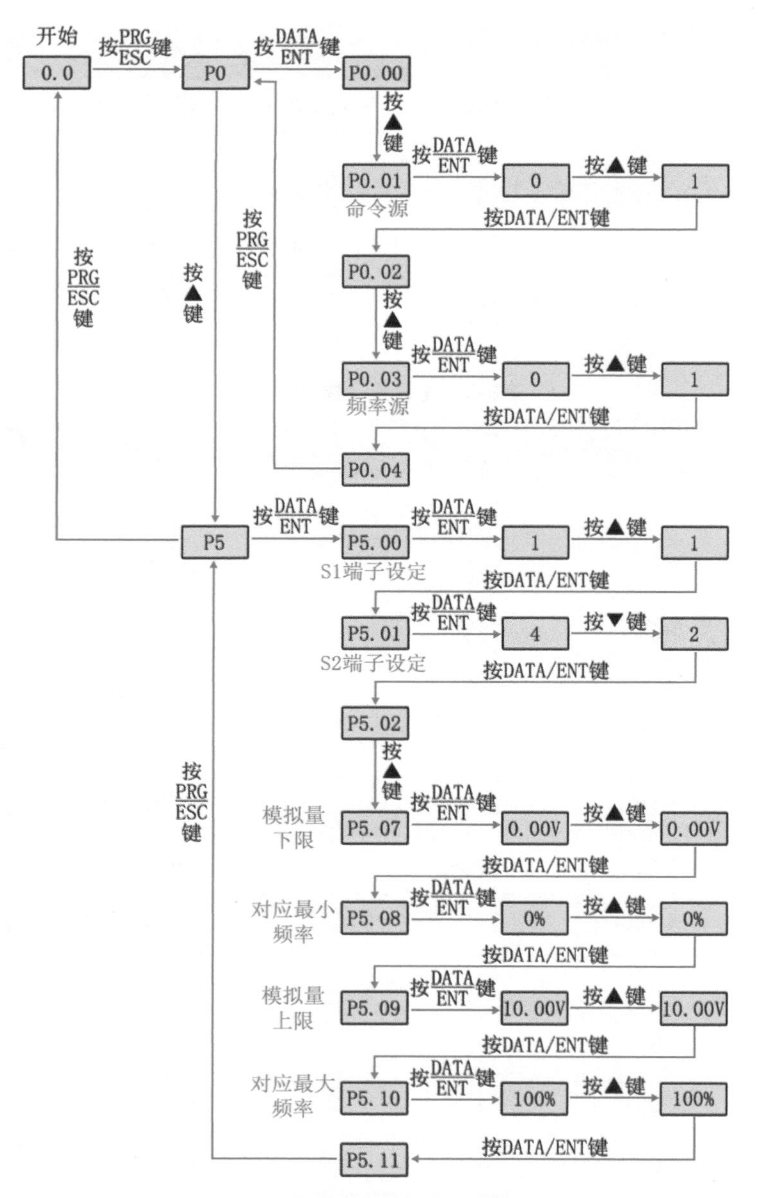

图8-14　变频器控制参数设置方法

8.4.4 CHE100变频器模拟量控制电动机工作原理

① 闭合电源总开关QF。变频器输入端R、S上电，为启动电动机做好准备。

② 变频器控制

a. 端子启停：旋钮开关SA1旋到正转挡位，电动机正转运行；旋钮开关SA1旋到中间挡位，电动机停止；旋钮开关SA1旋到反转挡位，电动机反转运行。

b. 外部电位器频率给定：在电动机运行状态下，旋转外部电位器，可以修改变频器的频率，进而改变电动机的转速。

③ 断开电源总开关QF。变频器输入端R、S断电，变频器失电断开。

8.5 英威腾变频器变频切换工频电路

控制要求：在正常运行中以变频启动运行，当变频器有故障时切换为工频运行。SB1与SB2为正反转按钮，SB3为控制电路停止按钮，SB4为启动按钮，KA1为故障继电器，KA2为运行继电器，KM1为变频器输入电源接触器，KM3为变频输出接触器，KM2为工频运行接触器。变频器的频率为模拟量输入控制。

（1）变频器的主电路

英威腾变频工频切换主电路图如图8-15所示。

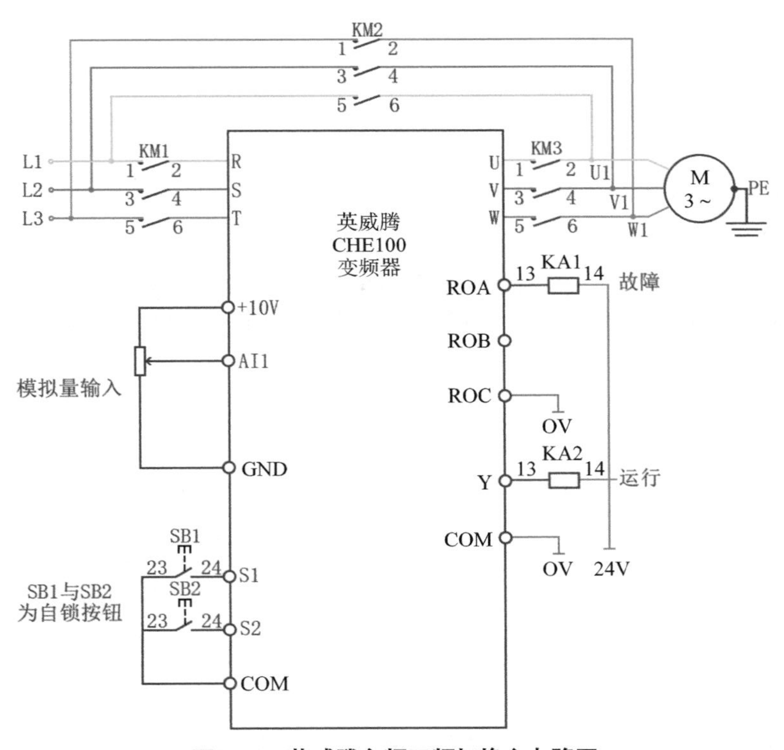

图8-15　英威腾变频工频切换主电路图

（2）变频器的控制电路

英威腾变频工频切换控制电路图如图8-16所示。

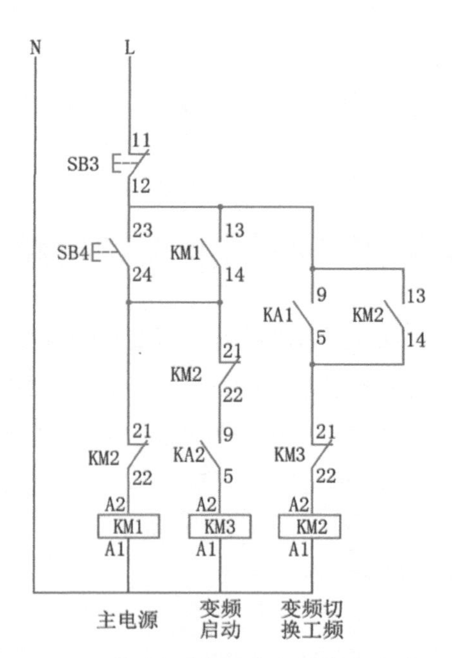

图8-16　英威腾变频工频切换控制电路图

（3）变频器参数设置

变频器参数设置如表8-10所示。

表8-10　变频器参数设置

参数号	出厂值	设置值	说明
P2.01	1.5	0.37	电动机额定功率（kW）
P2.02	50.0	50.0	电动机额定频率（Hz）
P2.03	1400	1400	电动机额定转速（r/min）
P2.04	220	220	电动机额定电压（V）
P2.05	7	1.93	电动机额定电流（A）
P0.04	50.0	50.0	最大输出频率（Hz）
P0.05	50.0	50.0	运行频率上限（Hz）
P0.06	0.0	0.0	运行频率下限（Hz）
P0.08	5	1	加速时间（s）
P0.09	5	1	减速时间（s）
P0.01	0	1	运行指令通道（端子控制）
P0.03	0	1	频率指令选择（模拟量控制）

续表

参数号	出厂值	设置值	说明
P5.00	1	1	S1端子功能选择：正转
P5.01	4	2	S2端子功能选择：反转
P5.07	0.00V	0.00V	AI1下限值
P5.08	0.0%	0.0%	AI1下限对应设定
P5.09	10.00V	10.00V	AI1上限值
P5.10	100.0%	100.0%	AI1上限对应设定
P6.00	3	3	变频器运行时集电极Y输出
P6.01	1	1	变频器运行时继电器ROA、ROB、ROC输出

（4）工作原理说明

① 主电路接线：三相电380V通过L1～L3引入交流接触器KM1的上端端子，KM1的下端端子出线引入英威腾变频器的R、S、T，变频器的输出端U、V、W引入交流接触器KM3的上端端子，KM3的下端端子出线引入三相异步电动机，此步骤为变频启动的主电路接线。或者三相电380V通过L1～L3引入交流接触器KM2的上端端子，KM2的下端端子出线引入三相异步电动机U1、V1、W1，此步骤为工频启动的主电路接线。

② 主电路控制过程：KM1主电路线圈吸合接通变频器三相电源。当变频器输出时，交流接触器KM3吸合，电动机变频运行。或KM2主电路吸合接通主电源，电动机工频运行。

③ 变频运行：按下控制电路启动按钮SB4，KM1线圈得电并自锁。按下变频器正转按钮SB1，变频器开始运行，变频器集电极输出接通，中间继电器KA2线圈得电，KA2常开触点9-5闭合，KM3线圈得电。KM3主触点接通，电动机变频运行。

④ 工频运行：在变频器故障时，继电器输出接通，KA1线圈得电，KA1常开触点9-5接通，KM2线圈得电，KM2主触点接通，电动机工频启动。

⑤ 停止按钮：按下停止按钮SB3，KM1～KM3线圈失电，KM1～KM3主触点断开，电动机停止。

8.6 英威腾变频器故障报警代码及处理方法

英威腾变频器故障报警代码及处理方法如表8-11所示。

表8-11 英威腾变频器故障报警代码及处理方法

故障代码	故障类型	可能的故障原因	处理方法
OUT1	逆变单元U相故障	① 加速太快 ② 该相IGBT内部损坏 ③ 干扰引起误动作 ④ 接地是否良好	① 增大加速时间 ② 寻求支援 ③ 检查外围设备是否有强干扰源
OUT2	逆变单元V相故障		
OUT3	逆变单元W相故障		
OC1	加速运行过电流	① 加速太快 ② 电网电压偏低 ③ 变频器功率偏小	① 增大加速时间 ② 检查输入电源 ③ 选用功率大一挡的变频器
OC2	减速运行过电流	① 减速太快 ② 负载惯性转矩大 ③ 变频器功率偏小	① 增大减速时间 ② 外加合适的能耗制动组件 ③ 选用功率大一挡的变频器
OC3	恒速运行过电流	① 负载发生突变或异常 ② 电网电压偏低 ③ 变频器功率偏小	① 检查负载或减小负载的突变 ② 检查输入电源 ③ 选用功率大一挡的变频器
OV1	加速运行过电压	① 输入电压异常 ② 瞬间停电后，对旋转中电动机实施再启动	① 检查输入电源 ② 避免停机再启动
OV2	减速运行过电压	① 减速太快 ② 负载惯量大 ③ 输入电压异常	① 减小减速时间 ② 增大能耗制动组件 ③ 检查输入电源
OV3	恒速运行过电压	① 输入电压发生异常变动 ② 负载惯量大	① 安装输入电抗器 ② 外加合适的能耗制动组件
UV	母线欠电压	电网电压偏低	检查电网输入电源
OL1	电动机过载	① 电网电压过低 ② 电动机额定电流设置不正确 ③ 电动机堵转或负载突变过大 ④ 小马拉大车	① 检查电网电压 ② 重新设置电动机额定电流 ③ 检查负载，调节转矩提升量 ④ 选择合适的电动机
OL2	变频器过载	① 加速太快 ② 对旋转中的电动机实施再启动 ③ 电网电压过低 ④ 负载过大	① 减小加速度 ② 避免停机再启动 ③ 检查电网电压 ④ 选择功率更大的变频器

续表

故障代码	故障类型	可能的故障原因	处理方法
SPI	输入侧缺相	输入R、S、T有缺相	① 检查输入电源 ② 检查安装配线
SPO	输出侧缺相	① U、V、W缺相输出（或负载三相严重不对称） ② 若未接电动机，预励磁期间预励磁无法结束	① 检查输出配线 ② 检查电动机及电缆
OH1	整流模块过热	① 变频器瞬间过电流 ② 输出三相有相间或接地短路 ③ 风道堵塞或风扇损坏 ④ 环境温度过高 ⑤ 控制板连线或插件松动 ⑥ 辅助电源损坏，驱动电压欠电压 ⑦ 功率模块桥臂直通 ⑧ 控制板异常	① 参见过电流对策 ② 重新配线 ③ 疏通风道或更换风扇 ④ 降低环境温度 ⑤ 检查并重新连接 ⑥ 更换损坏的元件
OH2	逆变模块过热		
EF	外部故障	SI外部故障输入端子动作	检查外部设备输入
CE	通信故障	① 波特率设置不当 ② 采用串行通信的通信错误 ③ 通信长时间中断	① 设置合适的波特率 ② 按STOP/RST键复位，寻求服务 ③ 检查通信接口配线
ITE	电流检测电路故障	① 控制板连接器接触不良 ② 辅助电源损坏 ③ 霍尔器件损坏 ④ 放大电路异常	① 检查连接器，重新插线 ② 更换损坏的元件
TE	电动机自学习故障	① 电动机容量与变频器容量不匹配 ② 电动机额定参数设置不当 ③ 自学习出的参数与标准参数偏差过大 ④ 自学习超时	① 更换变频器型号 ② 按电动机铭牌设置额定参数 ③ 使电动机空载，重新辨识 ④ 检查电动机接线，参数设置
EEP	EEPROM读写故障	① 控制参数的读写发生错误 ② EEPROM损坏	① 按STOP/RST键复位，寻求服务 ② 更换EEPROM
PIDE	PID反馈断线故障	① PID反馈断线 ② PID反馈源消失	① 检查PID反馈信号线 ② 检查PID反馈源
BCE	制动单元故障	① 制动线路故障或制动管损坏 ② 外接制动电阻阻值偏小	① 检查制动单元，更换新制动管 ② 增大制动电阻阻值

第9章 四方变频器

9.1 四方变频器硬件

9.1.1 四方变频器调速系统

四方变频器有多个系列，四方C300是目前应用较为广泛的变频器，本章以四方C300为例进行讲解。变频器在交流电动机调速控制系统中，主要有两种典型使用方法，分别为三相交流变频调速系统和单相交流变频调速系统，如图9-1所示。

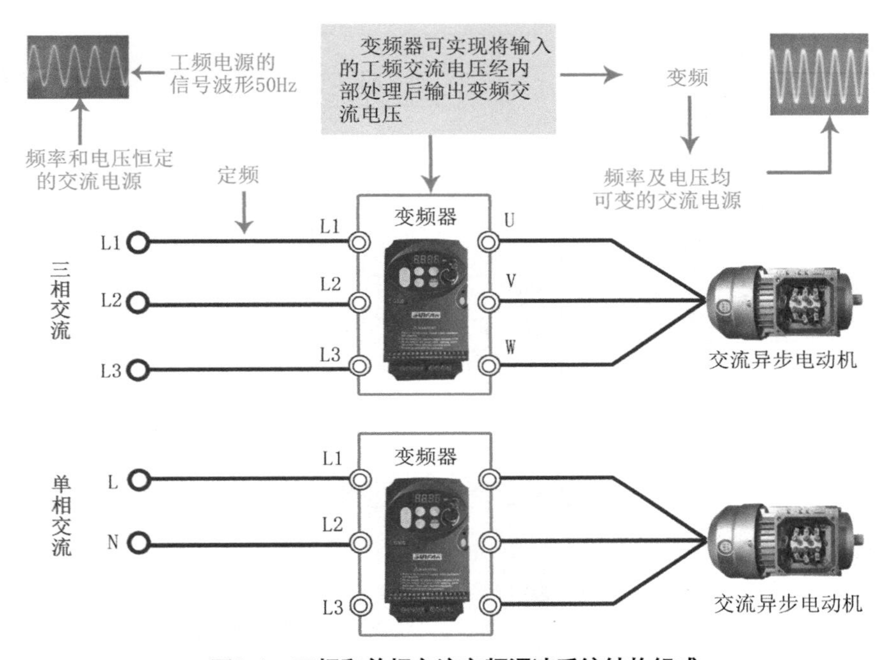

图9-1　三相和单相交流变频调速系统结构组成

四方C300是用于控制三相交流电动机速度的变频器系列。该系列有多种型号。以单相为例，这里选用的C300订货号为C300-2S0004。

该变频器额定参数如下。

① 电源电压：220V，单相交流。

② 额定输出功率：0.4kW。

③ 额定输出电流：3A。

④ 操作面板：基本操作板（BOP）。

9.1.2 C300变频器的端子及接线

（1）变频器接线端子及功能图解

打开变频器后，就可以连接电源和电动机的接线端子。接线端子在变频器机壳下端。

四方C300系列为用户提供了一系列常用的输入输出接线端子，用户可以方便地通过这些接线端子来实现相应的功能。打开变频器后可以看到变频器的接线端子，如图9-2所示。这些接线端子的功能及使用说明如表9-1、表9-2所示。

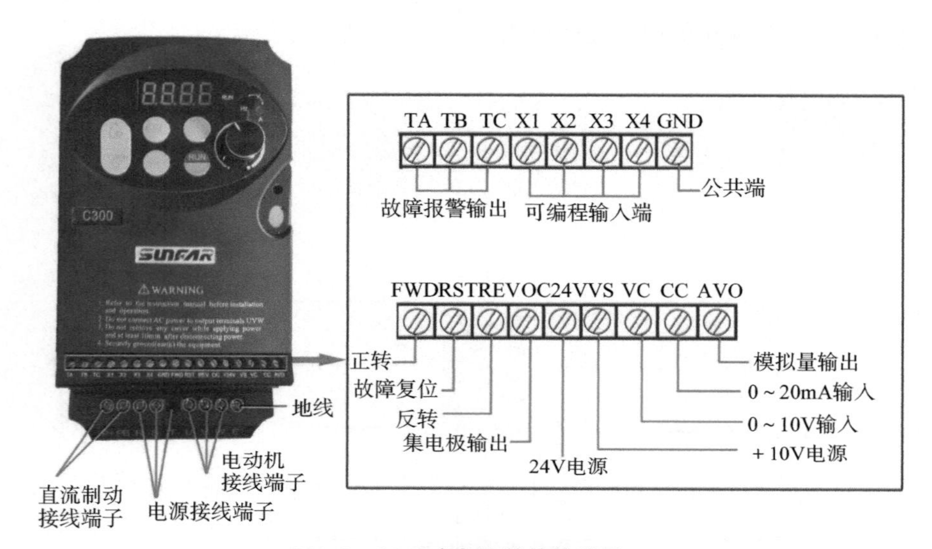

图9-2 C300变频器的接线端子

表9-1 主电路端子

端子记号	内容说明
L1、L2、L3	主电路交流电源输入
U、V、W	连接至电动机
P+、PB	制动电阻（选用）连接端子
P−	直流侧电源负端子
⏚	接地用（避免高压突波冲击以及噪声干扰）

表9-2 控制电路端子

端子	功能说明
VS	向外提供+10V/10mA电源
VC	电压信号输入端

续表

端子	功能说明
CC	电流信号输入端
GND	模拟输入信号的公共端（VS电源地）
X1	多功能输入端子1
X2	多功能输入端子2
X3	多功能输入端子3
X4	多功能输入端子4
RST	故障复位输入端
FWD	正转命令输入端
REV	反转命令输入端
GND	控制端子的公共端
24V	向外提供的＋24V/50mA的电源（GND端子为该电源地）
AVO	可编程电压信号输出端，外接电压表头
OC	可编程开路集电极输出
TA/TB/TC	可编程输出：常态TA-TB闭合，TA-TC断开

（2）变频器控制电路端子的标准接线

变频器的控制电路一般包括输入电路、输出电路和辅助接口等部分。其中，输入电路接收控制器（PLC）的指令信号（开关量或模拟量信号），输出电路输出变频器的状态信息（正常时的开关量或模拟量输出、异常输出等），辅助接口包括通信接口、外接键盘接口等。四方变频器电路端子的标准接线如图9-3所示。

通用变频器是一种智能设备，其特点之一就是各端子的功能可通过调整相关参数的值进行变更。

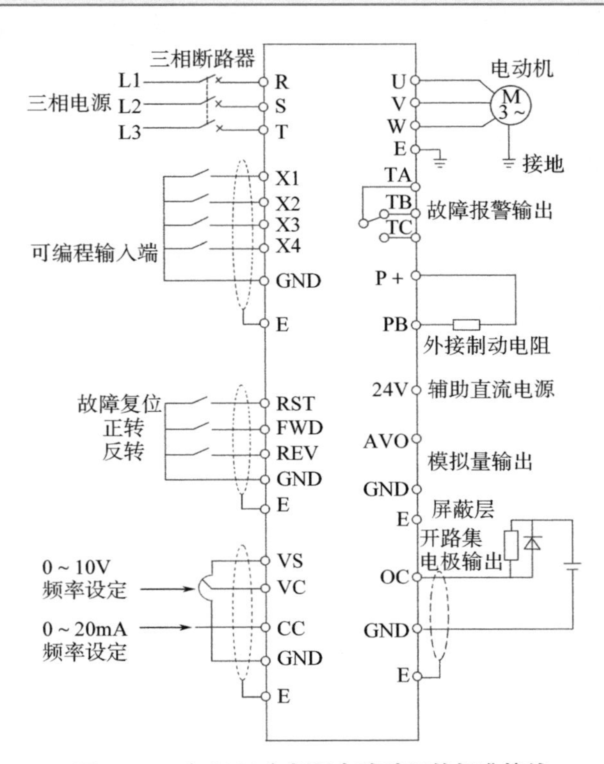

图9-3　四方C300变频器电路端子的标准接线

9.1.3 C300变频器面板

四方C300变频器面板如图9-4所示。

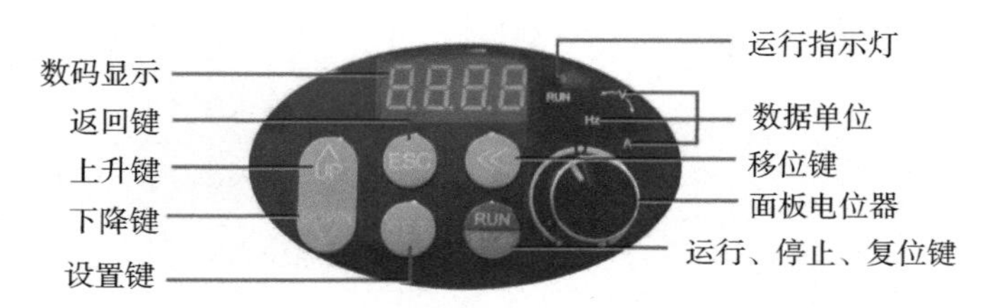

图9-4　四方C300变频器面板

四方C300变频器面板修改额定电压参数操作如图9-5所示。

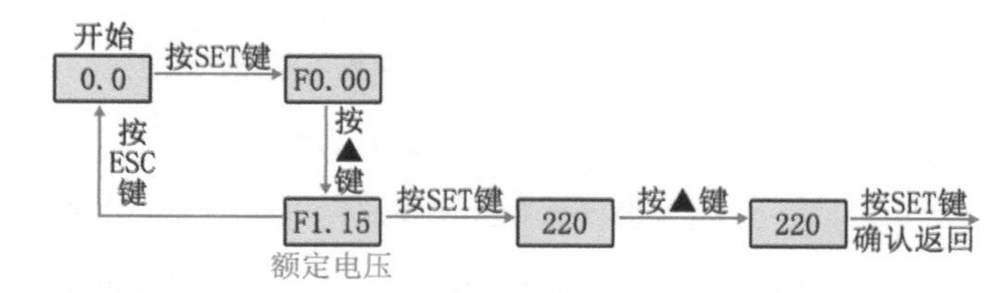

图9-5　四方C300变频器面板修改额定电压参数操作

9.2 四方变频器面板正反转控制电动机案例

9.2.1 C300变频器电动机参数调整

为了使电动机与变频器相匹配，需要设置电动机参数，这些参数可以从电动机铭牌中直接得到。电动机参数设置如表9-3所示，变频器电动机参数设置方法如图9-6所示。电动机参数设定完成后，变频器当前处于准备状态，可正常运行。

表9-3　电动机参数设置

参数号	出厂值	设置值	说明
F1.15	220	220	电动机额定电压（V）
F1.16	0.0	50.0	电动机额定频率（Hz）
F1.17	3	1.93	电动机额定电流（A）
F1.18	1400	1400	电动机额定转速（r/min）

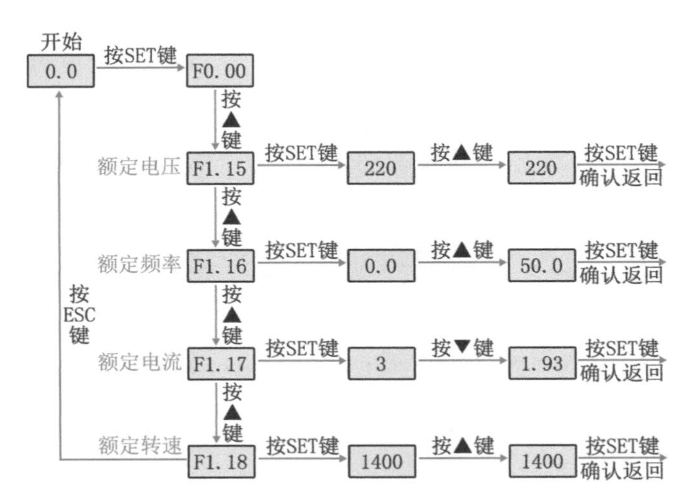

图9-6　变频器电动机参数设置方法

9.2.2 C300变频器面板控制接线图

四方C300变频器面板控制电路接线原理图及实物接线图如图9-7所示。

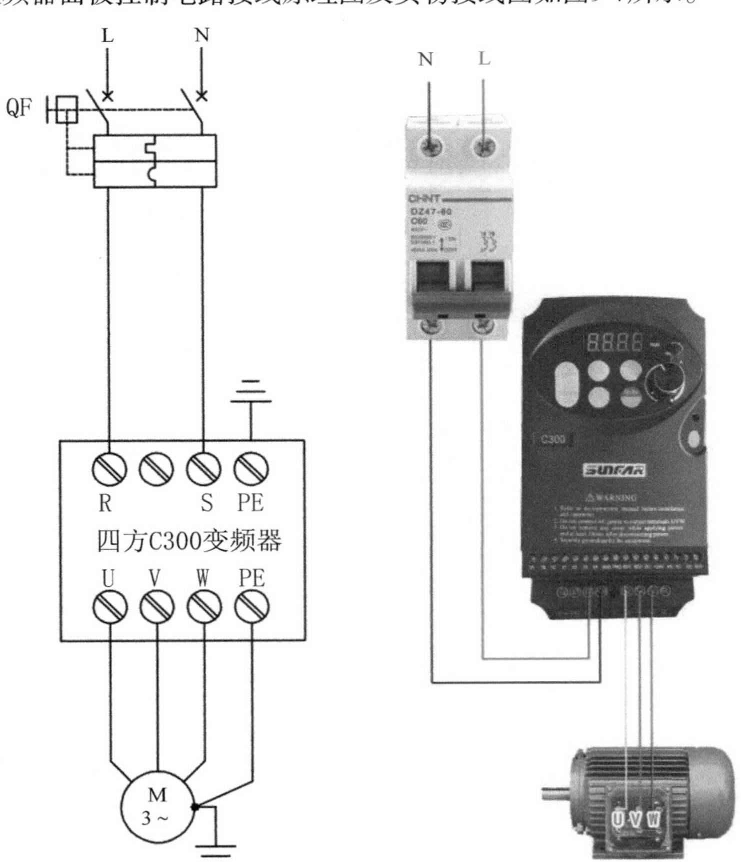

（a）变频器的接线原理图　　（b）变频器的实物接线图

图9-7　四方C300变频器面板控制电路接线原理图及实物接线图

9.2.3 C300变频器面板控制电气元件

元器件明细表如表9-4所示。

表9-4 元器件明细表

文字符号	名称	型号	在电路中起的作用
VFD	变频器	C300-2S0004	在电路中可以降低启动电流，改变电动机转速，实现电动机无级调速，在低于额定转速时有节电功能
QF	断路器	DZ47-60-2P-C10	电源总开关，在主电路中起控制兼保护作用
M	电动机	YS7124/370W	将电能转换为机械能，带动负载运行

9.2.4 C300变频器面板控制参数设定

变频器参数具体设置如表9-5所示，变频器电动机参数设置方法如图9-6所示，具体变频器控制参数设置方法如图9-8所示。

表9-5 变频器参数具体设置

参数号	出厂值	设置值	说明
F1.15	220	220	电动机额定电压（V）
F1.16	0.0	50.0	电动机额定频率（Hz）
F1.17	3	1.93	电动机额定电流（A）
F1.18	1400	1400	电动机额定转速（r/min）
F0.07	0.0	0.0	下限频率（Hz）
F0.08	50.0	50.0	上限频率（Hz）
F0.10	5	0.5	加速时间（s）
F0.11	5	0.5	减速时间（s）
F0.00	1	0	V/F控制方式
F0.01	0	3	频率源：面板电位器控制
F0.04	0	0	命令源：面板启停

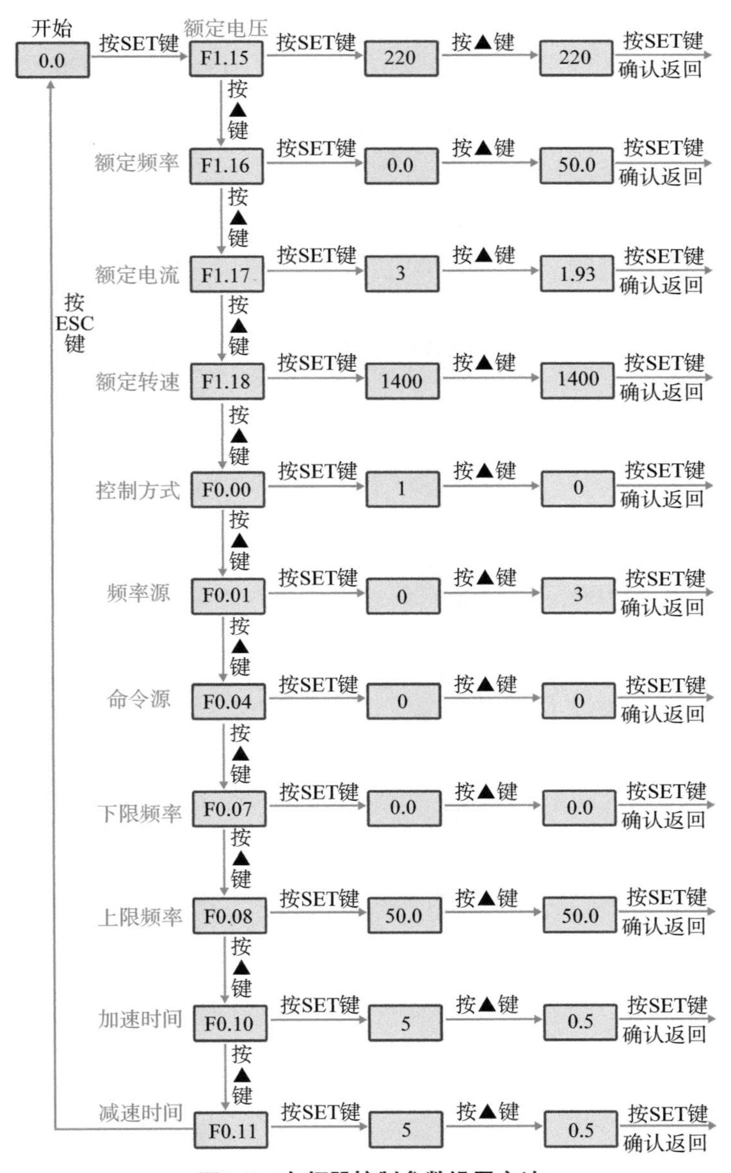

图9-8　变频器控制参数设置方法

9.2.5 C300变频器面板控制电动机工作原理

① 闭合电源总开关QF。变频器输入端R、S上电，为启动电动机做好准备。

② 变频器面板控制

a. 面板启动：按下面板RUN键，电动机启动运行。

b. 面板停止：再按一下面板RUN键，电动机停止运行。

c. 面板电位器调速：在电动机运行状态下，旋转面板电位器键，可以修改变频器的频率，进而改变电动机的转速。

③ 断开电源总开关QF。变频器输入端R、S断电，变频器失电断开。

9.3 四方变频器三段速正反转控制电动机案例

9.3.1 C300变频器三段速正反转控制电动机接线图

（1）变频器的接线原理图

四方C300变频器三段速正反转控制电动机电路接线原理图如图9-9所示。

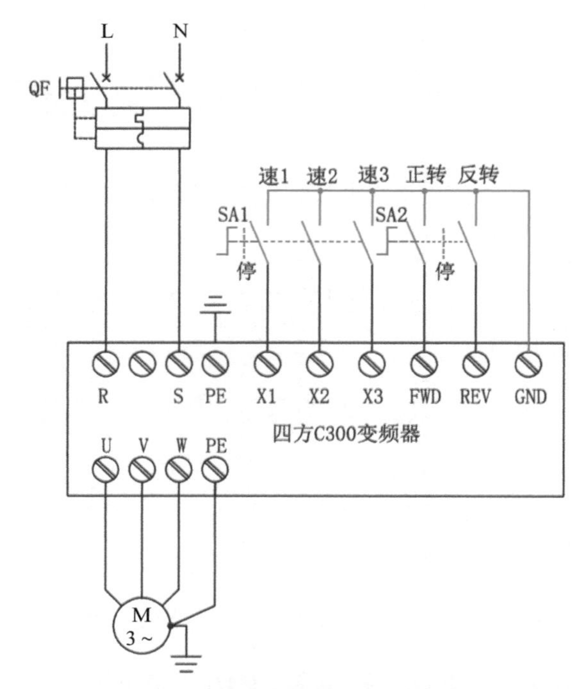

图9-9 四方C300变频器三段速正反转控制电动机电路接线原理图

（2）变频器的实物接线图

四方C300变频器三段速正反转控制电动机电路实物接线图如图9-10所示。

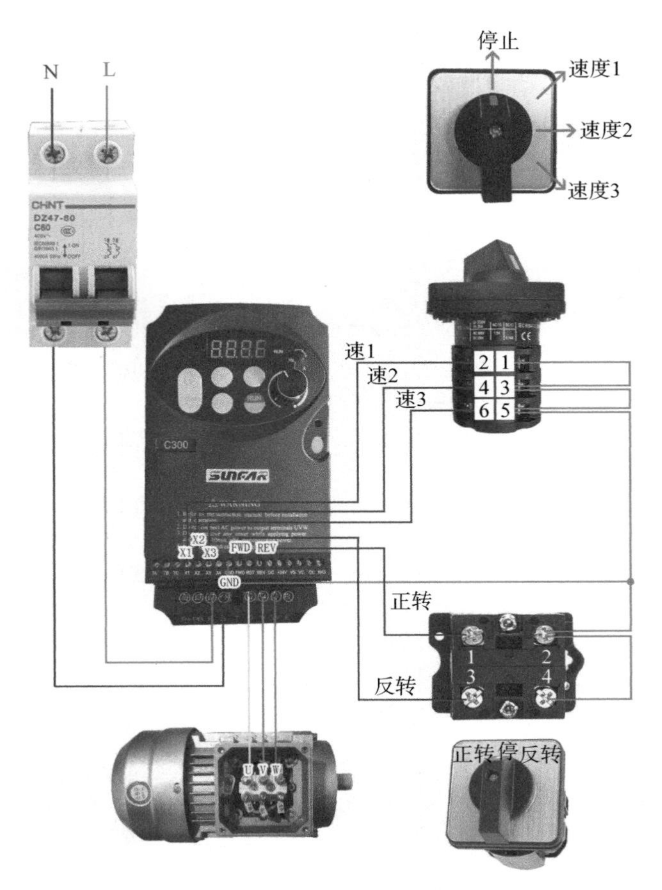

图9-10　四方C300变频器三段速正反转控制电动机电路实物接线图

9.3.2 C300变频器三段速正反转控制电气元件

元器件明细表如表9-6所示。

表9-6　元器件明细表

文字符号	名称	型号	在电路中起的作用
VFD	变频器	C300-2S0004	在电路中可以降低启动电流，改变电动机转速，实现电动机无级调速，在低于额定转速时有节电功能
QF	断路器	DZ47-60-2P-C10	电源总开关，在主电路中起控制兼保护作用
SA1	旋钮开关	LW26-10（3挡）	控制电动机正/反转与停止信号
SA2	旋钮开关	LW26-10（4挡）	控制电动机速度1/速度2/速度3
M	电动机	YS7124/370W	将电能转换为机械能，带动负载运行

9.3.3 C300变频器三段速正反转控制电动机参数设定

变频器参数具体设置如表9-7所示，变频器电动机参数设置方法如图9-6所示，具体变频器控制参数设置方法如图9-11所示。

表9-7 变频器参数具体设置

参数号	出厂值	设置值	说明
F1.15	220	220	电动机额定电压（V）
F1.16	50.0	50.0	电动机额定频率（Hz）
F1.17	3	1.93	电动机额定电流（A）
F1.18	1400	1400	电动机额定转速（r/min）
F0.07	0.0	0.0	下限频率（Hz）
F0.08	50.0	50.0	上限频率（Hz）
F0.10	5	0.5	加速时间（s）
F0.11	5	0.5	减速时间（s）
F0.00	1	0	V/F控制方式
F0.01	0	7	频率源：外部端子控制
F0.04	0	1	命令源：外部端子控制
F0.05	0	0	两线模式：端子FWD正转、端子REV反转
F3.00	1	1	分配端子X1：多段速1
F3.01	2	2	分配端子X2：多段速2
F3.02	3	3	分配端子X3：多段速3
F5.01	0.0	10.0	设定多段速1：10.0Hz
F5.02	0.0	15.0	设定多段速2：15.0Hz
F5.04	0.0	20.0	设定多段速3：20.0Hz

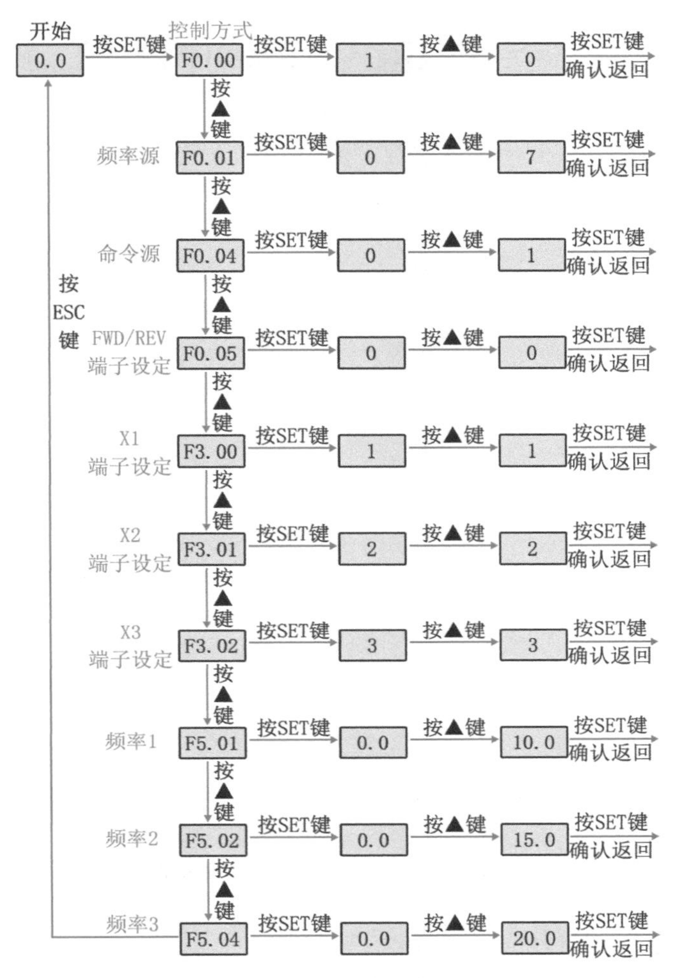

图9-11　变频器控制参数设置方法

9.3.4 C300变频器三段速正反转控制电动机工作原理

① 闭合电源总开关QF。变频器输入端R、S上电，为启动电动机做好准备。

② 变频器端子控制

a. 端子启停：旋钮开关SA1旋到正转挡位，电动机正转运行；旋钮开关SA1旋到中间挡位，电动机停止；旋钮开关SA1旋到反转挡位，电动机反转运行。

b. 端子多段速给定：在电动机运行状态下，旋钮开关SA2旋到速度1挡位，电动机以10Hz运行；旋钮开关SA2旋到速度2挡位，电动机以15Hz运行；旋钮开关SA2旋到速度3挡位，电动机以20Hz运行。

③ 断开电源总开关QF。变频器输入端R、S断电，变频器失电断开。

9.4 四方变频器模拟量控制电动机案例

9.4.1 C300变频器模拟量控制电动机接线图

（1）变频器的接线原理图

四方C300变频器模拟量控制电动机电路接线原理图如图9-12所示。

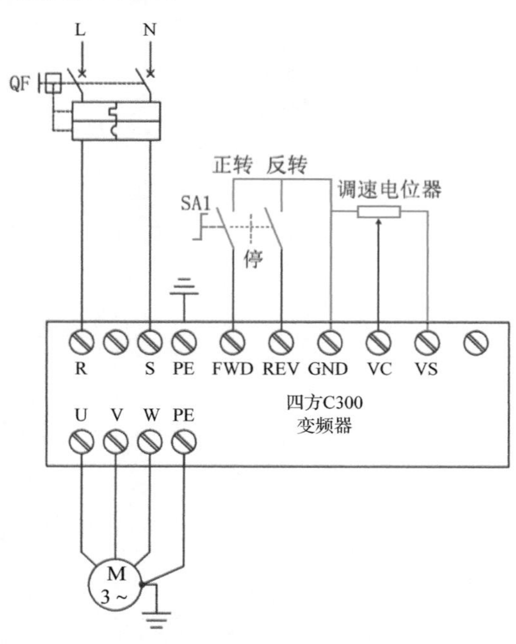

图9-12 四方C300变频器模拟量控制电动机电路接线原理图

（2）变频器的实物接线图

四方C300变频器模拟量控制电动机电路实物接线图如图9-13所示。

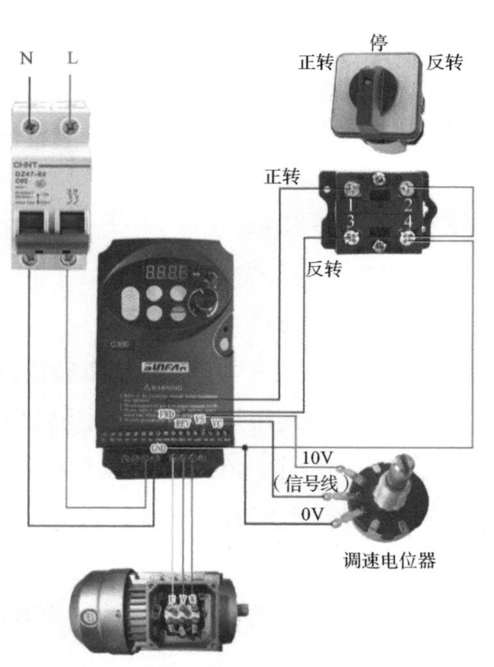

图9-13 四方C300变频器模拟量控制电动机电路实物接线图

9.4.2 C300变频器模拟量控制电动机电气元件

元器件明细表如表9-8所示。

表9-8 元器件明细表

文字符号	名称	型号	在电路中起的作用
VFD	变频器	C300-2S0004	在电路中可以降低启动电流，改变电动机转速，实现电动机无级调速，在低于额定转速时有节电功能
QF	断路器	DZ47-60-2P-C10	电源总开关，在主电路中起控制兼保护作用
SA1	旋钮开关	LW26-10（3挡）	控制电动机正/反转与停止信号
RP	电位器	0～10kΩ	控制变频器频率
M	电动机	YS7124/370W	将电能转换为机械能，带动负载运行

9.4.3 C300变频器模拟量控制电动机参数设定

变频器参数具体设置如表9-9所示，变频器电动机参数设置方法如图9-6所示，具体变频器控制参数设置方法如图9-14所示。

表9-9 变频器参数具体设置

参数号	出厂值	设置值	说明
F1.15	220	220	电动机额定电压（V）
F1.16	50.0	50.0	电动机额定频率（Hz）
F1.17	3	1.93	电动机额定电流（A）
F1.18	1400	1400	电动机额定转速（r/min）
F0.07	0.0	0.0	下限频率（Hz）
F0.08	50.0	50.0	上限频率（Hz）
F0.10	5	0.5	加速时间（s）
F0.11	5	0.5	减速时间（s）
F0.00	1	0	V/F控制方式
F0.01	0	4	频率源：模拟量控制
F0.04	0	1	命令源：外部端子控制
F0.05	0	0	两线模式：端子FWD正转、端子REV反转
F2.00	0	0	模拟量输入下限电压（V）

续表

参数号	出厂值	设置值	说明
F2.01	10	10	模拟量输入上限电压（V）
F2.04	0.0	0.0	下限电压对应的下限频率（Hz）
F2.05	50.0	50.0	上限电压对应的上限频率（Hz）

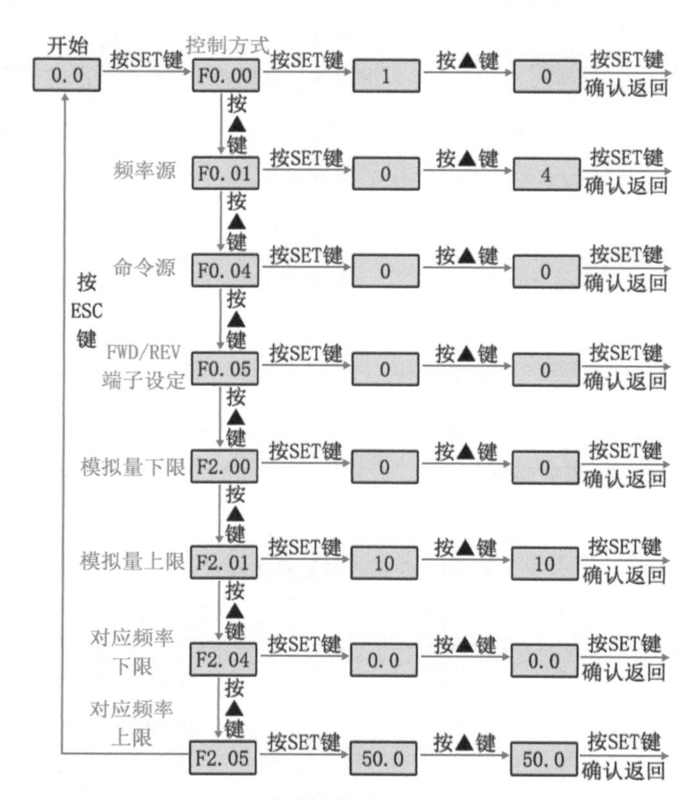

图9-14　变频器控制参数设置方法

9.4.4 C300变频器模拟量控制电动机工作原理

① 闭合电源总开关QF。变频器输入端R、S上电，为启动电动机做好准备。

② 变频器控制

a. 端子启停：旋钮开关SA1旋到正转挡位，电动机正转运行；旋钮开关SA1旋到中间挡位，电动机停止；旋钮开关SA1旋到反转挡位，电动机反转运行。

b. 外部电位器频率给定：在电动机运行状态下，旋转外部电位器，可以修改变频器的频率，进而改变电动机的转速。

③ 断开电源总开关QF。变频器输入端R、S断电，变频器失电断开。

9.5 四方变频器变频切换工频电路

控制要求：在正常运行中以变频启动运行，当变频器有故障时切换为工频运行。SB1与SB2为正反转按钮，SB3为控制电路停止按钮，SB4为启动按钮，KA1为故障继电器，KA2为运行继电器，KM1为变频器输入电源接触器，KM3为变频输出接触器，KM2为工频运行接触器。变频器的频率为模拟量输入控制。

（1）变频器的主电路

四方变频工频切换主电路图如图9-15所示。

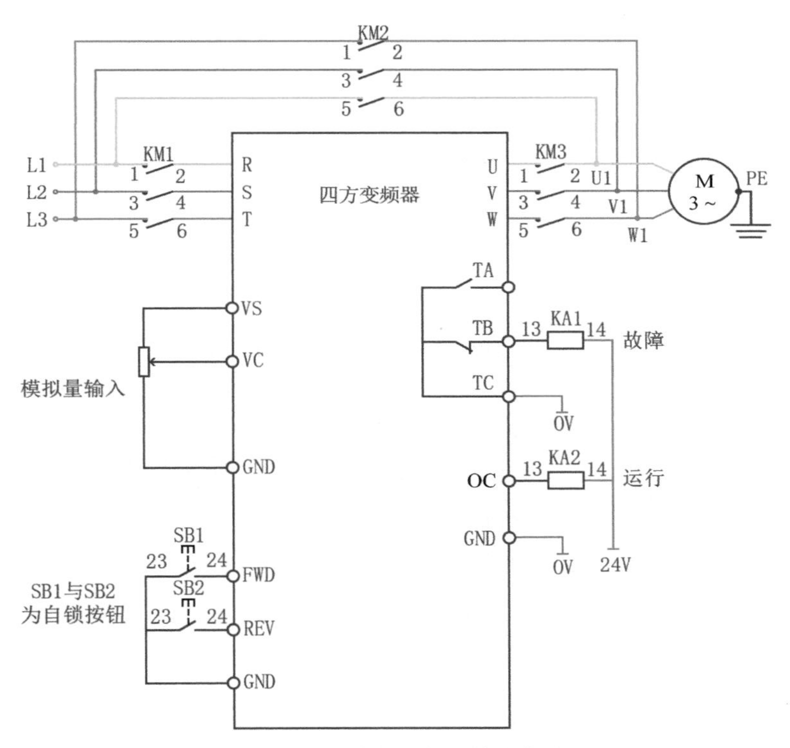

图9-15 四方变频工频切换主电路图

（2）变频器的控制电路

四方变频工频切换控制电路图如图9-16所示。

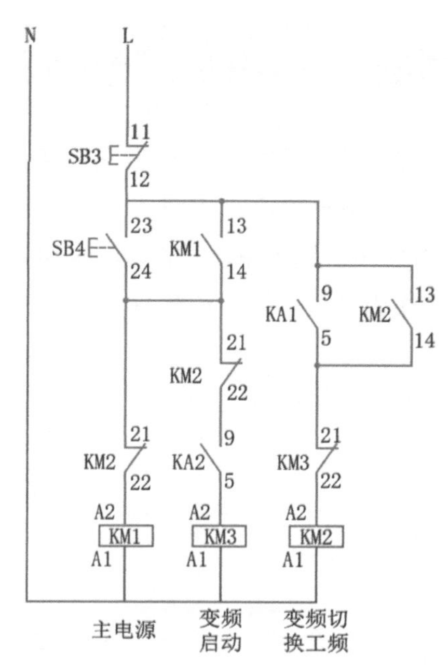

图9-16　四方变频工频切换控制电路图

（3）变频器参数设置

变频器参数设置如表9-10所示。

表9-10　变频器参数设置

参数号	出厂值	设置值	说明
F1.15	220	220	电动机额定电压（V）
F1.16	50.0	50.0	电动机额定频率（Hz）
F1.17	3	1.93	电动机额定电流（A）
F1.18	1400	1400	电动机额定转速（r/min）
F0.07	0.0	0.0	下限频率（Hz）
F0.08	50.0	50.0	上限频率（Hz）
F0.10	5	0.5	加速时间（s）
F0.11	5	0.5	减速时间（s）
F0.00	1	0	V/F控制方式

续表

参数号	出厂值	设置值	说明
F0.01	0	4	频率源：模拟量控制
F0.04	0	1	命令源：外部端子控制
F0.05	0	0	两线模式：端子FWD正转、端子REV反转
F2.00	0	0	模拟量输入下限电压（V）
F2.01	10	10	模拟量输入上限电压（V）
F2.04	0.0	0.0	下限电压对应的下限频率（Hz）
F2.05	50.0	50.0	上限电压对应的上限频率（Hz）
F3.04	0	0	输出OC端选择
F3.05	16	16	继电器输出选择

（4）工作原理说明

① 主电路接线：三相电380V通过L1～L3引入交流接触器KM1的上端端子，KM1的下端端子出线引入四方变频器的R、S、T，变频器的输出端U、V、W引入交流接触器KM3的上端端子，KM3的下端端子出线引入三相异步电动机，此步骤为变频启动的主电路接线。或者三相电380V通过L1～L3引入交流接触器KM2的上端端子，KM2的下端端子出线引入三相异步电动机U1、V1、W1，此步骤为工频启动的主电路接线。

② 主电路控制过程：KM1主电路线圈吸合接通变频器三相电源，当变频器输出时，交流接触器KM3吸合，电动机变频运行。或KM2主电路吸合接通主电源，电动机工频运行。

③ 变频运行：按下控制电路启动按钮SB4，KM1线圈得电并自锁。按下变频器正转按钮SB1，变频器开始运行，变频器输出OC-GND接通，中间继电器KA2线圈得电，KA2常开触点9-5闭合，KM3线圈得电。KM3主触点接通，电动机变频运行。

④ 工频运行：在变频器故障时，TA、TB、TC继电器输出动作，KA1线圈得电，KA1常开触点9-5接通，KM2线圈得电，KM2主触点接通，电动机工频启动。

⑤ 停止按钮：按下停止按钮SB3，KM1～KM3线圈失电，KM1～KM3主触点断开，电动机停止。

9.6 四方变频器故障报警代码及处理方法

四方变频器故障报警代码及处理方法如表9-11所示。

表9-11 四方变频器故障报警代码及处理方法

故障代码	故障说明	可能的故障原因	处理方法
Fu.1	加速运行中过电流	① 加速时间过短 ② V/F曲线不合适 ③ 电动机参数设置错误 ④ 没有设定检速再启动功能，对旋转中电动机直接启动 ⑤ 转矩提升设置过大 ⑥ 电网电压过低	① 延长加速时间 ② 调整V/F曲线 ③ 重新输入电动机参数并进行参数自测定 ④ 设定检速再启动功能 ⑤ 降低转矩提升电压 ⑥ 检查电网电压，降低功率使用
Fu.2	变频器减速运动中过电流	减速时间太短	增加减速时间
Fu.3	变频器运行中或停机时过电流	① 负载发生突变 ② 电网电压过低	① 减小负载波动 ② 检查电源电压
Fu.4	变频器加速运行中过电压	① 输入电压太高 ② 电源频繁开、关	① 检查电源电压 ② 降低加速力矩水平设置 ③ 用变频器的控制端子控制变频器的启、停
Fu.5	变频器减速运行中过电压	① 减速时间太短 ② 输入电压异常	① 延长减速时间 ② 检查电源电压 ③ 安装制动单元、制动电阻或重新选择制动电阻、制动动作比率
Fu.6	变频器运行中过电压	① 电源电压异常 ② 有能量回馈性负载	① 检查电源电压 ② 安装制动单元、制动电阻或重新选择制动电阻
Fu.7	变频器停机时过电压	电源电压异常	检查电源电压
Fu.8	变频器运行中欠电压	① 电源电压异常 ② 电网中有大的负载启动	① 检查电源电压 ② 分开供电

续表

故障代码	故障说明	可能的故障原因	处理方法
Fu.9	变频器驱动保护动作	① 输出短路或接地 ② 负载过重	① 检查接线 ② 减轻负载 ③ 检查外接制动电阻是否短路
Fu.10	变频器输出接地（保留）	① 变频器的输出端接地 ② 变频器与电动机的连线过长且载波频率过高	① 检查连接线 ② 缩短接线，降低载波频率
Fu.11	变频器干扰	由于周围电磁干扰而引起的误动作	给变频器周围的干扰源加吸收电路
Fu.12	变频器过载	① 负载过大 ② 加速时间过短 ③ 转矩提升过高或V/F曲线不适合 ④ 电网电压过低 ⑤ 未启动转速跟踪再启动功能，对旋转中电动机直接启动	① 减小负载或更换成较大容量变频器 ② 延长加速时间 ③ 降低转矩提升电压，调整V/F曲线 ④ 检查电网电压 ⑤ 启用转速跟踪再启动功能
Fu.13	电动机过载	① 负载过大 ② 加速时间过短 ③ 过载保护系数设定过小 ④ 转矩提升过高或V/F曲线不合适	① 减小负载 ② 延长加速时间 ③ 加大电动机过载保护系数 ④ 降低提升转矩电流，调整V/F曲线
Fu.14	变频器过热	① 风道阻塞 ② 环境温度过高 ③ 风扇损坏	① 清理风道或改善通风条件 ② 改善通风条件，降低载波频率 ③ 更换风扇
Fu.16	外部设备故障	变频器的外部设备故障输入端子有信号输入	检查信号源及相关设备
Fu.17	变频器输出缺相	变频器输出缺相	检查电动机连线
Fu.19	变频器主接触器吸合不良	① 电网电压过低 ② 接触器已损坏 ③ 上电启动电阻损坏 ④ 电源控制回路损坏	① 检查电网电压 ② 更换接触器，或寻求厂家服务 ③ 更换启动电阻，或寻求厂家服务 ④ 寻求厂家服务
Fu.20	电流检测错误	① 电流检测器件或电路损坏 ② 辅助电源故障	向厂家寻求服务

续表

故障代码	故障说明	可能的故障原因	处理方法
Fu.21	温度传感器故障	① 温度传感器信号线接触不良 ② 温度传感器损坏	① 检查插座线路 ② 寻求厂家服务
Fu.30	变频器不能正常检测电动机参数	① 没有正确输入电动机铭牌参数 ② 电动机未停机进行自检测 ③ 电动机与变频器连接有问题	① 检查电动机铭牌，输入正确参数 ② 确定电动机停机再进行检测 ③ 检查电动机连接电缆
Fu.31	U相电动机参数不正常	① 电动机参数不正常 ② 电动机参数自检测失败	① 检查电动机线 ② 重新进行电动机参数自检测
Fu.32	V相电动机参数不正常	① 电动机参数不正常 ② 电动机参数自检测失败	① 检查电动机线 ② 重新进行电动机参数自检测
Fu.33	W相电动机参数不正常	① 电动机参数不正常 ② 电动机参数自检测失败	① 检查电动机线 ② 重新进行电动机参数自检测
Fu.40	内部数据存储器错误	控制参数读写错误	寻求厂家服务

第10章 土林变频器

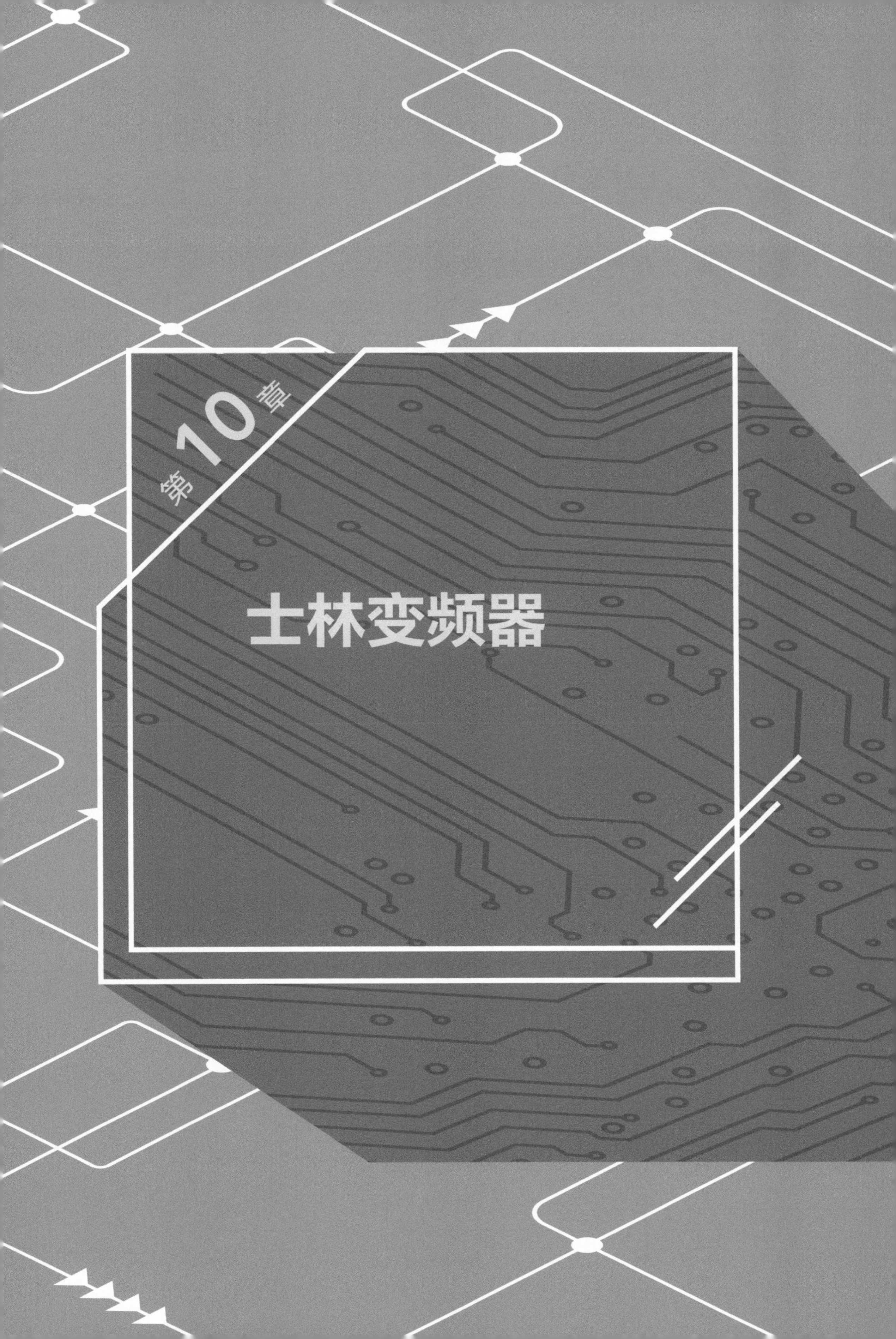

10.1 士林变频器硬件

10.1.1 士林变频器调速系统

士林变频器有多个系列，士林SS是目前应用较为广泛的变频器，本章以士林SS为例进行讲解。变频器在交流电动机调速控制系统中，主要有两种典型使用方法，分别为三相交流变频调速系统和单相交流变频调速系统，如图10-1所示。

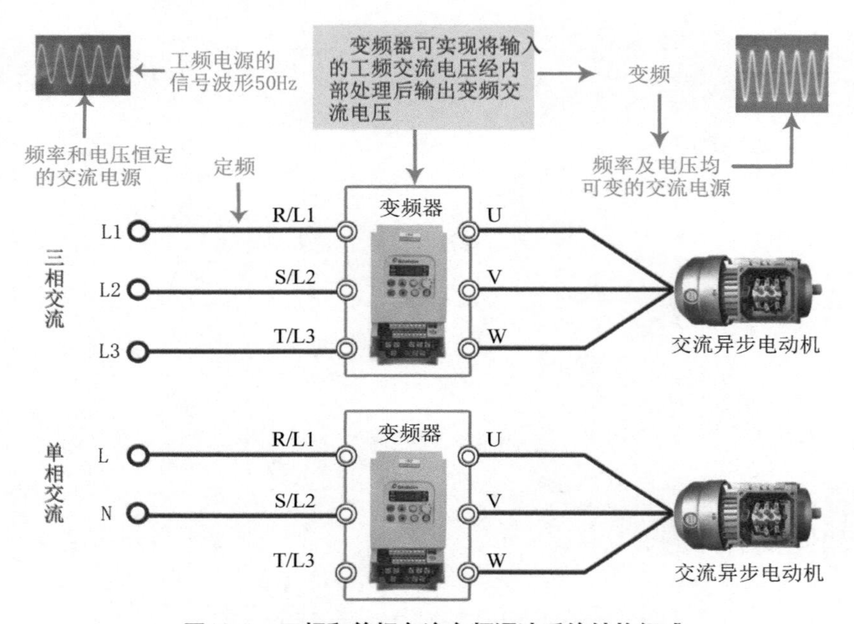

图10-1　三相和单相交流变频调速系统结构组成

士林SS是用于控制三相交流电动机速度的变频器系列。该系列有多种型号。以单相为例，这里选用的SS订货号为SS-021-1.5K-D。

该变频器额定参数如下。

① 电源电压：220V，单相交流。

② 额定输出功率：1.5kW。

③ 额定输出电流：7A。

④ 操作面板：基本操作板（BOP）。

10.1.2 SS 变频器的端子及接线

（1）变频器接线端子及功能图解

打开变频器后，就可以连接电源和电动机的接线端子。接线端子在变频器机壳下端。

士林SS系列为用户提供了一系列常用的输入输出接线端子，用户可以方便地通过这些接线端子来实现相应的功能。打开变频器后可以看到变频器的接线端子，如图10-2所示。这些接线端子的功能及使用说明如表10-1、表10-2所示。

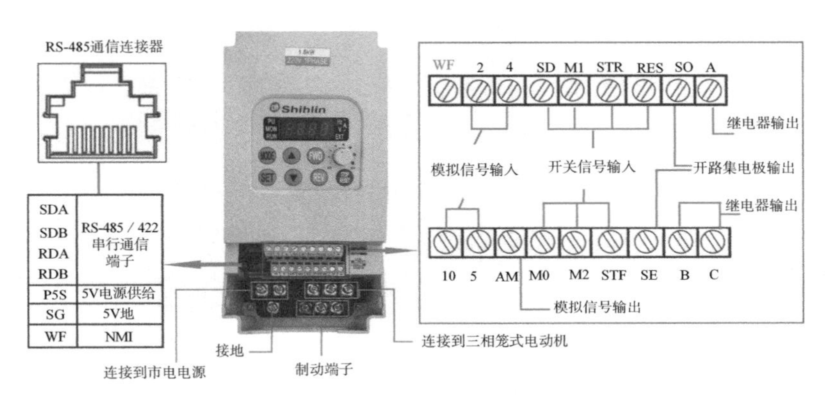

图10-2　士林变频器的接线端子

表10-1　主电路端子

端子记号	内容说明
R-S-T	连接到市电电源
U-V-W	连接到三相笼式电动机
P-PR	连接回升制动电阻
P-N	连接制动单元
⏚	接地用（避免高压突波冲击以及噪声干扰）

表10-2　控制电路端子

端子形式	端子名称	功能名称	说明与功能描述
开关信号输入	STF	可选择	多功能输入端子
	STR	可选择	
	M0	可选择	
	M1	可选择	
	M2	可选择	

续表

端子形式	端子名称	功能名称	说明与功能描述
开关信号输入	RES	可选择	RES turn on持续1.5 s后，变频器执行重置程序
	SD	SD	STF、STR、M0、M1、M2、RES的共同参考地
模拟信号输入	10	—	端子内部为5V电源
	2	—	电压信号0～5V或者0～10V的输入点，用以设定运转频率
	4	—	电流信号4～20mA的输入点，用以设定运转频率
	5	—	10、2、4和AM端子的共同参考地
继电器输出	A	—	平常时，A-C间为常开触点，B-C间为常闭触点，这些端子为多功能继电器输出
	B	—	
	C	—	
开路集电极输出	SO	可选择	这些端子又称为多功能输出端子
	SE	SE	开路集电极输出的参考地
模拟信号输出	AM	—	外接模拟表，用以指示输出频率或者输出电流

（2）变频器控制电路端子的标准接线

变频器的控制电路一般包括输入电路、输出电路和辅助接口等部分。其中，输入电路接收控制器（PLC）的指令信号（开关量或模拟量信号），输出电路输出变频器的状态信息（正常时的开关量或模拟量输出、异常输出等），辅助接口包括通信接口、外接键盘接口等。士林变频器电路端子的标准接线如图10-3所示。

通用变频器是一种智能设备，其特点之一就是各端子的功能可通过调整相关参数的值进行变更。

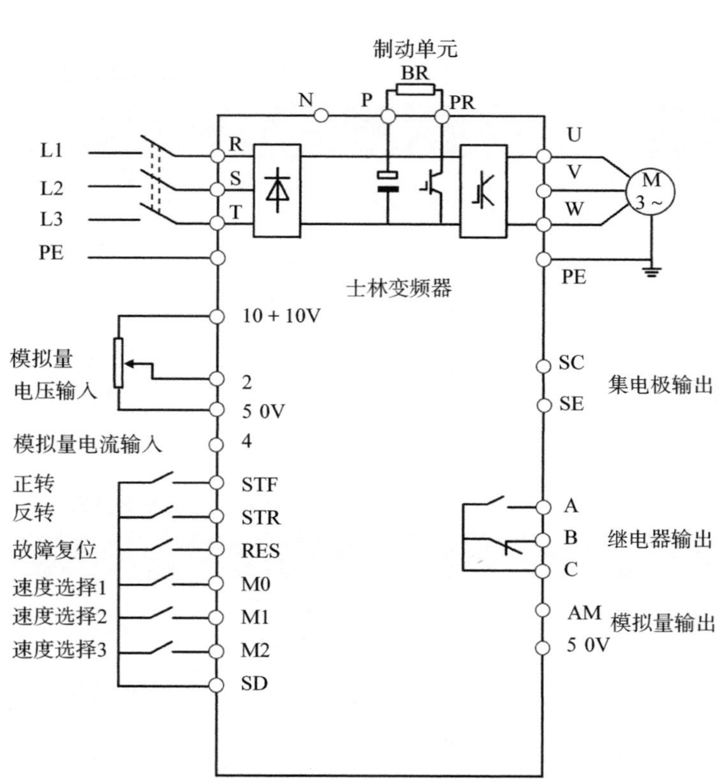

图10-3　士林SS变频器电路端子的标准接线

10.1.3 SS 变频器面板

士林SS变频器面板如图10-4所示。

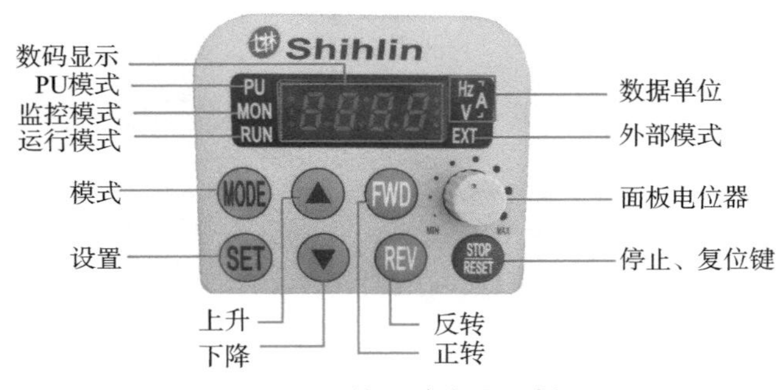

图10-4 士林SS变频器面板

士林SS变频器面板操作如图9-5所示。

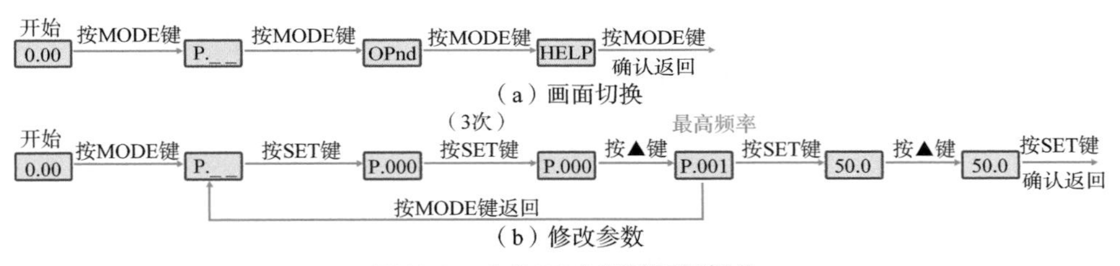

图10-5 士林SS变频器面板操作

10.2 士林变频器面板正反转控制电动机案例

10.2.1 SS 变频器电动机参数调整

为了使电动机与变频器相匹配，需要设置电动机参数，这些参数可以从电动机铭牌中直接得到。电动机参数设置如表10-3所示，变频器电动机参数设置方法如图10-6所示。电动机参数设定完成后，变频器当前处于准备状态，可正常运行。

表10-3 电动机参数设置

参数号	出厂值	设置值	说明
P.009	7	1.93	电子热过载继电保护器
P.019	220	220	额定电压（V）
P.001	50.0	50.0	电动机运行的最高频率（Hz）
P.002	0.0	0.0	电动机运行的最低频率（Hz）

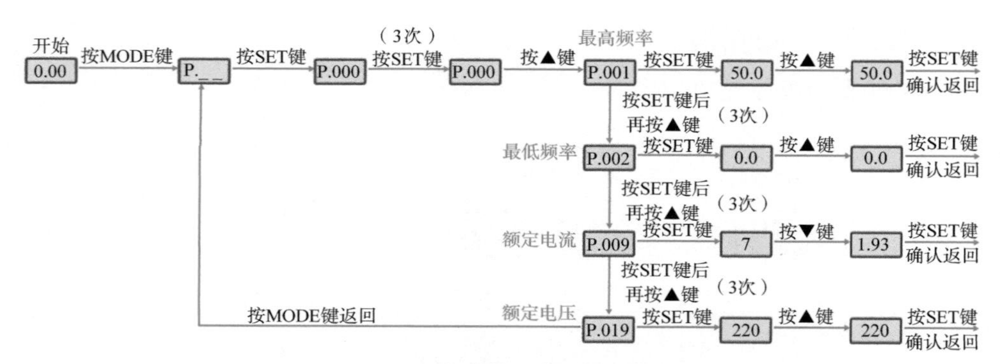

图10-6　变频器电动机参数设置方法

10.2.2 SS变频器面板控制接线图

士林SS变频器面板控制电路接线原理图及实物接线图如图10-7所示。

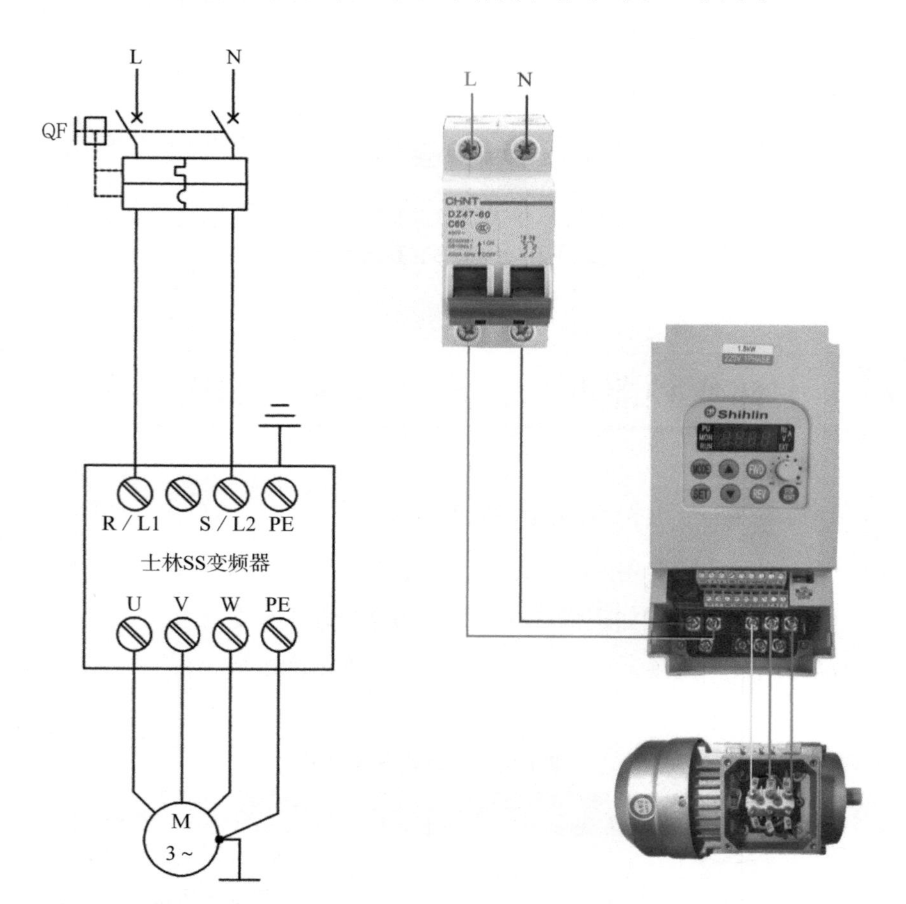

（a）变频器的接线原理图　　（b）变频器的实物接线图

图10-7　士林SS变频器面板控制电路接线原理图及实物接线图

10.2.3 SS变频器面板控制电气元件

元器件明细表如表10-4所示。

表10-4 元器件明细表

文字符号	名称	型号	在电路中起的作用
VFD	变频器	SS-021-1.5K-D	在电路中可以降低启动电流，改变电动机转速，实现电动机无级调速，在低于额定转速时有节电功能
QF	断路器	DZ47-60-2P-C10	电源总开关，在主电路中起控制兼保护作用
M	电动机	YS7124/370W	将电能转换为机械能，带动负载运行

10.2.4 SS变频器面板控制参数设定

变频器参数具体设置如表10-5所示，变频器电动机参数设置方法如图10-6所示，具体变频器控制参数设置方法如图10-8所示。

表10-5 变频器参数具体设置

参数号	出厂值	设置值	说明
P.009	7	1.93	电子热过载继电保护器
P.019	220	220	额定电压（V）
P.001	50.0	50.0	电动机运行的最高频率（Hz）
P.002	0.0	0.0	电动机运行的最低频率（Hz）
P.007	10	3	加速时间（s）
P.008	10	3	减速时间（s）
P.059	0	0	PU板上的旋钮设定频率
P.079	0	1	PU模式（面板控制）
P.38	100	50	最高操作频率设定

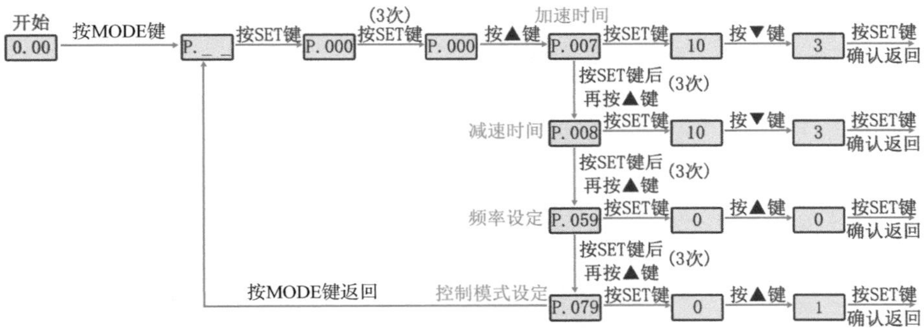

开始 0.00 → 按MODE键 → P._ _ → 按SET键 → P.000 → (3次)按SET键 → P.000 → 按▲键 → 加速时间 P.007 → 按SET键 → 10 → 按▼键 → 3 → 按SET键确认返回

P.007 → 按SET键后(3次)再按▲键 → 减速时间 P.008 → 按SET键 → 10 → 按▼键 → 3 → 按SET键确认返回

P.008 → 按SET键后(3次)再按▲键 → 频率设定 P.059 → 按SET键 → 0 → 按▲键 → 0 → 按SET键确认返回

P.059 → 按SET键后(3次)再按▲键 → 控制模式设定 P.079 → 按SET键 → 0 → 按▲键 → 1 → 按SET键确认返回

P.079 → 按MODE键返回 → P._ _

图10-8 变频器控制参数设置方法

10.2.5 SS 变频器面板控制电动机工作原理

① 闭合电源总开关QF。变频器输入端R、S上电，为启动电动机做好准备。

② 变频器面板控制

a. 面板启动：按下面板FWD/REV键，电动机启动运行。

b. 面板停止：再按一下面板STOP键，电动机停止运行。

c. 面板电位器调速：在电动机运行状态下，可直接通过旋转操作面板上的电位器键，修改变频器的频率，进而改变电动机的转速。

③ 断开电源总开关QF。变频器输入端R、S断电，变频器失电断开。

10.3 士林变频器三段速正反转控制电动机案例

10.3.1 SS 变频器三段速正反转控制电动机接线图

（1）变频器的接线原理图

士林SS变频器三段速正反转控制电动机电路接线原理图如图10-9所示。

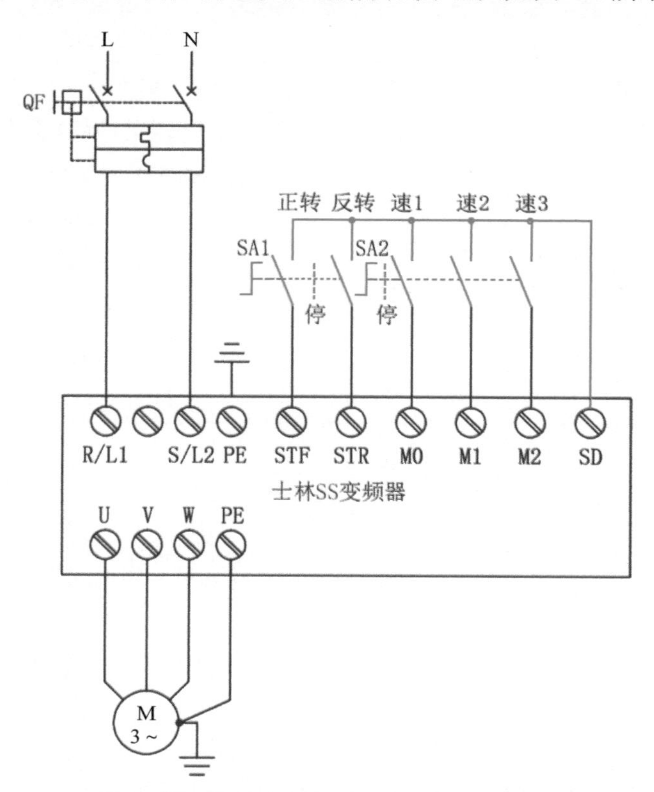

图10-9　士林SS变频器三段速正反转控制电动机电路接线原理图

（2）变频器的实物接线图

士林SS变频器三段速正反转控制电动机电路实物接线图如图10-10所示。

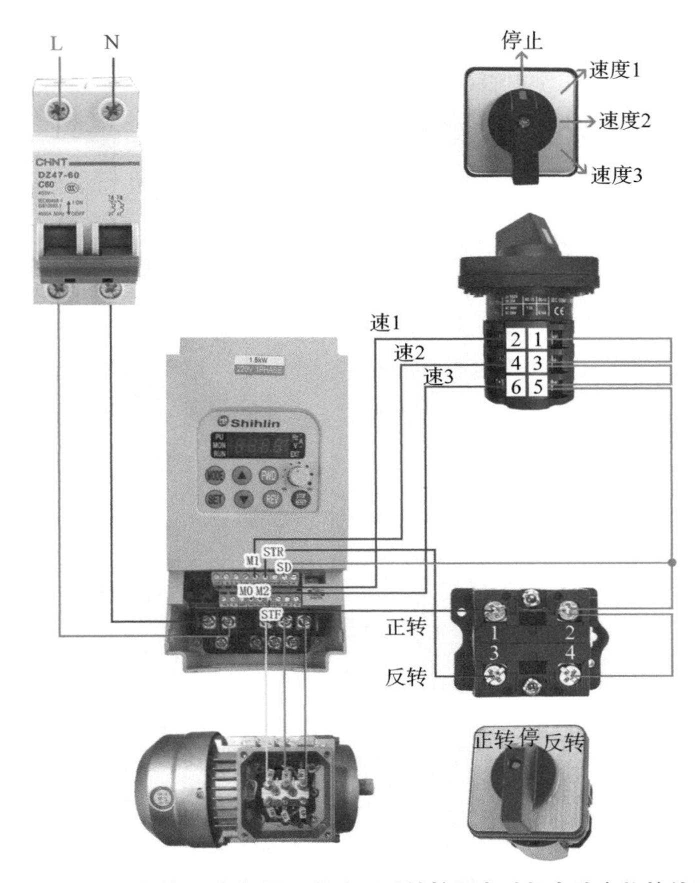

图10-10　士林SS变频器三段速正反转控制电动机电路实物接线图

10.3.2 SS变频器三段速正反转控制电气元件

元器件明细表如表10-6所示。

表10-6　元器件明细表

文字符号	名称	型号	在电路中起的作用
VFD	变频器	SS-021-1.5K-D	在电路中可以降低启动电流，改变电动机转速，实现电动机无级调速，在低于额定转速时有节电功能
QF	断路器	DZ47-60-2P-C10	电源总开关，在主电路中起控制兼保护作用
SA1	旋钮开关	LW26-10（3挡）	控制电动机正/反转与停止信号

续表

文字符号	名称	型号	在电路中起的作用
SA2	旋钮开关	LW26-10（4挡）	控制电动机速度1/速度2/速度3
M	电动机	YS7124/370W	将电能转换为机械能，带动负载运行

10.3.3 SS 变频器三段速正反转控制电动机参数设定

变频器参数具体设置如表10-7所示，变频器电动机参数设置方法如图10-6所示，具体变频器控制参数设置方法如图10-11所示。

表10-7 变频器参数具体设置

参数号	出厂值	设置值	说明
P.009	7	1.93	电子热过载继电保护器
P.019	220	220	额定电压（V）
P.001	50.0	50.0	电动机运行的最高频率（Hz）
P.002	0.0	0.0	电动机运行的最低频率（Hz）
P.007	10	3	加速时间（s）
P.008	10	3	减速时间（s）
P.079	0	2	外部模式
P.080	2	2	设定M0多段速1
P.081	3	3	设定M1多段速2
P.082	4	4	设定M2多段速3
P.083	0	0	设定STF正转
P.084	1	1	设定STR反转
P.004	0.0	20.0	多段速1：高速
P.005	0.0	15.0	多段速2：中速
P.006	0.0	10.0	多段速3：低速

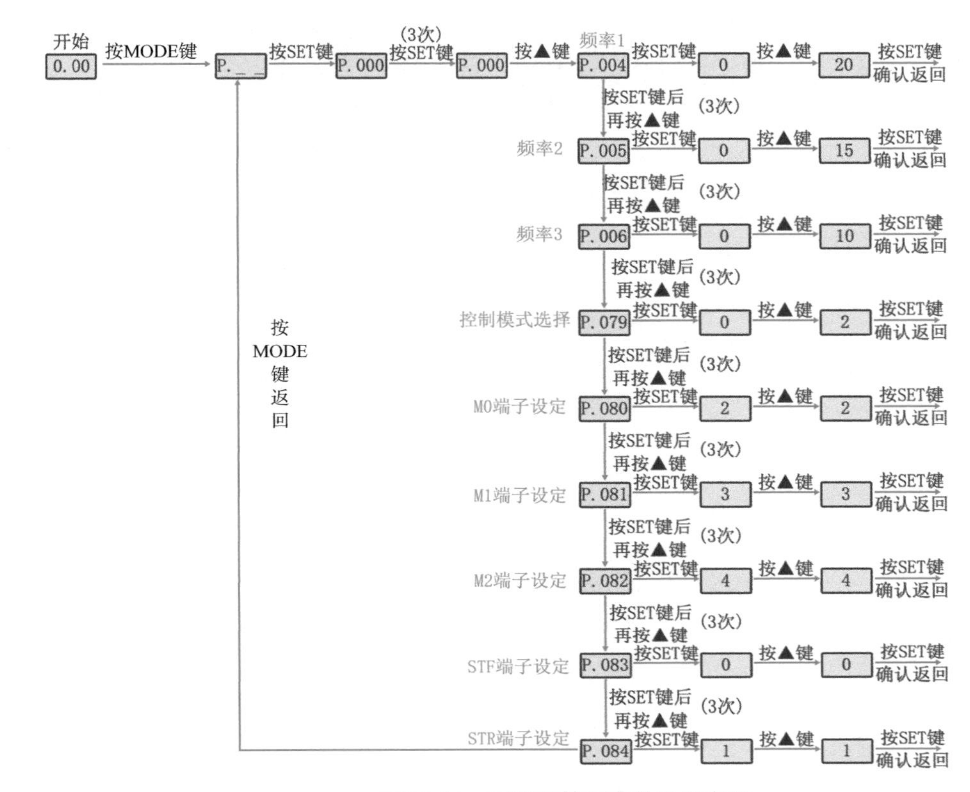

图10-11　变频器控制参数设置方法

10.3.4 SS 变频器三段速正反转控制电动机工作原理

① 闭合电源总开关QF。变频器输入端R、S上电，为启动电动机做好准备。

② 变频器端子控制

a. 端子启停：旋钮开关SA1旋到正转挡位，电动机正转运行；旋钮开关SA1旋到中间挡位，电动机停止；旋钮开关SA1旋到反转挡位，电动机反转运行。

b. 端子多段速给定：在电动机运行状态下，旋钮开关SA2旋到速度1挡位，电动机以10Hz运行；旋钮开关SA2旋到速度2挡位，电动机以15Hz运行；旋钮开关SA2旋到速度3挡位，电动机以20Hz运行。

③ 断开电源总开关QF。变频器输入端R、S断电，变频器失电断开。

10.4 士林变频器模拟量控制电动机案例

10.4.1 SS 变频器模拟量控制电动机接线图

（1）变频器的接线原理图

士林SS变频器模拟量控制电动机电路接线原理图如图10-12所示。

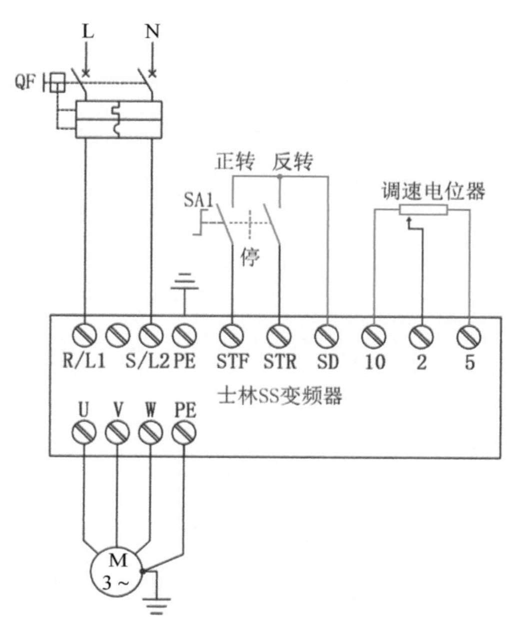

图10-12 士林SS变频器模拟量控制电动机电路接线原理图

（2）变频器的实物接线图

士林SS变频器模拟量控制电动机电路实物接线图如图10-13所示。

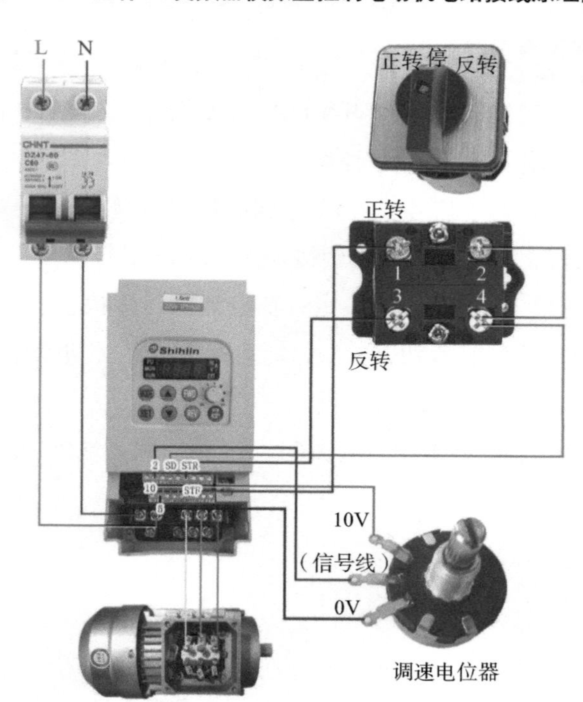

图10-13 士林SS变频器模拟量控制电动机电路实物接线图

10.4.2 SS变频器模拟量控制电动机电气元件

元器件明细表如表10-8所示。

表10-8　元器件明细表

文字符号	名称	型号	在电路中起的作用
VFD	变频器	SS-021-1.5K-D	在电路中可以降低启动电流，改变电动机转速，实现电动机无级调速，在低于额定转速时有节电功能
QF	断路器	DZ47-60-2P-C10	电源总开关，在主电路中起控制兼保护作用
SA1	旋钮开关	LW26-10（3挡）	控制电动机正/反转与停止信号
RP	电位器	0～10kΩ	控制变频器频率
M	电动机	YS7124/370W	将电能转换为机械能，带动负载运行

10.4.3 SS变频器模拟量控制电动机参数设定

变频器参数具体设置如表10-9所示，变频器电动机参数设置方法如图10-6所示，具体变频器控制参数设置方法如图10-14所示。

表10-9　变频器参数具体设置

参数号	出厂值	设置值	说明
P.009	7	1.93	电子热过载继电保护器
P.019	220	220	额定电压（V）
P.001	50.0	50.0	电动机运行的最高频率（Hz）
P.002	0.0	0.0	电动机运行的最低频率（Hz）
P.007	10	3	加速时间（s）
P.008	10	3	减速时间（s）
P.079	0	2	外部模式
P.083	0	0	设定STF正转
P.084	1	1	设定STR反转
P.073	0	0	模拟量信号0～5V有效
P.038	50.0	50.0	最大电压对应的频率值（Hz）

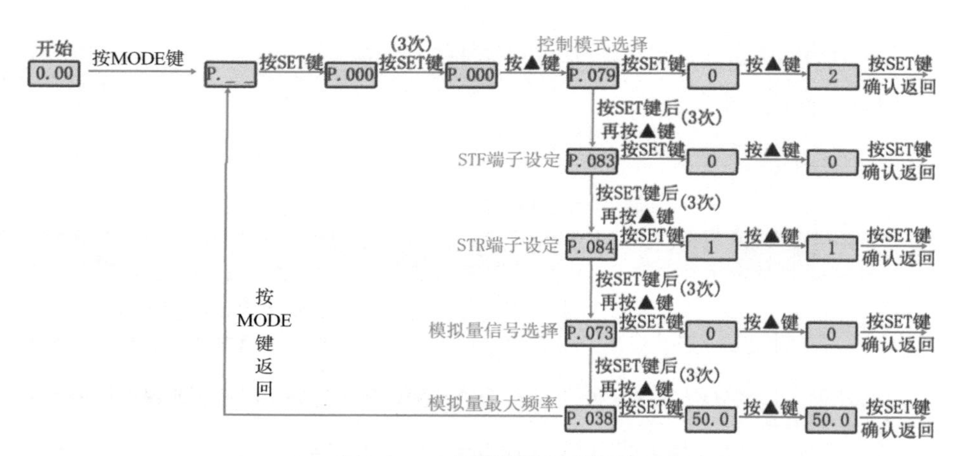

图10-14　变频器控制参数设置方法

10.4.4 SS变频器模拟量控制电动机工作原理

① 闭合电源总开关QF。变频器输入端R、S上电，为启动电动机做好准备。

② 变频器控制

a. 端子启停：旋钮开关SA1旋到正转挡位，电动机正转运行；旋钮开关SA1旋到中间挡位，电动机停止；旋钮开关SA1旋到反转挡位，电动机反转运行。

b. 外部电位器频率给定：在电动机运行状态下，旋转外部电位器，可以修改变频器的频率，进而改变电动机的转速。

③ 断开电源总开关QF。变频器输入端R、S断电，变频器失电断开。

10.5 士林变频器变频切换工频电路

控制要求：在正常运行中以变频启动运行，当变频器有故障时切换为工频运行。SB1与SB2为正反转按钮，SB3为控制电路停止按钮，SB4为启动按钮，KA1为故障继电器，KA2为运行继电器，KM1为变频器输入电源接触器，KM3为变频输出接触器，KM2为工频运行接触器。变频器的频率为模拟量输入控制。

（1）变频器的主电路

士林变频工频切换主电路图如图10-15所示。

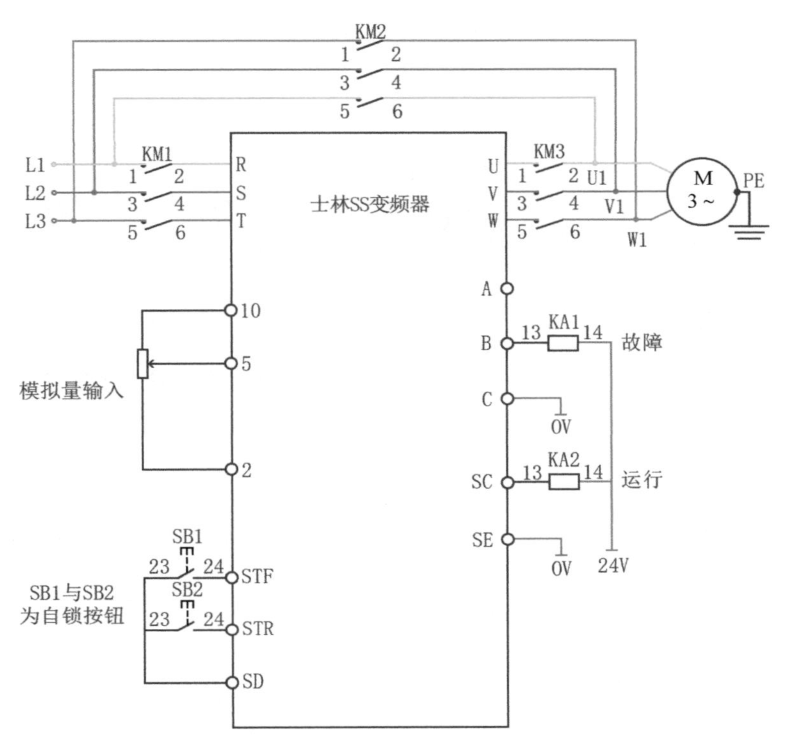

图10-15 士林变频工频切换主电路图

（2）变频器的控制电路

士林变频工频切换控制电路图如图10-16所示。

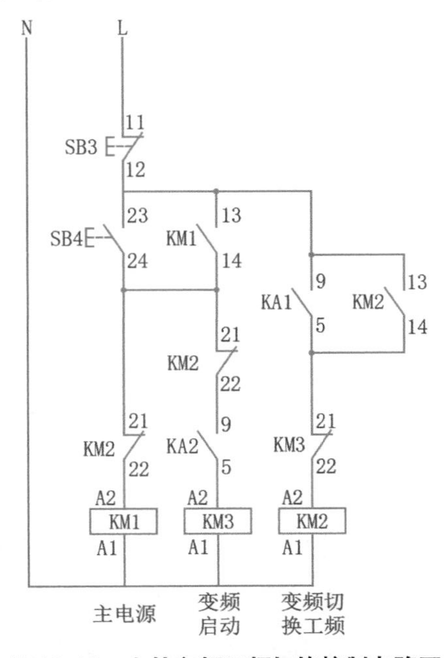

图10-16 士林变频工频切换控制电路图

（3）变频器参数设置

变频器参数设置如表10-10所示。

表10-10 变频器参数设置

参数号	出厂值	设置值	说明
P.009	7	1.93	电子热过载继电保护器
P.019	220	220	额定电压（V）
P.001	50.0	50.0	电动机运行的最高频率（Hz）
P.002	0.0	0.0	电动机运行的最低频率（Hz）
P.007	10	3	加速时间（s）
P.008	10	3	减速时间（s）
P.079	0	2	外部模式
P.083	0	0	设定STF正转
P.084	1	1	设定STR反转
P.073	0	0	模拟量信号0～5V有效
P.038	50.0	50.0	最大电压对应的频率值（Hz）
P.040	0	0	在变频器启动频率以上运转时SO输出
P.085	5	5	异警信号检出，继电器信号输出

（4）工作原理说明

① 主回路接线：三相电380V通过L1～L3引入交流接触器KM1的上端端子，KM1的下端端子出线引入士林变频器的R、S、T，变频器的输出端U、V、W引入交流接触器KM3的上端端子，KM3的下端端子出线引入三相异步电动机，此步骤为变频启动的主电路接线。或者三相电380V通过L1～L3引入交流接触器KM2的上端端子，KM2的下端端子出线引入三相异步电动机U1、V1、W1，此步骤为工频启动的主电路接线。

② 主电路控制过程：KM1主电路线圈吸合接通变频器三相电源。当变频器输出时，交流接触器KM3吸合，电动机变频运行。或KM2主电路吸合接通主电源，电动机工频运行。

③ 变频运行：按下控制电路启动按钮SB4，KM1线圈得电并自锁。按下变频器正转按钮SB1，变频器开始运行，变频器继电器SC-SE接通，中间继电器KA2线圈得电，KA2常开触点9-5闭合，KM3线圈得电。KM3主触点接通，电动机变频运行。

④ 工频运行：在变频器故障时，继电器A、B、C动作，KA1线圈得电，KA1常开触

点9-5接通，KM2线圈得电，KM2主触点接通，电动机工频启动。

停止按钮：按下停止按钮SB3，KM1～KM3线圈失电，KM1～KM3主触点断开，电动机停止。

10.6 士林变频器故障报警代码及处理方法

士林变频器故障报警代码及处理方法如表10-11所示。

表10-11　士林变频器故障报警代码及处理方法

故障代码	故障说明	处理方法
OC1	加速时过电流	如果有急加速或急减速，应延长加减速时间
OC2	定速时过电流	避免负载急剧增大
OC3	减速时过电流	检查电动机接线端子U、V、W是否有短路发生
OV1	加速时过电压	如果有急加速或者急减速，应延长加减速时间
OV2	定速时过电压	检查主电路端子P和PR之间是否制动电阻脱落
OV3	减速时过电压	检查P.030与P.070的设定值是否正确
THT类	IGBT模块过热	避免变频器长时间过载运转
THN类	电子热过载继电保护器动作	① 检查P.009的设定值是否正确（以外接的电动机为基准） ② 减轻负载
BE类	制动晶体异常	送厂检修
OHT类	外部电动机热继电器动作	① 检查外部热继电器容量与电动机容量是否搭配 ② 减轻负载
OPT类	① 通信异常，超过通信异常重试次数 ② 通信中断，超过通信间隔容许时间	正确设定通信相关参数
EEP类	ROM故障	经常发生此异常时应送检修
CPU类	外围电磁干扰严重	改善外围干扰
OLS类	电动机负载过重	① 减轻电动机负载 ② 增大P.022值
SCP类	输出短路	检查输出是否短路

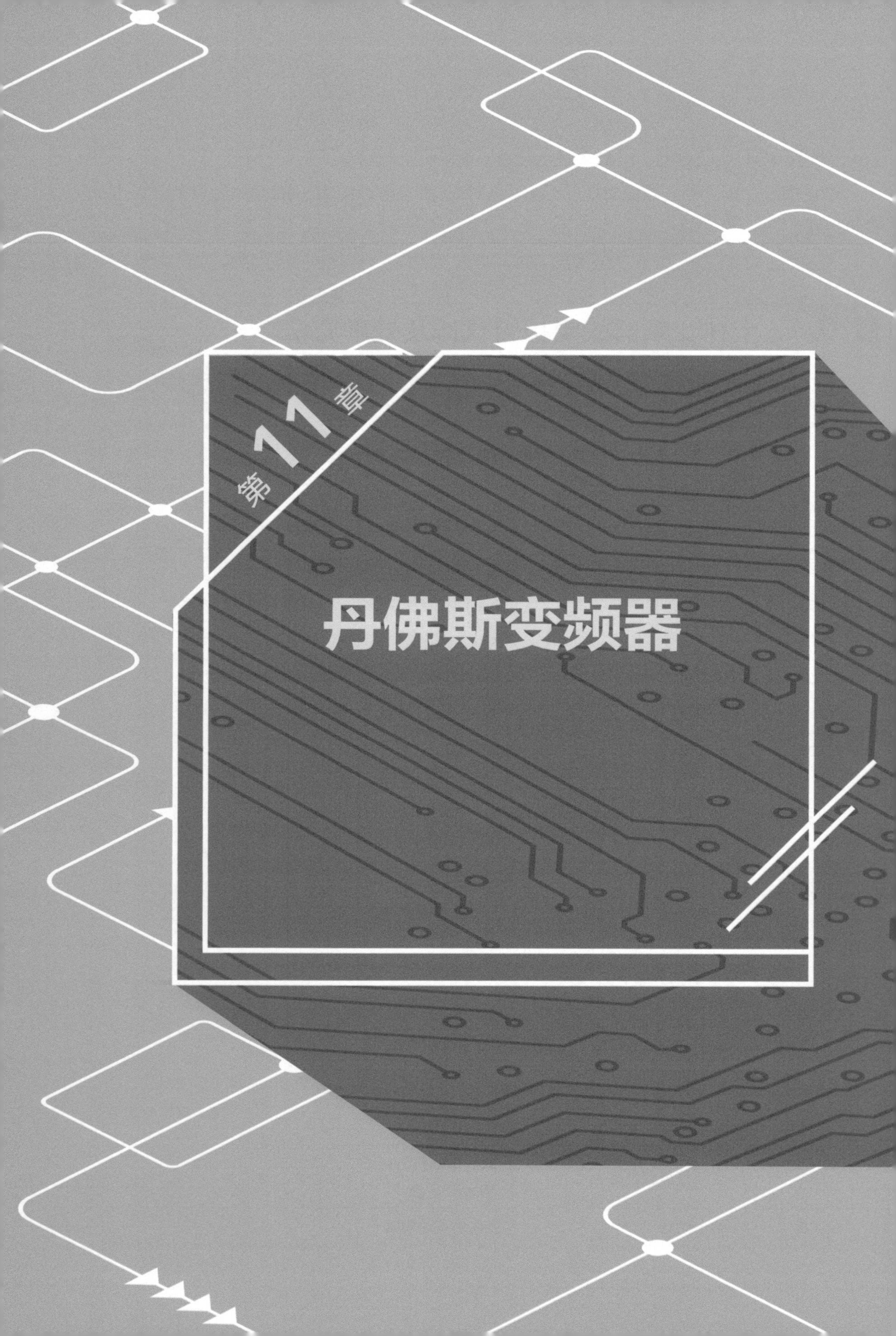
第11章
丹佛斯变频器

11.1 丹佛斯变频器硬件

11.1.1 丹佛斯变频器调速系统

丹佛斯变频器有多个系列，丹佛斯FC51是目前应用较为广泛的变频器，本章以丹佛斯FC51为例进行讲解。变频器在交流电动机调速控制系统中，主要有两种典型使用方法，分别为三相交流变频调速系统和单相交流变频调速系统，如图11-1所示。

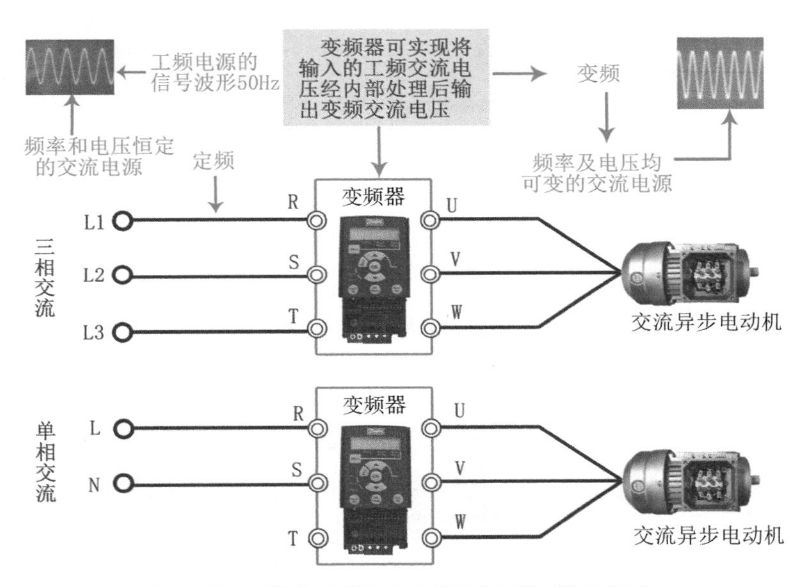

图11-1　三相和单相交流变频调速系统结构组成

丹佛斯FC51是用于控制三相交流电动机速度的变频器系列。该系列有多种型号。以单相为例，这里选用的FC51订货号为FC-051PK75S2E20H3。

该变频器额定参数如下。

① 电源电压：220V，单相交流。

② 额定输出功率：0.75kW。

③ 额定输出电流：4.2A。

④ 操作面板：基本操作板（BOP）。

11.1.2 FC51 变频器的端子及接线

（1）变频器接线端子及功能图解

打开变频器后，就可以连接电源和电动机的接线端子。接线端子在变频器机壳下端。丹佛斯FC51系列为用户提供了一系列常用的输入输出接线端子，用户可以方便地通过这些接线端子来实现相应的功能。打开变频器后可以看到变频器的接线端子，如图11-2所示。这些接线端子的功能及使用说明如表11-1、表11-2所示。

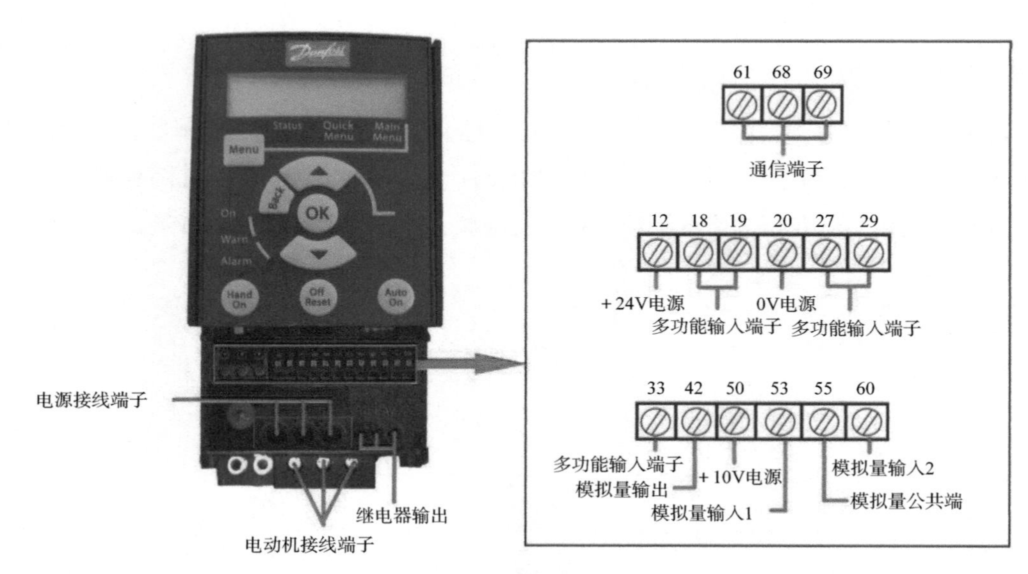

图11-2 FC51变频器的接线端子

表11-1 主电路端子

端子记号	内容说明（端子规格为M3.0）
L1/L、L2、L3/N	主电路交流电源输入
U、V、W	连接至电动机
－UDC、＋UDC	制动电阻（选用）连接端子
⏚	接地用（避免高压突波冲击以及噪声干扰）

表11-2 控制电路端子

端子	功能说明
01	继电器输出
02	
03	
12	24V电源
18	多功能输入端
19	

续表

端子	功能说明
20	0V电源
27	多功能输入端
29	
33	
42	模拟量输出
50	+10V电源
53	模拟量输入1
55	模拟量公共端
60	模拟量输入2
61	通信端子
68	
69	

（2）变频器控制电路端子的标准接线

变频器的控制电路一般包括输入电路、输出电路和辅助接口等部分。其中，输入电路接收控制器（PLC）的指令信号（开关量或模拟量信号），输出电路输出变频器的状态信息（正常时的开关量或模拟量输出、异常输出等），辅助接口包括通信接口、外接键盘接口等。丹佛斯FC51变频器电路端子的标准接线如图11-3所示。

通用变频器是一种智能设备，其特点之一就是各端子的功能可通过调整相关参数的值进行变更。

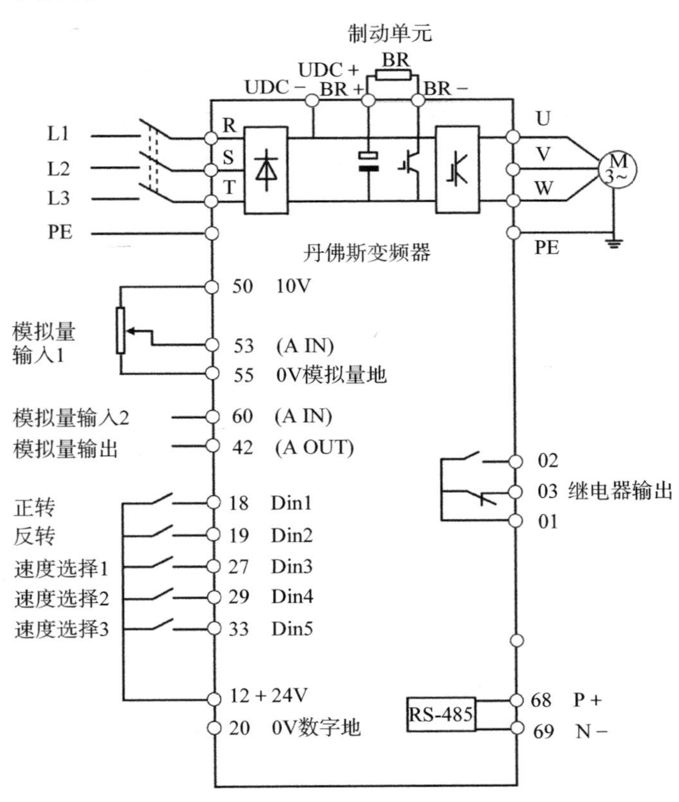

图11-3 丹佛斯FC51变频器电路端子的标准接线

11.1.3 FC51 变频器面板

丹佛斯FC51变频器面板如图11-4所示。

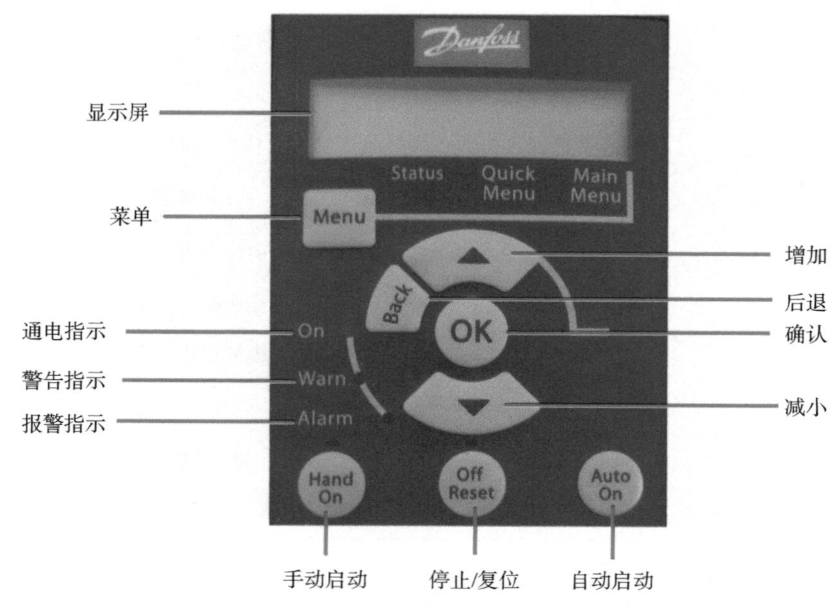

图11-4　丹佛斯FC51变频器面板

丹佛斯FC51变频器面板操作如图11-5所示。

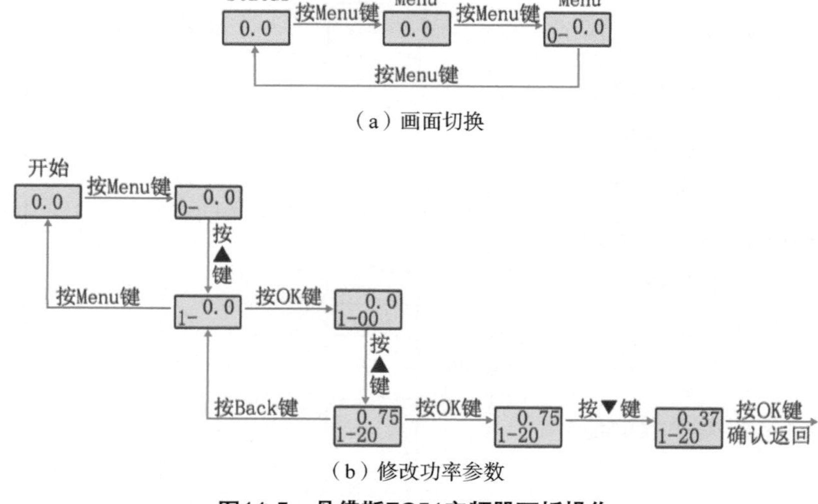

图11-5　丹佛斯FC51变频器面板操作

11.2 丹佛斯变频器面板正反转控制电动机案例

11.2.1 FC51 变频器电动机参数调整

为了使电动机与变频器相匹配，需要设置电动机参数，这些参数可以从电动机铭牌中直接得到。电动机参数设置如表11-3所示，变频器电动机参数设置方法如图11-6所示。电动机参数设定完成后，变频器当前处于准备状态，可正常运行。

表11-3　电动机参数设置

参数号	出厂值	设置值	说明
1-20	0.75	0.37	电动机额定功率（kW）
1-22	220	220	电动机额定电压（V）
1-23	50.0	50.0	电动机额定频率（Hz）
1-24	4.2	1.93	电动机额定电流（A）
1-25	1400	1400	电动机额定转速（r / min）

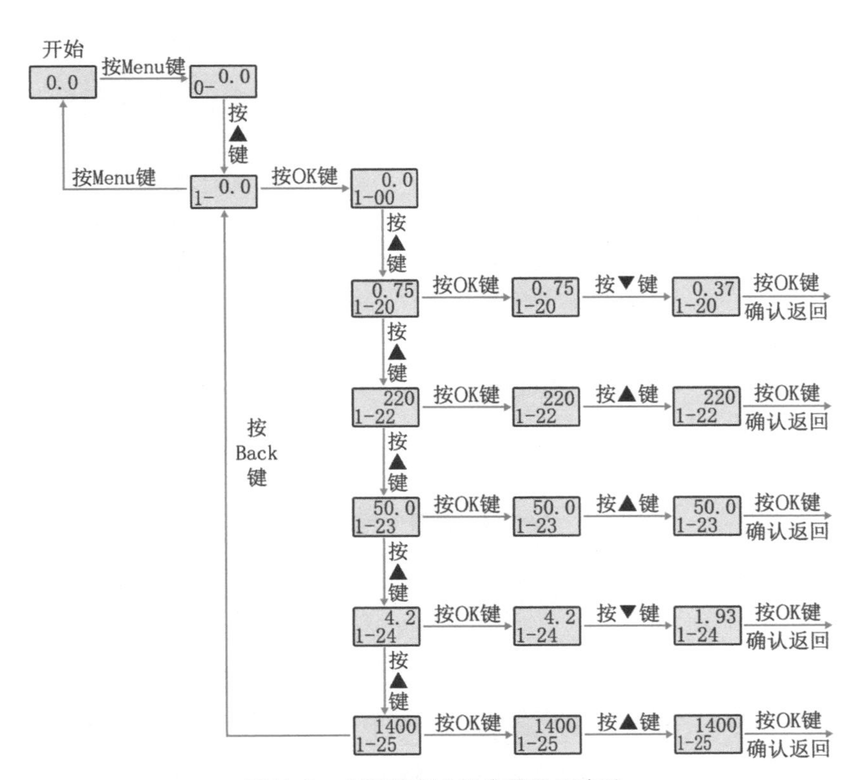

图11-6　变频器电动机参数设置方法

11.2.2 FC51 变频器面板控制接线图

丹佛斯FC51变频器面板控制电路接线原理图及实物接线图如图11-7所示。

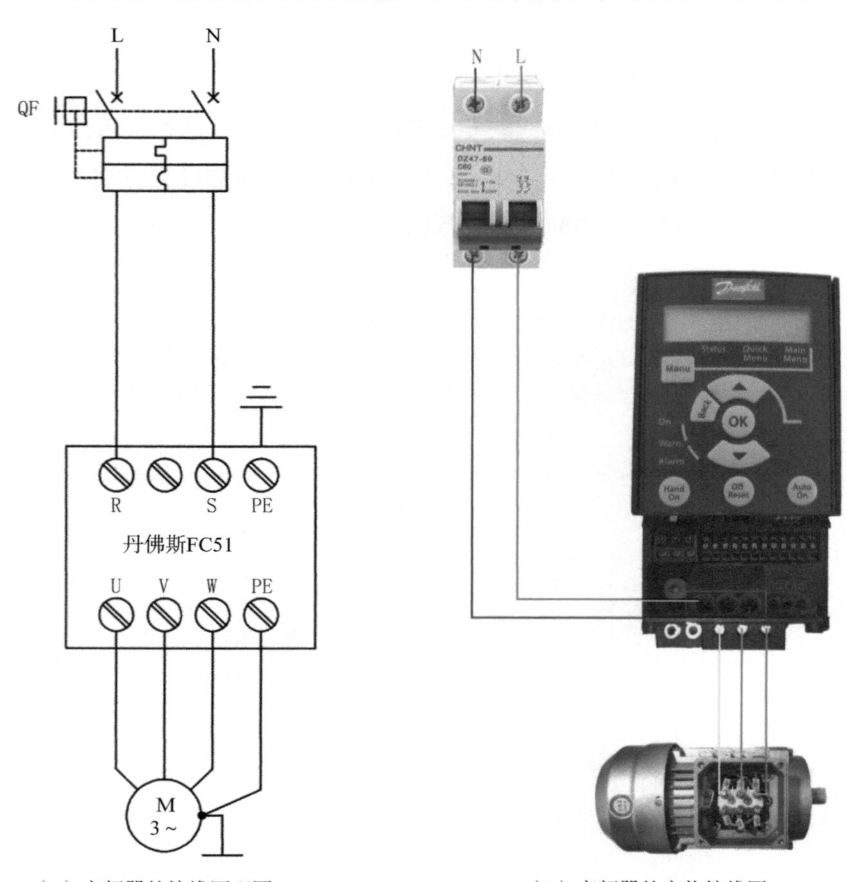

（a）变频器的接线原理图　　（b）变频器的实物接线图

图11-7　丹佛斯FC51变频器面板控制电路接线原理图及实物接线图

11.2.3 FC51 变频器面板控制电气元件

元器件明细表如表11-4所示。

表11-4　元器件明细表

文字符号	名称	型号	在电路中起的作用
VFD	变频器	FC-051PK75S2E20H3	在电路中可以降低启动电流，改变电动机转速，实现电动机无级调速，在低于额定转速时有节电功能
QF	断路器	DZ47-60-2P-C10	电源总开关，在主电路中起控制兼保护作用
M	电动机	YS7124/370W	将电能转换为机械能，带动负载运行

11.2.4 FC51 变频器面板控制参数设定

变频器参数具体设置如表11-5所示，变频器电动机参数设置方法如图11-6所示，具体变频器控制参数设置方法如图11-8所示。

表11-5　变频器参数具体设置

参数号	出厂值	设置值	说明
1-20	0.75	0.37	电动机额定功率（kW）
1-22	220	220	电动机额定电压（V）
1-23	50.0	50.0	电动机额定频率（Hz）
1-24	4.2	1.93	电动机额定电流（A）
1-25	1400	1400	电动机额定转速（r/min）
3-02	50.0	50.0	上限频率（Hz）
3-03	0.0	0.0	下限频率（Hz）
3-41	5	0.5	加速时间（s）
3-42	5	0.5	减速时间（s）
0-40	0	1	命令源：面板启停Hand-on手动启动
3-15	1	21	频率源：面板上下键控制

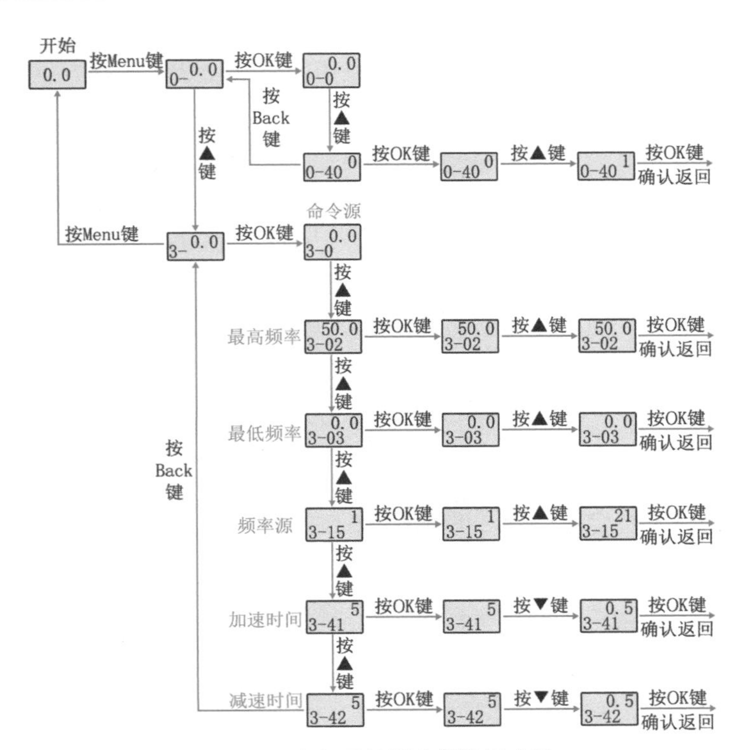

图11-8　变频器控制参数设置方法

11.2.5 FC51 变频器面板控制电动机工作原理

① 闭合电源总开关QF。变频器输入端R、S上电，为启动电动机做好准备。

② 变频器面板控制

a. 面板启动：按下面板Hand-on键，电动机启动运行。

b. 面板停止：再按一下面板Off-Reset键，电动机停止运行。

c. 面板电位器调速：在电动机运行状态下，可直接通过按前操作面板上的增加键／减少键（▲/▼），可以修改变频器的频率，进而改变电动机的转速。

③ 断开电源总开关QF。变频器输入端R、S断电，变频器失电断开。

11.3 丹佛斯变频器三段速正反转控制电动机案例

11.3.1 FC51 变频器三段速正反转控制电动机接线图

（1）变频器的接线原理图

丹佛斯FC51变频器三段速正反转控制电动机电路接线原理图如图11-9所示。

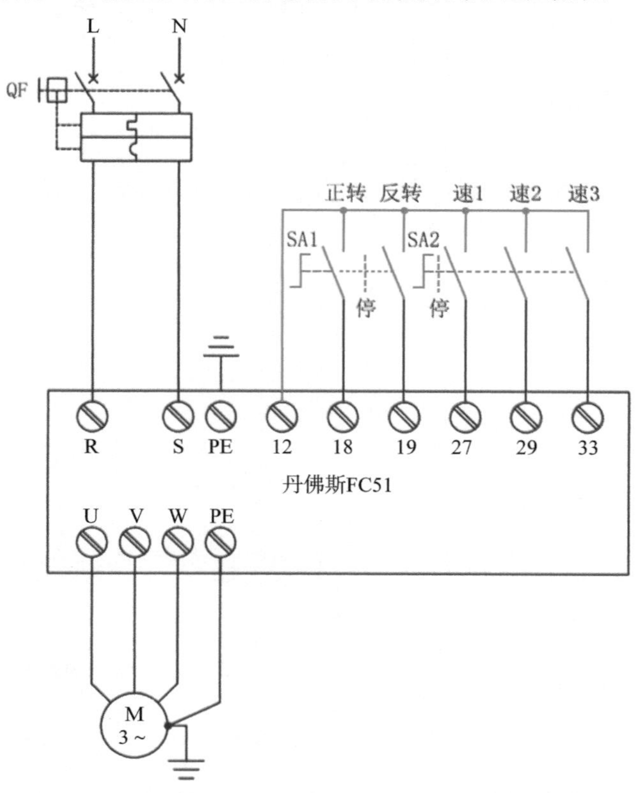

图11-9 丹佛斯FC51变频器三段速正反转控制电动机电路接线原理图

（2）变频器的实物接线图

丹佛斯FC51变频器三段速正反转控制电动机电路实物接线图如图11-10所示。

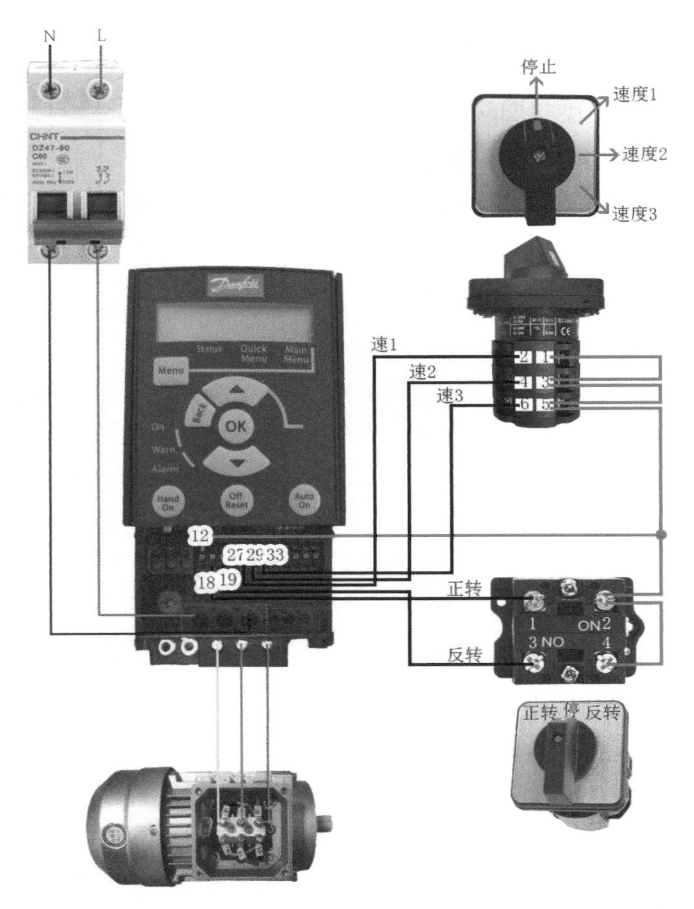

图11-10　丹佛斯FC51变频器三段速正反转控制电动机电路实物接线图

11.3.2 FC51 变频器三段速正反转控制电气元件

元器件明细表如表11-6所示。

表11-6　元器件明细表

文字符号	名称	型号	在电路中起的作用
VFD	变频器	FC-051PK75S2E20H3	在电路中可以降低启动电流，改变电动机转速，实现电动机无级调速，在低于额定转速时有节电功能
QF	断路器	DZ47-60-2P-C10	电源总开关，在主电路中起控制兼保护作用
SA1	旋钮开关	LW26-10（3挡）	控制电动机正/反转与停止信号

续表

文字符号	名称	型号	在电路中起的作用
SA2	旋钮开关	LW26-10（4挡）	控制电动机速度1/速度2/速度3
M	电动机	YS7124/370W	将电能转换为机械能，带动负载运行

11.3.3 FC51 变频器三段速正反转控制电动机参数设定

变频器参数具体设置如表11-7所示，变频器电动机参数设置方法如图11-6所示，具体变频器控制参数设置方法如图11-11所示。

表11-7 变频器参数具体设置

参数号	出厂值	设置值	说明
1-20	0.75	0.37	电动机额定功率（kW）
1-22	220	220	电动机额定电压（V）
1-23	50.0	50.0	电动机额定频率（Hz）
1-24	4.2	1.93	电动机额定电流（A）
1-25	1400	1400	电动机额定转速（r/min）
3-02	50.0	50.0	上限频率（Hz）
3-03	0.0	0.0	下限频率（Hz）
3-41	5	0.5	加速时间（s）
3-41	5	0.5	减速时间（s）
5-10	8	8	18号端子：正转
5-11	11	11	19号端子：反转
5-12	16	16	27号端子：多段速指令1
5-13	17	17	29号端子：多段速指令2
5-14	18	18	33号端子：多段速指令3
3-10[1]	0.0	10.0	多段速频率1
3-10[2]	0.0	15.0	多段速频率2
3-10[4]	0.0	20.0	多段速频率3

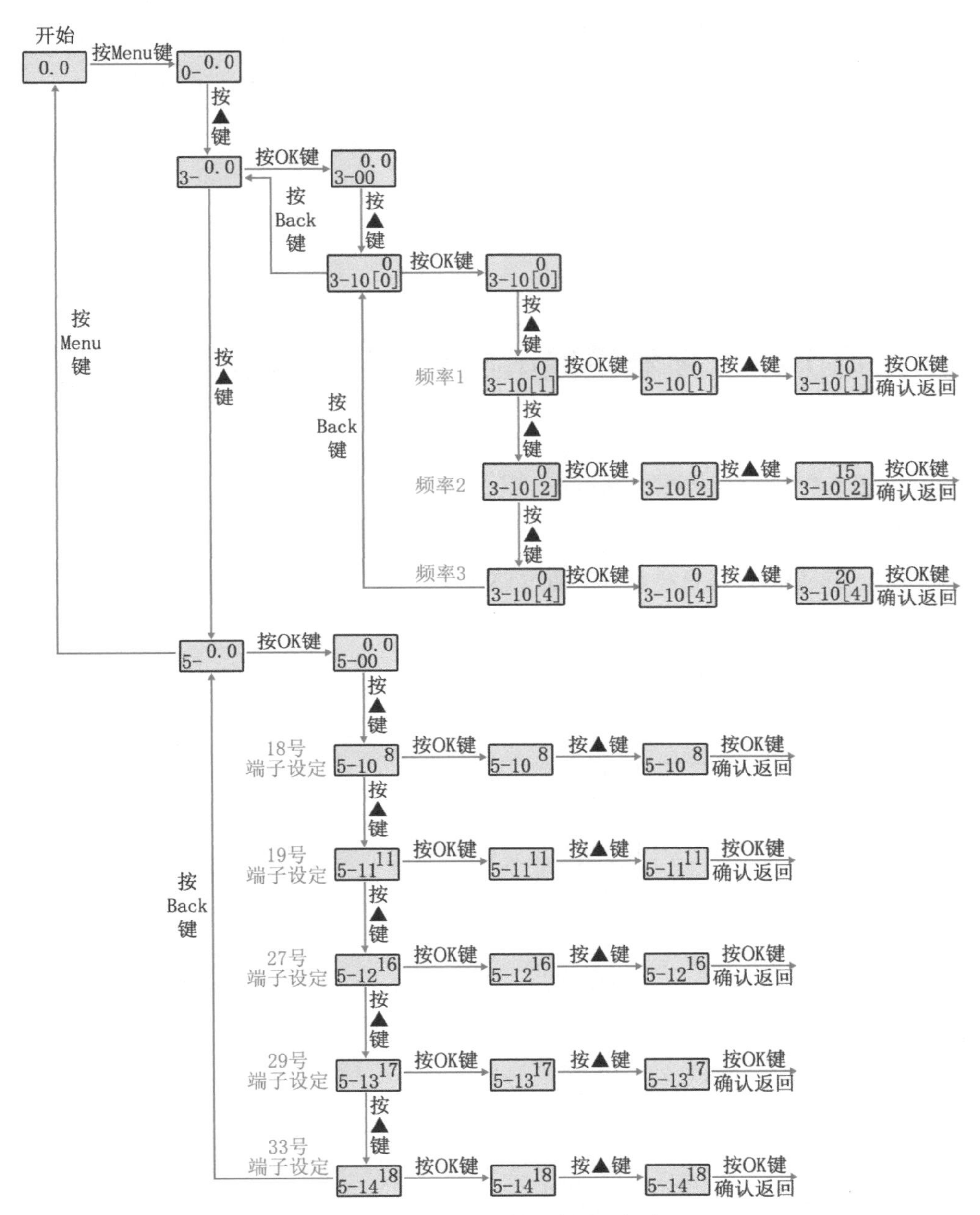

图11-11 变频器控制参数设置方法

11.3.4 FC51变频器三段速正反转控制电动机工作原理

① 闭合电源总开关QF。变频器输入端R、S上电，为启动电动机做好准备。

② 变频器端子控制

a. 端子启停：旋钮开关SA1旋到正转挡位，电动机正转运行；旋钮开关SA1旋到中间

挡位，电动机停止；旋钮开关SA1旋到反转挡位，电动机反转运行。

b. 端子多段速给定：在电动机运行状态下，旋钮开关SA2旋到速度1挡位，电动机以10Hz运行；旋钮开关SA2旋到速度2挡位，电动机以15Hz运行；旋钮开关SA2旋到速度3挡位，电动机以20Hz运行。

③ 断开电源总开关QF。变频器输入端R、S断电，变频器失电断开。

11.4 丹佛斯变频器模拟量控制电动机案例

11.4.1 FC51变频器模拟量控制电动机接线图

（1）变频器的接线原理图

丹佛斯FC51变频器模拟量控制电动机电路接线原理图如图11-12所示。

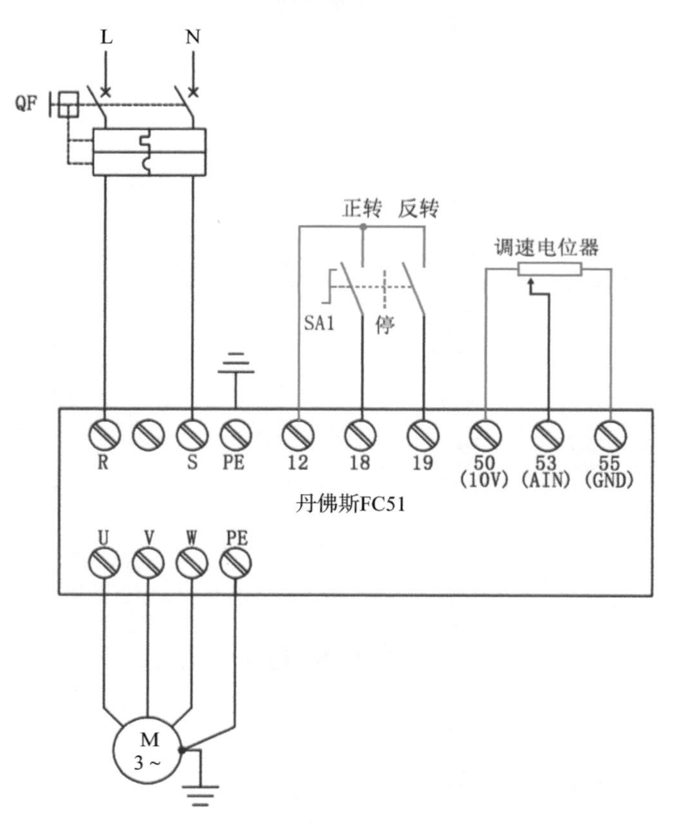

图11-12 丹佛斯FC51变频器模拟量控制电动机电路接线原理图

（2）变频器的实物接线图

丹佛斯FC51变频器模拟量控制电动机电路实物接线图如图11-13所示。

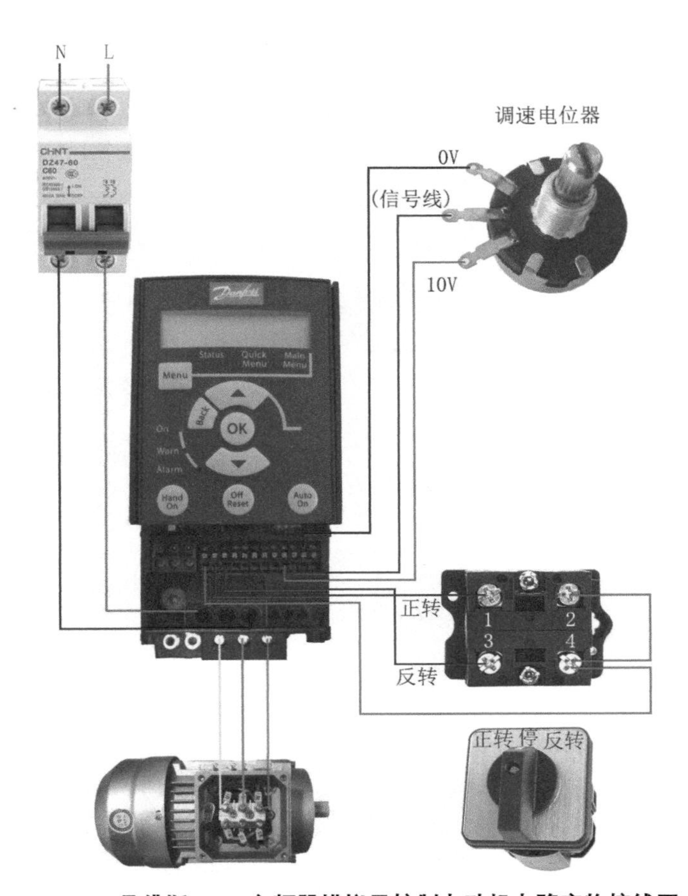

图11-13　丹佛斯FC51变频器模拟量控制电动机电路实物接线图

11.4.2 FC51 变频器模拟量控制电动机电气元件

元器件明细表如表11-8所示。

表11-8　元器件明细表

文字符号	名称	型号	在电路中起的作用
VFD	变频器	FC-051PK75S2E20H3	在电路中可以降低启动电流，改变电动机转速，实现电动机无级调速，在低于额定转速时有节电功能
QF	断路器	DZ47-60-2P-C10	电源总开关，在主电路中起控制兼保护作用
SA1	旋钮开关	LW26-10（3挡）	控制电动机正/反转与停止信号
RP	电位器	0～10kΩ	控制变频器频率
M	电动机	YS7124/370W	将电能转换为机械能，带动负载运行

11.4.3 FC51 变频器模拟量控制电动机参数设定

变频器参数具体设置如表11-9所示，变频器电动机参数设置方法如图11-6所示，具体变频器控制参数设置方法如图11-14所示。

表11-9 变频器参数具体设置

参数号	出厂值	设置值	说明
1-20	0.75	0.37	电动机额定功率（kW）
1-22	220	220	电动机额定电压（V）
1-23	50.0	50.0	电动机额定频率（Hz）
1-24	4.2	1.93	电动机额定电流（A）
1-25	1400	1400	电动机额定转速
3-02	50.0	50.0	上限频率（Hz）
3-03	0.0	0.0	下限频率（Hz）
3-41	5	0.5	加速时间（s）
3-41	5	0.5	减速时间（s）
3-15	1	1	频率源：53号端子模拟量输入
6-10	0	0	53号端子输入低电压
6-11	10	10	53号端子输入高电压
6-14	0	0	最低电压对应的最小频率
6-15	50	50	最大电压对应的最大频率
6-19	0	0	53号端子电压模式
5-10	8	8	18号端子：正转
5-11	11	11	19号端子：反转

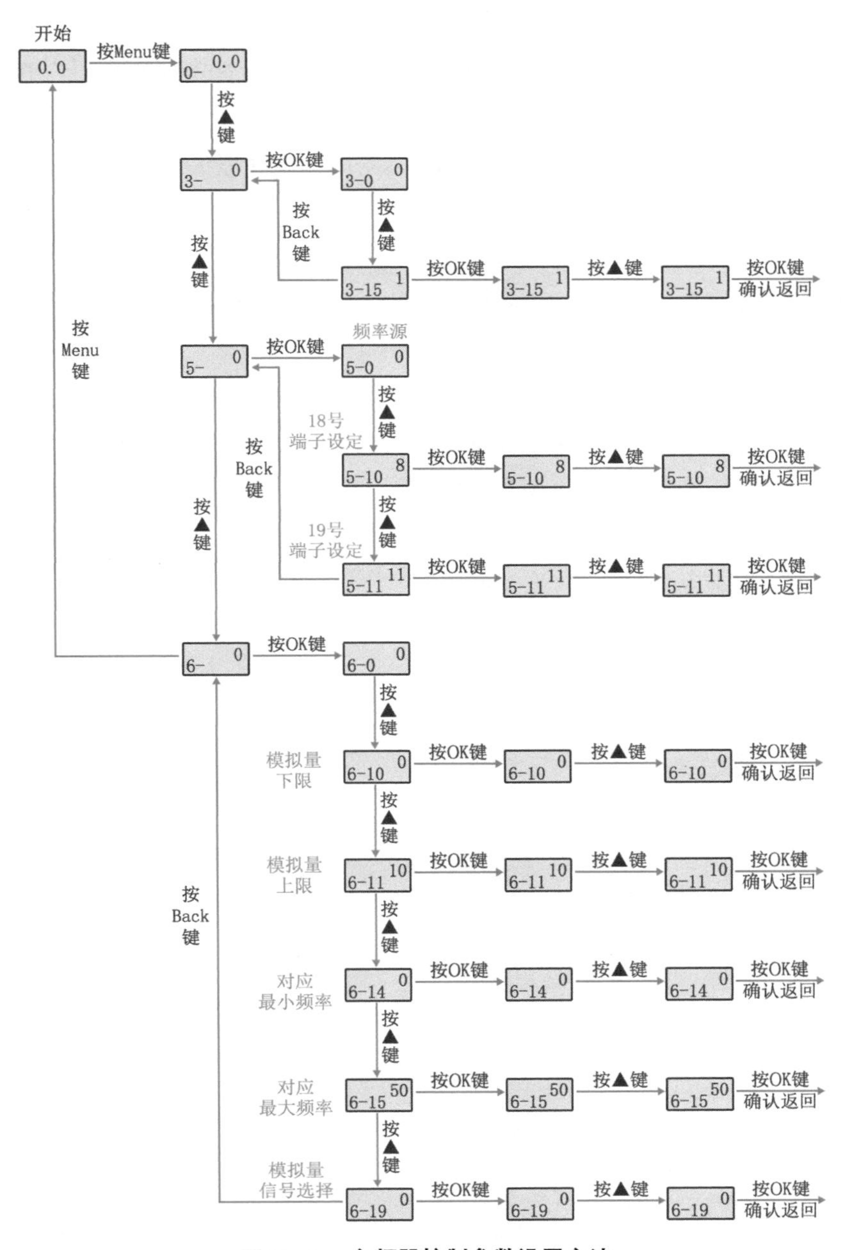

图11-14　变频器控制参数设置方法

11.4.4 FC51 变频器模拟量控制电动机工作原理

① 闭合电源总开关QF。变频器输入端R、S上电，为启动电动机做好准备。

② 变频器控制

a. 端子启停：旋钮开关SA1旋到正转挡位，电动机正转运行；旋钮开关SA1旋到中间

挡位，电动机停止；旋钮开关SA1旋到反转挡位，电动机反转运行。

b. 外部电位器频率给定：在电动机运行状态下，旋转外部电位器，可以修改变频器的频率，进而改变电动机的转速。

③ 断开电源总开关QF。变频器输入端R、S断电，变频器失电断开。

11.5 丹佛斯变频器变频切换工频电路

控制要求： 在正常运行中以变频启动运行，当变频器有故障时切换为工频运行。SB1与SB2为正反转按钮，SB3为控制电路停止按钮，SB4为启动按钮，KA1为故障继电器，KM1为变频器输入电源接触器，KM3为变频输出接触器，KM2为工频运行接触器。变频器的频率为模拟量输入控制。

（1）变频器的主电路

丹佛斯变频工频切换主电路图如图11-15所示。

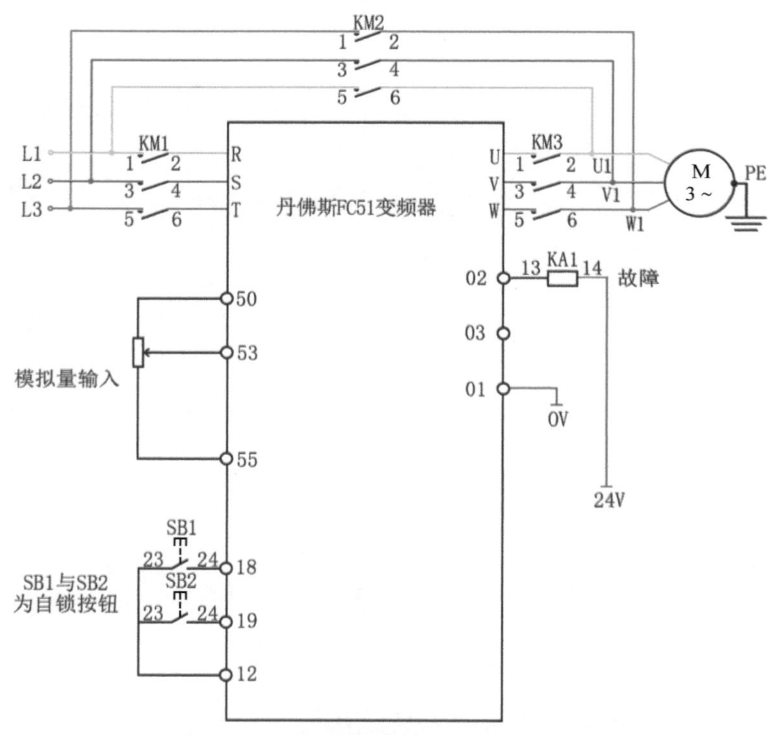

图11-15　丹佛斯变频工频切换主电路图

（2）变频器的控制电路

丹佛斯变频工频切换控制电路图如图11-16所示。

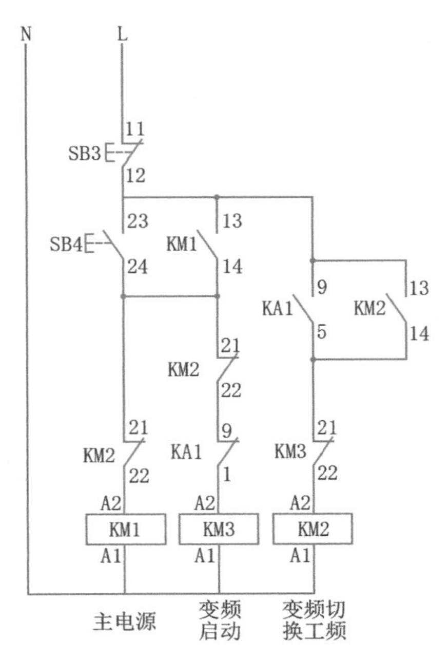

图11-16 丹佛斯变频工频切换控制电路图

（3）变频器参数设置

变频器参数设置如表11-10所示。

表11-10 变频器参数设置

参数号	出厂值	设置值	说明
1-20	0.75	0.37	电动机额定功率（kW）
1-22	220	220	电动机额定电压（V）
1-23	50.0	50.0	电动机额定频率（Hz）
1-24	4.2	1.93	电动机额定电流（A）
1-25	1400	1400	电动机额定转速（r / min）
3-02	50.0	50.0	上限频率（Hz）
3-03	0.0	0.0	下限频率（Hz）
3-41	5	0.5	加速时间（s）

续表

参数号	出厂值	设置值	说明
3-41	5	0.5	减速时间（s）
3-15	1	1	频率源：53号端子模拟量输入
6-10	0	0	53号端子输入低电压
6-11	10	10	53号端子输入高电压
6-14	0	0	最低电压对应的最小频率
6-15	50	50	最大电压对应的最大频率
6-19	0	0	53号端子电压模式
5-10	8	8	18号端子：正转
5-11	11	11	19号端子：反转
5-40	0	9	变频器故障输出（01、02、03继电器动作）

（4）工作原理说明

① 主电路接线：三相电380V通过L1～L3引入交流接触器KM1的上端端子，KM1的下端端子出线引入丹佛斯变频器的R、S、T，变频器的输出端U、V、W引入交流接触器KM3的上端端子，KM3的下端端子出线引入三相异步电动机，此步骤为变频启动的主电路接线。或者三相电380V通过L1～L3引入交流接触器KM2的上端端子，KM2的下端端子出线引入三相异步电动机U1、V1、W1，此步骤为工频启动的主电路接线。

② 主电路控制过程：KM1主电路线圈吸合接通变频器三相电源，当变频器输出时，交流接触器KM3吸合，电动机变频运行。或KM2主电路吸合接通主电源，电动机工频运行。

③ 变频运行：按下控制电路启动按钮SB4，KM1线圈得电并自锁。按下变频器正转按钮SB1，变频器开始运行，KA1常闭触点9-1接通，KM3线圈得电。KM3主触点接通，电动机变频运行。

④ 工频运行：在变频器故障时，继电器输出接通，KA1线圈得电，KA1常开触点9-5接通，KM2线圈得电，KM2主触点接通，电动机工频启动。

⑤ 停止按钮：按下停止按钮SB3，KM1～KM3线圈失电，KM1～KM3主触点断开，电动机停止。

11.6 丹佛斯变频器故障报警代码及处理方法

丹佛斯变频器故障报警代码及处理方法如表11-11所示。

表11-11 丹佛斯变频器故障报警代码及处理方法

故障代码	故障类型	可能的故障原因	处理方法
2	断线故障	端子53或60上的信号低于在参数6-10、6-12和6-22中所设置值的50%	重新设置
4	主电源缺相	供电侧缺相，或电压严重失衡	检查供电电压
7	直流回路过压	中间电路电压超过极限	检查中间电路
8	直流回路欠电压	中间电路电压低于“电压过低警告”极限	检查中间电路
9	逆变器过载	超过100% 的负载持续了太长时间	检查相关设置
10	电动机ETR温度高	超过100% 的负载持续了太长的时间，从而使电动机变得过热	检查相关设置
11	电动机热敏电阻温度高	热敏电阻损坏或热敏电阻连接断开	更换或更新连接热敏电阻
12	转矩极限	转矩超过在参数4-16或4-17中的设置值	重新设置
13	过电流	超过逆变器的峰值电流极限	检查相关设置
14	接地故障	输出相向大地放电	联系当地供应商处理
16	短路	电动机或电动机端子发生短路	联系当地供应商处理
17	控制字超时	没有信息传送到变频器	检查相关设置
25	制动电阻器短路	制动电阻器短路，从而使制动功能断开	更换制动电阻器
27	制动斩波器短路	制动晶体管短路，从而使制动功能断开	更换制动晶体管
28	制动检查异常	没有连接制动电阻器，或者它不能工作	更换或重连制动电阻器
29	功率卡温度报警	达到散热片的切断温度	检查温度相关设置
30	电动机U相缺相	电动机U相缺失	应检查该相

续表

故障代码	故障类型	可能的故障原因	处理方法
31	电动机V相缺相	电动机V相缺失	应检查该相
32	电动机W相缺相	电动机W相缺失	应检查该相
47	控制电压故障	24 V直流可能过载	检查相关设置
51	AMT检查 *U* nom和 *I* nom	电动机的电压和电流设置错误	检查相关设置
52	AMT *I* nom 过低	电动机电流过低	检查相关设置
59	电流极限	VLT过载	检查相关设置
63	机械制动过低	实际电动机电流尚未超过“启动延时”期间的“抱闸释放”电流	联系当地供应商处理
80	变频器初始化	所有参数的设置被初始化为默认设置	检查相关设置

第12章 台达变频器的恒压供水控制

在工厂中，经常会用到恒压控制，恒压供水也是变频器控制的典型案例之一。本章利用台达VFD-M系列，完成水泵的控制，最终实现恒压闭环控制。

电路特点：该电路电源由断路器输入，变频器的启停操作由外部输入端子启停，实现闭环控制功能的恒压供水电路对变频器无特殊要求，只要是通用型即可。供水专用变频器无须配合恒压供水控制器，即可实现恒压供水。供水变频器可使供水系统运行平稳可靠，实现真正意义上的全自动循环倒泵、变频运行，保证各台水泵运行效率的最优和设备的稳定运转、启动平稳，消除启动大电流冲击，降低泵的平均转速，从而可延长泵的使用寿命，可以消除启动和停机时的水锤效应。一些专用的供水变频器，还具备一定的防水、防尘的能力。

闭环控制原理：在实际恒压供水系统中，一般在管路中安装压力传感器，由压力传感器检测管路中流体压力的大小，并将压力信号转换为电信号，送至供水控制器或变频器中，由供水控制器的模拟量输出端子输出一个连续变化的电信号对变频器的输出频率进行控制。若要保持水系统中某处压力的恒定，只需保证该处的供水量和用水量处于平衡状态，即实现恒压供水。

电路用途：适用于供热管网补水系统和生活供水系统中的恒压控制，适用于一般的恒压供水系统，例如生活、生产恒压供水，市政供水系统以及污水处理系统。另外，在其他类似的系统（如恒压供油系统、恒压通风系统等）中，也可以选择该模式。

关于参数表的说明：变频器中恒压供水控制器参数，除参数表中的参数外其他的参数应根据现场负载的实际要求设定或使用变频器的出厂默认值设定。在实际现场工作时，将变频器内的参数数据初始化之前，必须将原始参数备份或做好记录。

12.1 接线图

（1）变频器的接线原理图

台达VFD-M变频器恒压供水电路接线原理图如图12-1所示。

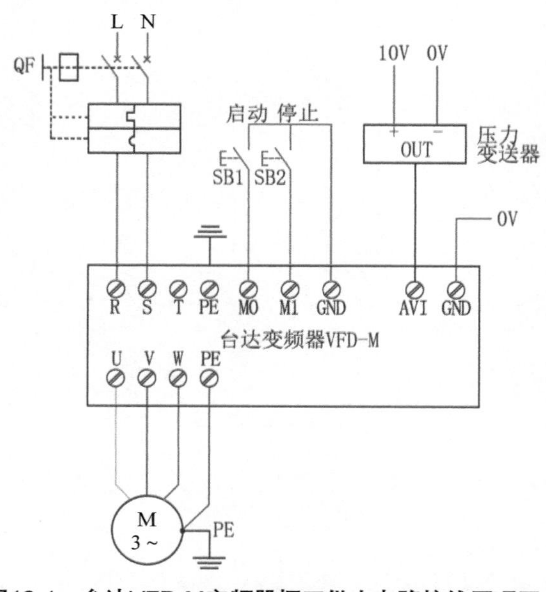

图12-1 台达VFD-M变频器恒压供水电路接线原理图

（2）变频器的实物接线图

台达变频器PID功能控制恒压供水实物接线图如图12-2所示。

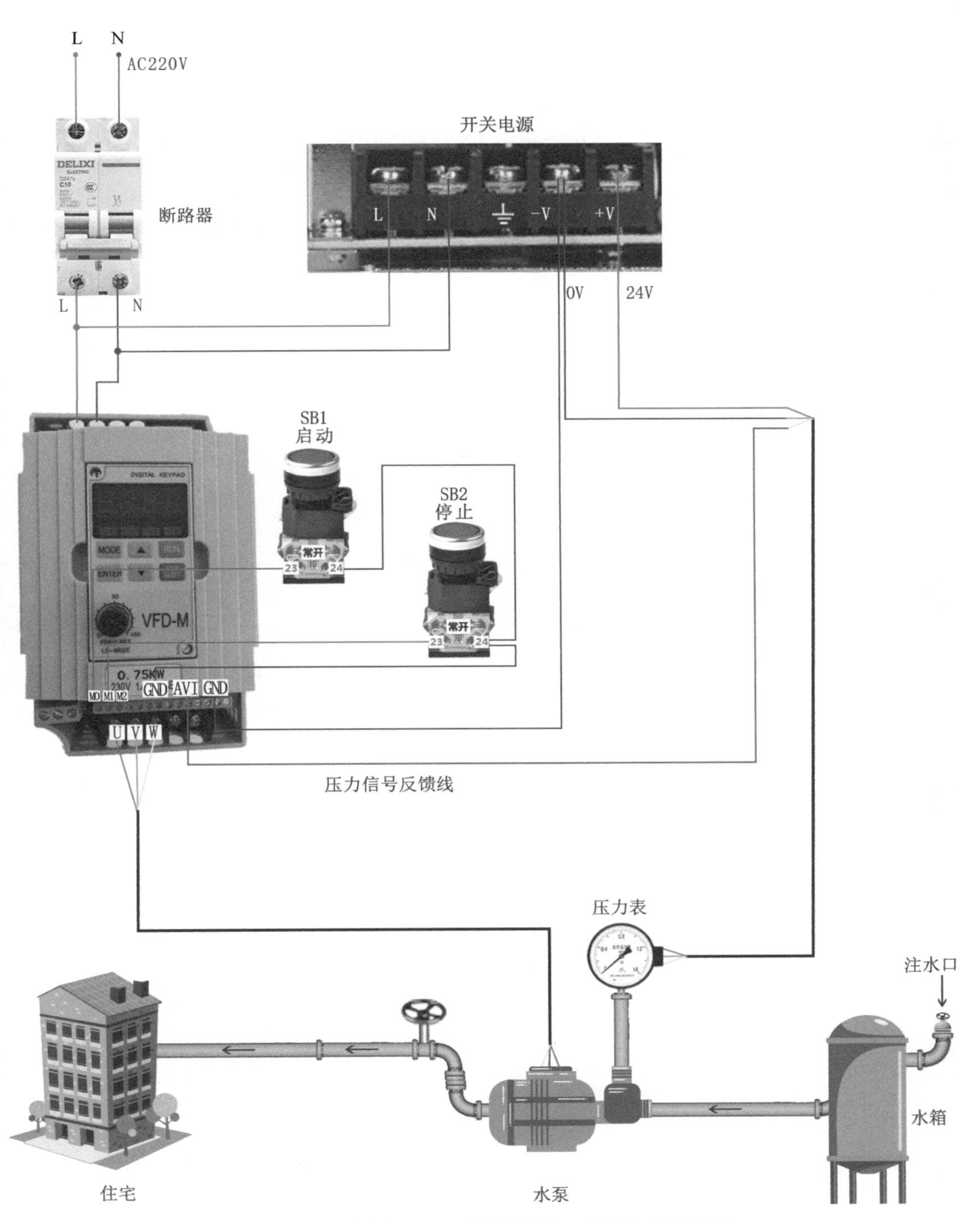

图12-2　台达变频器PID功能控制恒压供水实物接线图

12.2 电气元器件

元器件明细表如表12-1所示。

表12-1 元器件明细表

文字符号	名称	型号	在电路中起的作用
VFD	变频器	VFD007M21A	在电路中可以降低启动电流，改变电动机转速，实现电动机无级调速，在低于额定转速时有节电功能
QF	断路器	DZ47-60-2P-C10	电源总开关，在主电路中起控制兼保护作用
SB1	按钮	绿色LA38	控制启动信号
SB2	按钮	绿色LA38	控制停止信号
PT	压力变送器	0～16MPa	反馈压力罐体的压力
M	电动机	YS7124/370W	将电能转换为机械能，带动负载运行

12.3 参数设置

变频器参数具体设置如表12-2所示，具体变频器控制参数设置方法如图12-3所示。

表12-2 变频器参数具体设置

参数号	出厂值	设置值	说明
P00	00	01	由键盘（电动电位计）输入设定值
P01	00	00	由键盘输入设定值（选择命令源）
P03	60.0	50.0	电动机运行的最高频率（Hz）
P08	1.5	0.0	电动机运行的最低频率（Hz）
P04	60	50	电动机额定频率（Hz）
P05	220	220	电动机额定电压（V）
P52	0	25.93	电动机额定电流（A）
P115	02	04	PID参数设定
P116	00	01	PID反馈方式

续表

参数号	出厂值	设置值	说明
P117	1.0	3.0	比例增益
P118	1.0	10.0	积分设定
P125	0.0	25.0	PID参数设定值
P128	0.0	0.0	最小频率对应AVI输入电压值（0~10V）
P129	10.0	10.0	最大频率对应AVI输入电压值（0~10V）

图12-3　变频器控制参数设置方法

12.4 电路工作原理

① 闭合电源总开关QF。变频器输入端R、S上电，为启动电动机做好准备。

② 变频器控制（端子启停）：按下按钮SB1，电动机启动；按下按钮SB2，电动机反转运行；松开按钮SB2，电动机停止。

③ 变频器频率的大小由PID进行计算后给定，首先是通过外部压力传感器检测罐体压力的大小。其次是变频器的设定值与外部压力变送器的反馈值进行比较，如果外部压力的值小于设定值，提高变频器输出的频率；如果外部压力大于变频器的设定值，降低变频器的输出频率。最终通过PID的算法稳定到一个合适的频率，其中P是比例，可以提高PID系统的响应速度；I是积分，消除稳态误差，积分的强弱取决于积分时间常数，积分时间越长，积分调节作用越强；D是微分，反映系统的偏差信号，能够预见偏差变化的趋势，因此可以产生超调的控制作用。

④ 断开电源总开关QF。变频器输入端R、S断电，变频器失电断开。

第13章
西门子PLC控制
变频器案例应用

13.1 西门子 S7-200 SMART PLC 多段速控制 MM440 变频器案例

13.1.1 PLC 多段速控制变频器接线图

在自动化设备中，通常直接通过程序控制PLC的输出端子，以达到控制变频器的目的。下面是基于西门子S7-200 SMART PLC与西门子变频器的多段速控制实例。多段速有很多类型，以下将以三段速为例讲解多段速案例。

（1）变频器的接线原理图

PLC与变频器三段速控制电动机电路接线原理图如图13-1所示。

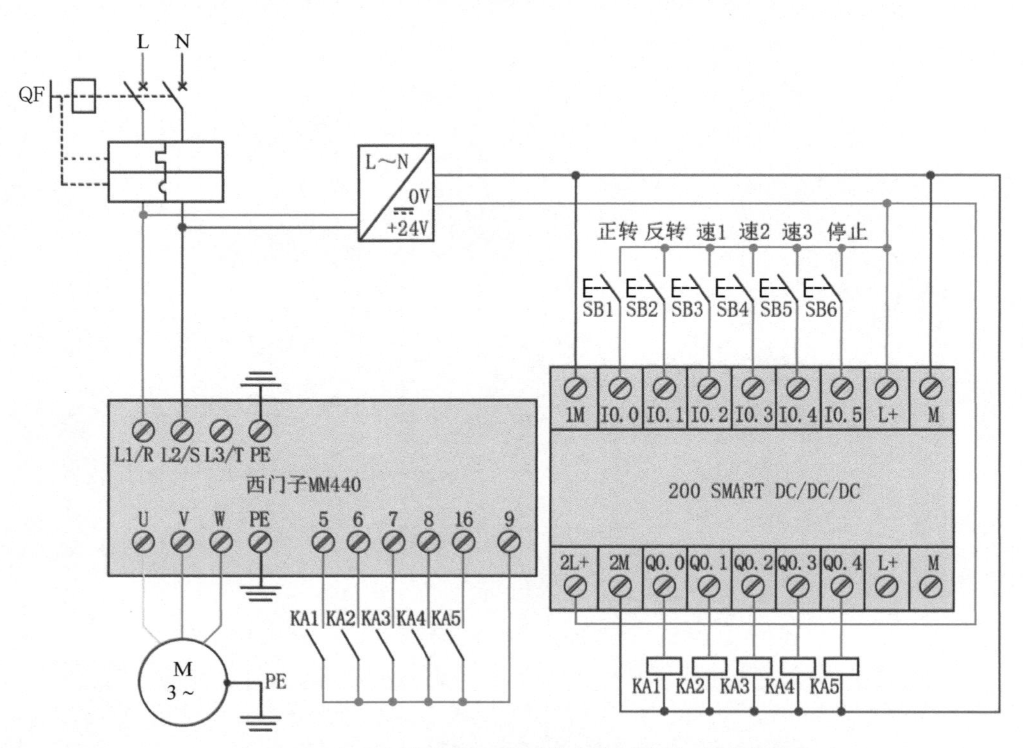

图13-1 PLC与变频器三段速控制电动机电路接线原理图

（2）变频器的实物接线图

PLC与变频器三段速控制电动机电路实物接线图如图13-2所示。

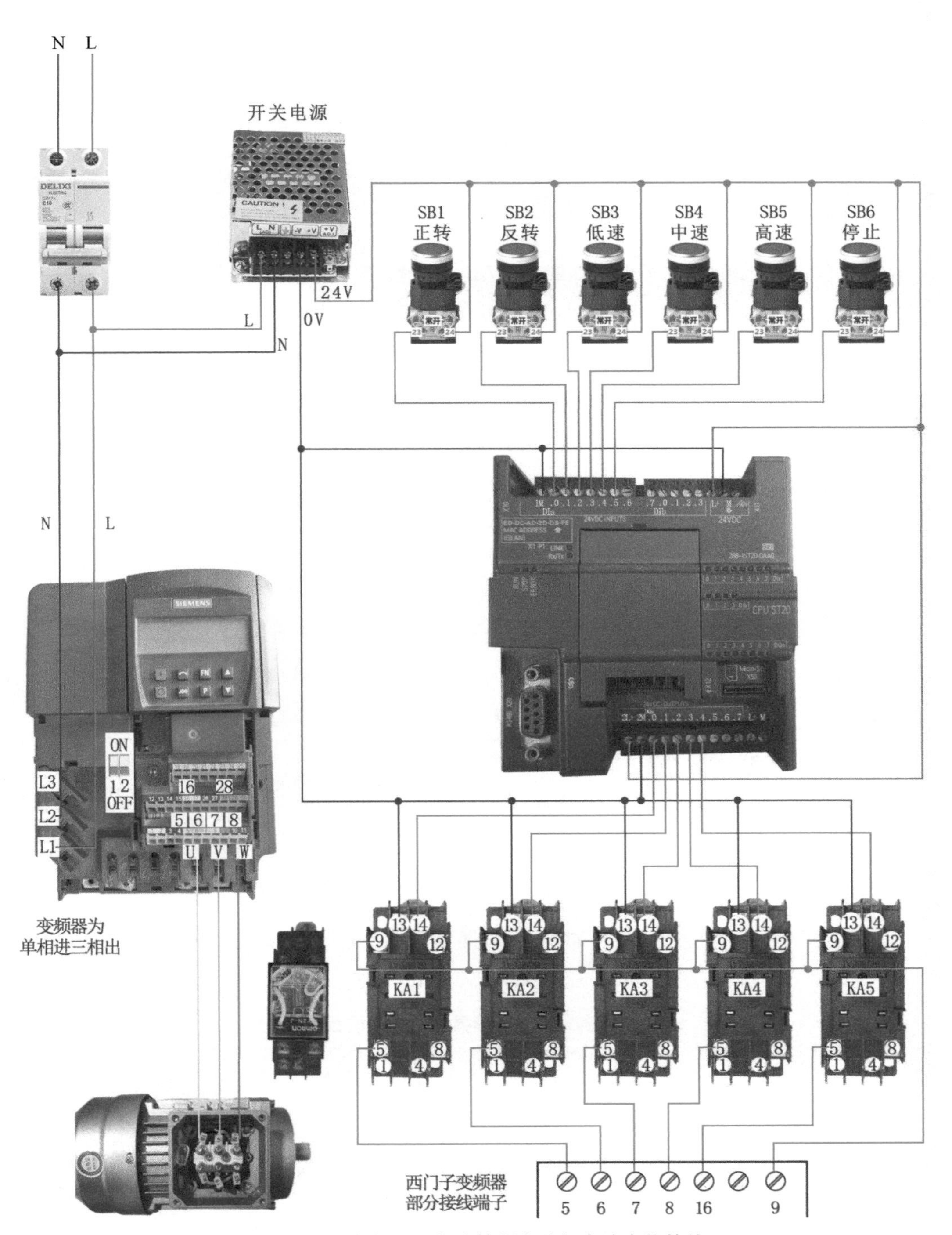

图13-2　PLC与变频器三段速控制电动机电路实物接线图

13.1.2 PLC与变频器三段速控制电动机电气元件

元器件明细表如表13-1所示。

表13-1 元器件明细表

文字符号	名称	型号	在电路中起的作用
VFD	变频器	6SE6440-2UC13-7AA1	在电路中可以降低启动电流，改变电动机转速，实现电动机无级调速，在低于额定转速时有节电功能
QF	断路器	DZ47-60-2P-C10	电源总开关，在主电路中起控制兼保护作用
UR	开关电源	S-50-24	将交流220V转换成直流24V
SB1	按钮	绿色LA38	控制电动机正转与停止信号
SB2	按钮	绿色LA38	控制电动机反转与停止信号
SB3	按钮	绿色LA38	控制电动机低速运行
SB4	按钮	绿色LA38	控制电动机中速运行
SB5	按钮	绿色LA38	控制电动机高速运行
SB6	按钮	绿色LA38	控制电动机停止
M	电动机	YS7124/370W	将电能转换为机械能，带动负载运行
PLC	可编程逻辑控制器	S7-200 SMART DC/DC/DC	编写变频器的控制程序

13.1.3 PLC与变频器三段速控制电动机参数设定

变频器参数具体设置如表13-2所示，具体变频器控制参数设置方法如图13-3所示。

表13-2 变频器参数具体设置

参数号	出厂值	设置值	说明
P0003	1	2	设定用户访问级为标准级
P0700	2	2	命令源选择“由端子排输入”
P0701	1	1	ON接通正转，OFF停止
P0702	12	2	ON接通反转，OFF停止
P0703	9	15	选择固定频率
P0704	15	15	选择固定频率

续表

参数号	出厂值	设置值	说明
P0705	15	15	选择固定频率
P1000	2	3	选择固定频率设定值
P1003	10	10	选择固定频率10（Hz）
P1004	15	15	选择固定频率15（Hz）
P1005	25	20	选择固定频率20（Hz）

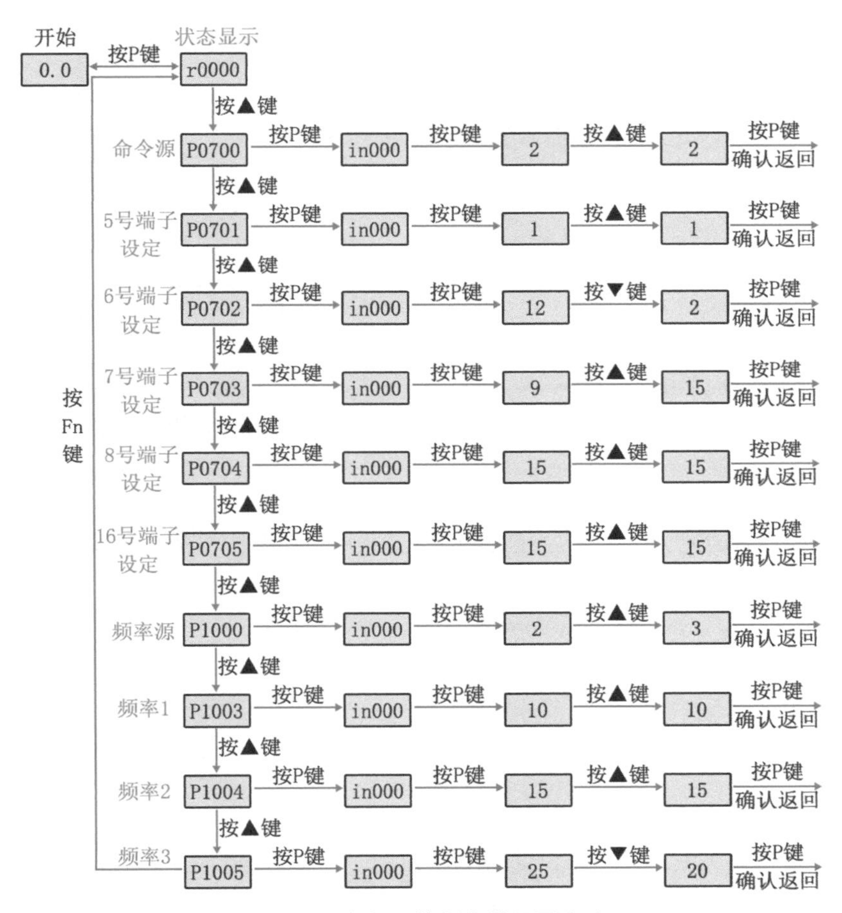

图13-3　变频器控制参数设置方法

13.1.4 PLC 与变频器三段速控制电动机 PLC 程序

（1）PLC程序I/O分配

PLC程序I/O分配表如表13-3所示。

表13-3　I/O分配表

输入	功能	输出	功能
I0.0	正转启动	Q0.0	正转运行
I0.1	反转启动	Q0.1	反转运行
I0.2	低速	Q0.2	低速运行
I0.3	中速	Q0.3	中速运行
I0.4	高速	Q0.4	高速运行
I0.5	停止		

（2）PLC程序

PLC与变频器三段速控制电动机PLC程序如图13-4所示。

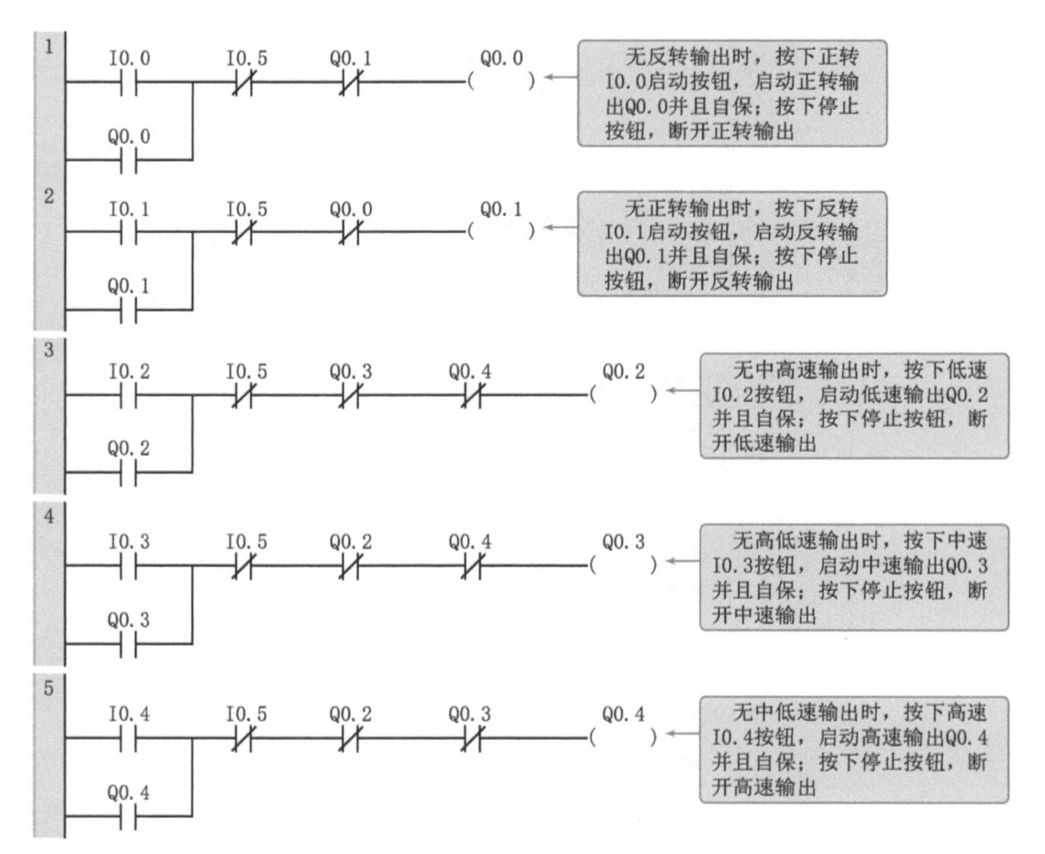

图13-4　PLC与变频器三段速控制电动机PLC程序

13.1.5 PLC与变频器三段速控制电动机工作原理

① 闭合电源总开关QF。变频器输入端R、S上电，为启动电动机做好准备。

② 变频器端子控制

a. PLC启停：按下按钮SB1，电动机正转运行；松开按钮SB1，电动机停止。按下按钮SB2，电动机反转运行；松开按钮SB2，电动机停止。

b. PLC多段速给定：在电动机运行状态下，按下按钮SB3，电动机以10Hz运行；按下按钮SB4，电动机以15Hz运行；按下按钮SB5，电动机以20Hz运行。

③ 断开电源总开关QF。变频器输入端R、S断电，变频器失电断开。

13.2 西门子S7-200 SMART PLC模拟量控制MM440变频器案例

13.2.1 PLC模拟量控制变频器接线图

（1）变频器的接线原理图

PLC与变频器模拟量控制电动机电路接线原理图如图13-5所示。

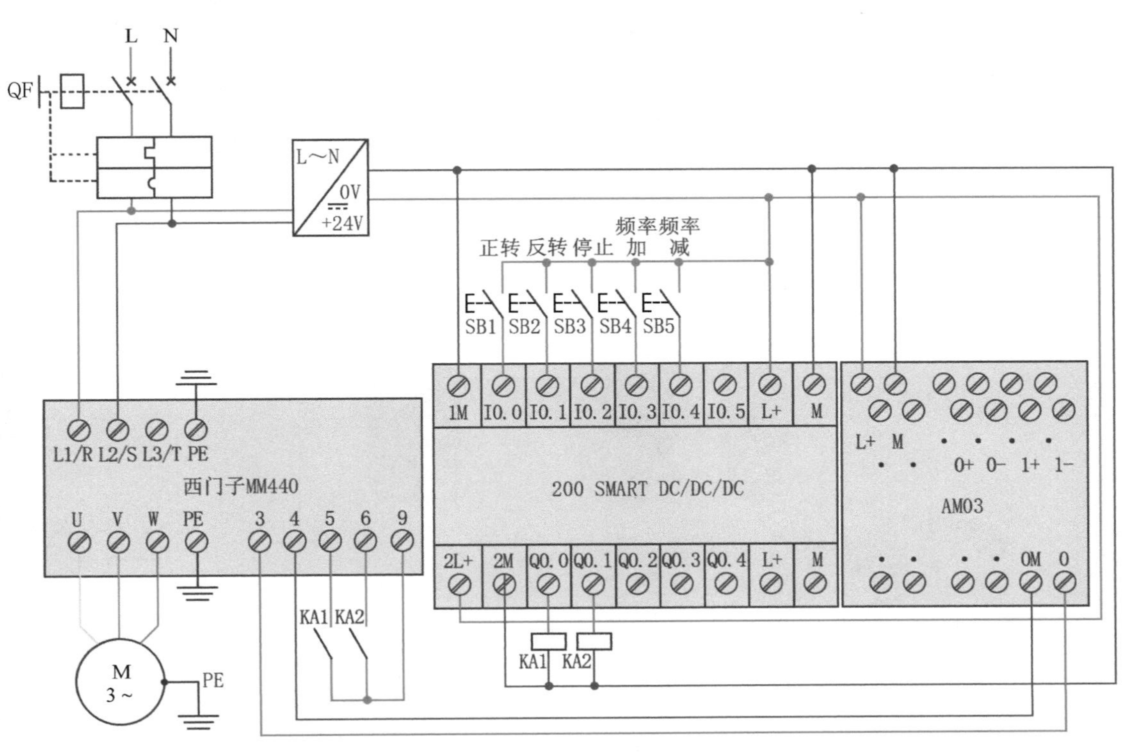

图13-5 PLC与变频器模拟量控制电动机电路接线原理图

（2）变频器的实物接线图

PLC与变频器模拟量控制电动机电路实物接线图如图13-6所示。

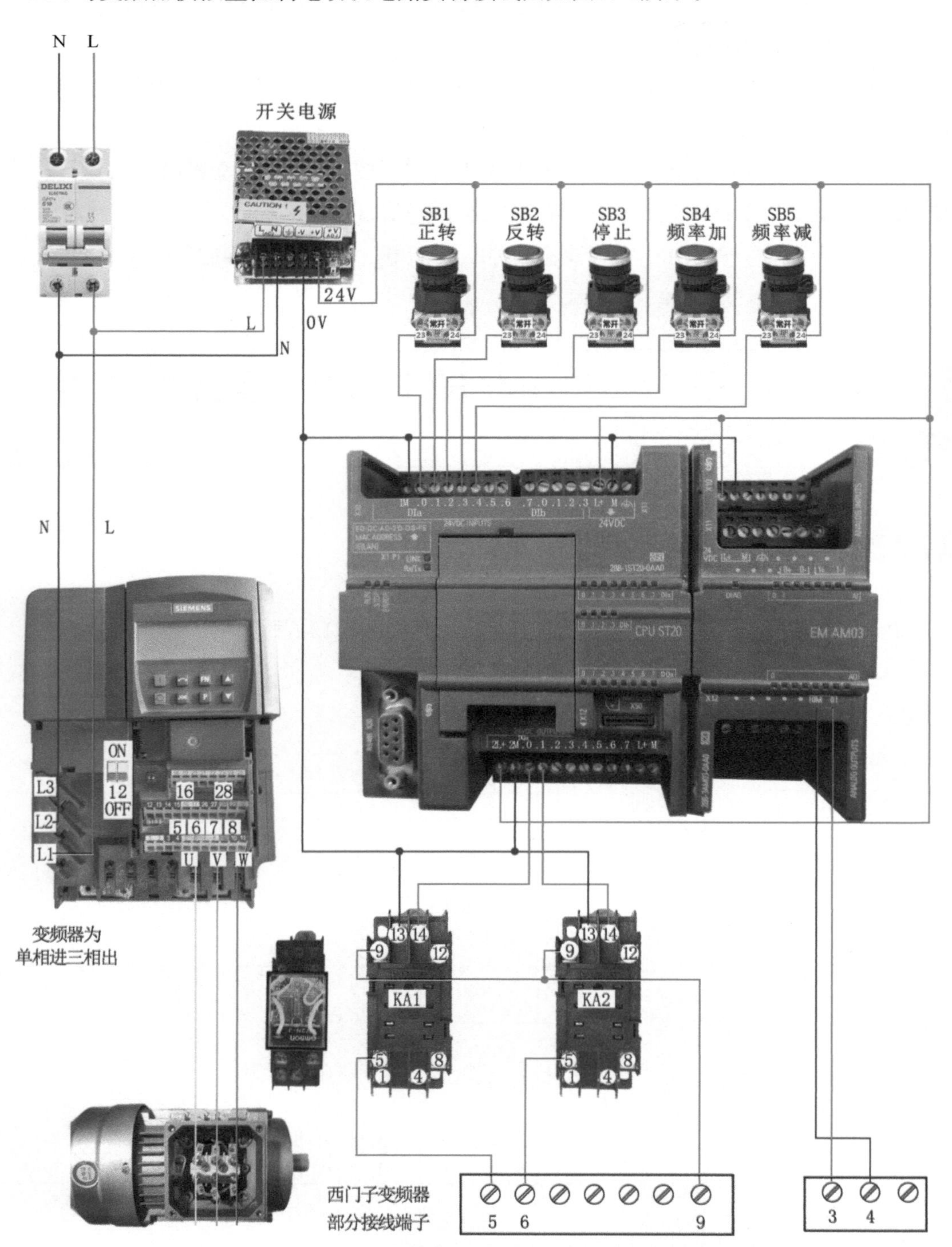

图13-6 PLC与变频器模拟量控制电动机电路实物接线图

（3）S7-200 SMART PLC软件设置

在S7-200 SMART PLC中，单击系统块，在系统块中选择EMAM03，选择模拟量输出通道0，通道类型选择电压，如图13-7所示。

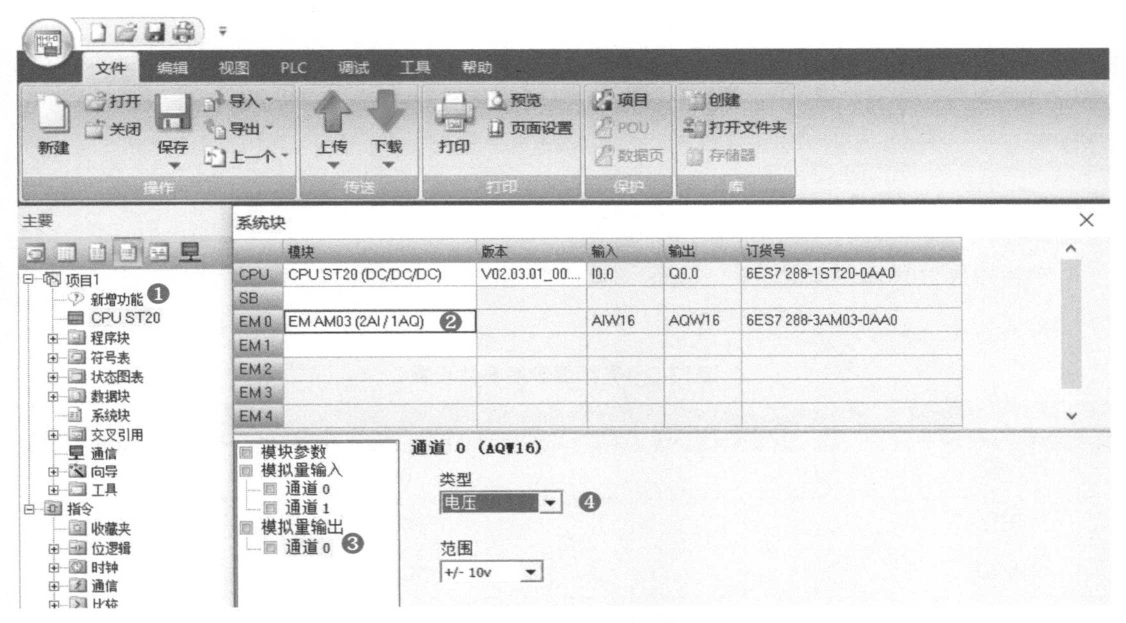

图13-7　S7-200 SMART模拟量通道设置

13.2.2 PLC 模拟量控制变频器电气元件

元器件明细表如表13-4所示。

表13-4　元器件明细表

文字符号	名称	型号	在电路中起的作用
VFD	变频器	6SE6440-2UC13-7AA1	在电路中可以降低启动电流，改变电动机转速，实现电动机无级调速，在低于额定转速时有节电功能
QF	断路器	DZ47-60-2P-C10	电源总开关，在主电路中起控制兼保护作用
SB1	按钮	绿色LA38	控制电动机正转信号
SB2	按钮	绿色LA38	控制电动机反转信号
SB3	按钮	绿色LA38	控制电动机停止信号
SB4	按钮	绿色LA38	控制电动机频率加

续表

文字符号	名称	型号	在电路中起的作用
SB5	按钮	绿色LA38	控制电动机频率减
UR	开关电源	S-50-24	将交流220V转换成直流24V
M	电动机	YS7124/370W	将电能转换为机械能，带动负载运行
PLC	可编程逻辑控制器	S7-200 SMART DC/DC/DC	编写变频器的控制程序

13.2.3 PLC 模拟量控制变频器参数设定

变频器参数具体设置如表13-5所示，具体变频器控制参数设置方法如图13-8所示。

表13-5 变频器参数具体设置

参数号	出厂值	设置值	说明
P0003	1	2	设定用户访问级为标准级
P0010	0	1	快速调试
P0100	0	0	功率以kW为单位，频率为50Hz
P0304	230	220	电动机额定电压（V）
P0305	3.25	1.93	电动机额定电流（A）
P0307	0.75	0.37	电动机额定功率（kW）
P0310	50	50	电动机额定频率（Hz）
P0311	0	1400	电动机额定转速（r/min）
P0700	2	2	命令源选择“由端子排输入”
P0701	1	1	ON接通正转，OFF停止
P0702	12	2	ON接通反转，OFF停止
P0756[0]	0	0	单极性电压输入（0～+10V）
P0757[0]	0	0	电压2V对应0%的标度，即0Hz
P0758[0]	0%	0%	
P0759[0]	10	10	电压10V对应100%的标度，即50Hz
P0760[0]	100%	100%	
P1000	2	2	频率设定值选择为模拟量输入
P1080	0.0	0.0	电动机运行的最低频率（Hz）
P1082	50.0	50.0	电动机运行的最高频率（Hz）

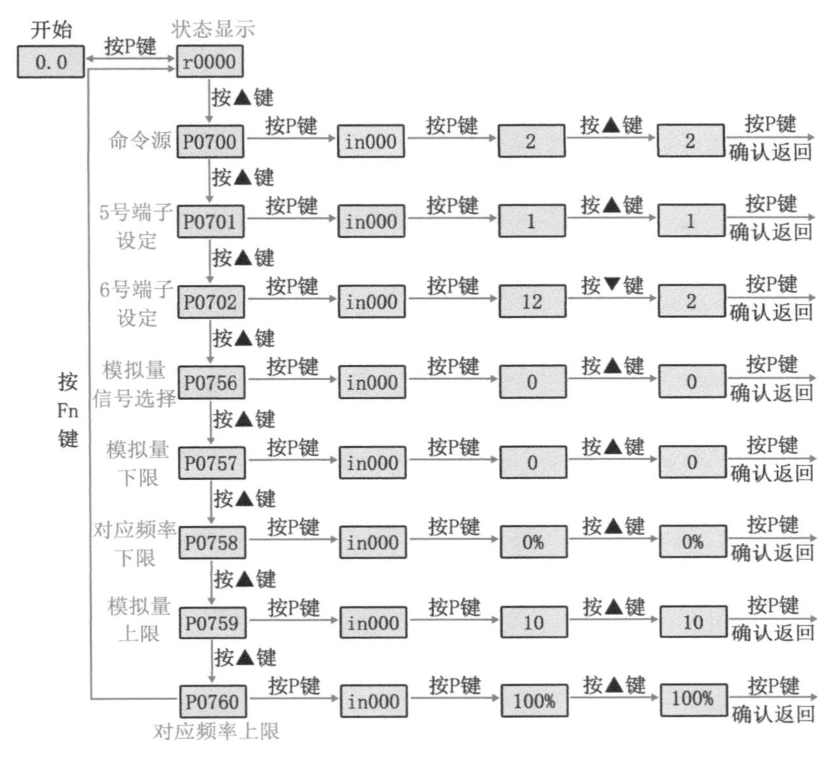

图13-8　变频器控制参数设置方法

13.2.4 PLC 模拟量控制变频器 PLC 程序

（1）PLC程序I/O分配

PLC程序I/O分配表如表13-6所示。

表13-6　I/O分配表

输入	功能	输出	功能
I0.0	正转	Q0.0	正转
I0.1	反转	Q0.1	反转
I0.2	停止		
I0.3	频率加		
I0.4	频率减		

（2）PLC程序

PLC模拟量控制变频器PLC程序如图13-9所示。

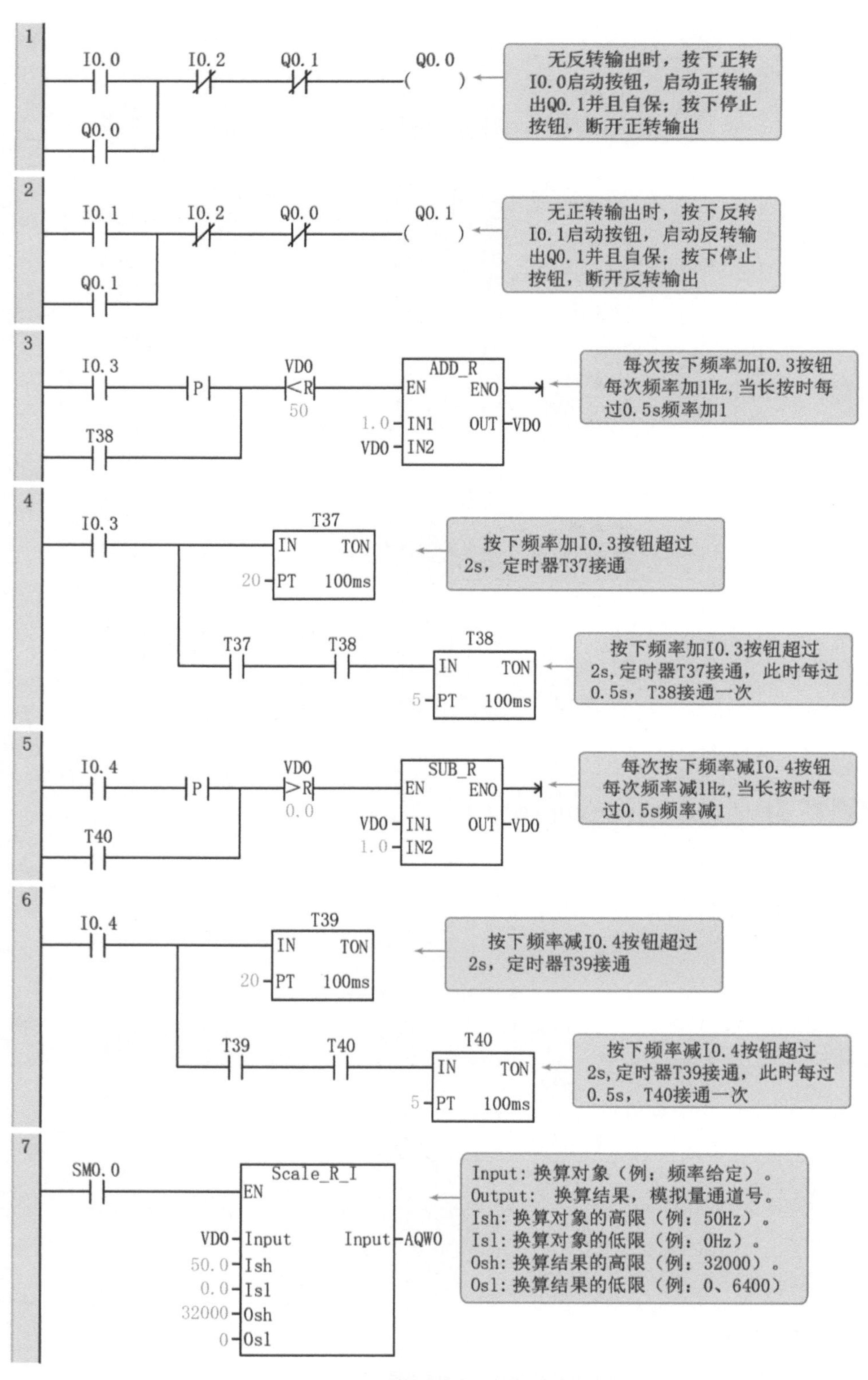

图13-9 PLC模拟量控制变频器程序

13.2.5 PLC模拟量控制变频器工作原理

① 闭合电源总开关QF。变频器输入端R、S上电，为启动电动机做好准备。

② 变频器控制：

a. PLC启停：按下按钮SB1，电动机正转运行；按下按钮SB3，电动机停止。按下按钮SB2，电动机反转运行；按下按钮SB3，电动机停止。

b. PLC频率给定：在电动机运行状态下，每按下按钮SB4一次，电动机的频率增加1Hz，如果长按电动机的频率会持续增加直到额定频率50Hz。每按下按钮SB5一次，电动机的频率减小1Hz，如果长按电动机的频率会持续减小直到额定频率0Hz。

③ 断开电源总开关QF。变频器输入端R、S断电，变频器失电断开。

13.3 西门子S7-200 SMART PLC与西门子MM440变频器的USS通信

通用串行接口协议（Universal Serial Interface，USS协议）是西门子公司传动产品的通用通信协议，它是一种基于串行总线进行数据通信的协议。西门子MM420/430/440变频器支持基于RS-485和RS-232的USS通信。RS-485接口为MM4系列变频器标配接口，RS-232接口通过安装PC连接组件扩展。由于RS-485有着良好的抗干扰能力和传输距离远以及支持多点通信等特点，实际应用中使用基于RS-485的USS通信居多，通常RS-232接口只用来调试变频器。

13.3.1 USS协议简介

USS协议是主-从结构的协议，规定了在USS总线上可以有一个主站和最多31个从站；总线上的每个从站都有一个站地址（在从站参数中设定），主站依靠它识别每个从站；每个从站也只对主站发来的报文做出响应并回送报文，从站之间不能直接进行数据通信。另外，还有一种广播通信方式，主站可以同时给所有从站发送报文，从站在接收到报文并做出相应的响应后，可不回送报文。

（1）使用USS协议的优点

① 对硬件设备要求低，减少了设备之间的布线。

② 无须重新连线即可改变控制功能。

③ 可通过串行接口设置或改变传动装置的参数。

④ 可实时监控传动系统。

（2）USS通信硬件连接注意要点

① 在条件许可的情况下，USS主站尽量选用直流型的CPU。

② 一般情况下，USS通信电缆采用双绞线即可，如果干扰比较大，可采用屏蔽双绞线。

③ 在采用屏蔽双绞线作为通信电缆时，把具有不同电位参考点的改备互连，造成在互连电缆中产生不应有的电流，从而造成通信口的损坏。所以要确保通信电缆连接的所有设备，共用一个公共电路参考点，或是相互隔离的，以防止不应有的电流产生。屏蔽线必须连接到机箱接地点或9针连接的插针1。建议将传动装置上的OV端子连接到机箱接地点。

④ 尽量采用较高的波特率，通信速率只与通信距离有关，与干扰没有直接关系。

⑤ 终端电阻用来防止信号反射，并不用来抗干扰。如果在通信距离很近、波特率较低或点对点通信的情况下，可不用终端电阻。在多点通信的情况下，一般只需在USS主站上加终端电阻，即可取得较好的通信效果。

⑥ 当使用交流型的CPU和单相变频器进行USS通信时，CPU和变频器的电源必须接成同相位。

⑦ 不要带电插拔USS通信电缆，尤其是正在通信过程中，否则极易损坏传动装置和PLC的通信端口。如果使用大功率传动装置，即使传动装置掉电后，也要等几分钟，让电容放电后，再去插拔通信电缆。

13.3.2 西门子 S7-200 SMART PLC 与 MM440 变频器 USS 通信基础

（1）USS通信库指令

USS通信库指令如图13-10所示。

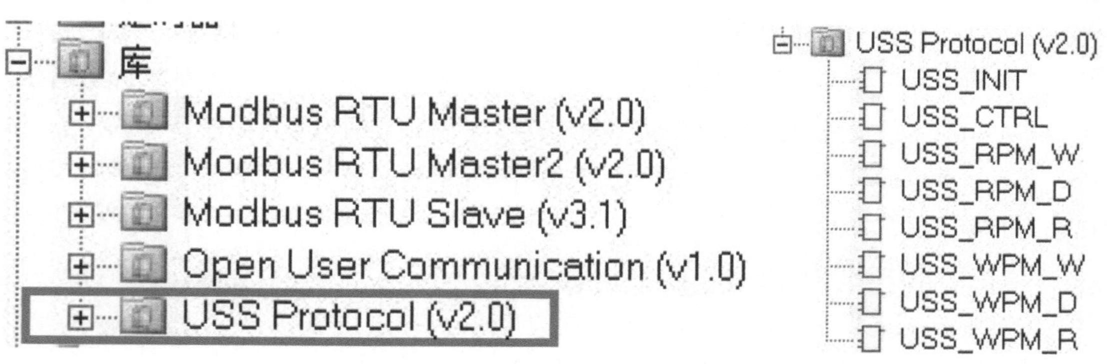

图13-10　USS通信库指令

（2）初始化通信设置USS_INIT

① 初始化通信设置USS_INIT如表13-7所示。

表13-7　USS_INIT指令格式

LAD	输入/输出	说明	数据类型
USS_INIT EN Mode　Done Baud　Error Port Active	EN	使能	BOOL
	Mode	模式	BYTE
	Baud	通信的波特率	DWORD
	Port	端口号	BYTE
	Active	激活的驱动器	DWORD
	Done	完成初始化	BOOL
	Error	错误代码	BYTE

② 初始化通信设置USS_INIT详细介绍如下。

EN：初始化程序。USS_INIT只需在程序中执行一个周期就能改变通信口的功能，以及进行其他一些必要的初始设置，因此可以使用SM0.1或者沿触发的触点调用USS_INIT指令。

Mode：模式选择。执行USS_INIT时，Mode的状态决定了是否在端口上使用USS通信功能，如表13-8所示。

表13-8　模式选择

Mode状态	模式
1	使用USS通信功能并进行相关初始化
0	恢复端口为PPI从站模式

Baud：USS通信波特率。此参数要和变频器的参数设置一致。

Done：初始化完成标志。

Error：初始化错误代码。

Port：设置物理通信端口（0 = CPU中集成的RS-485，1 = 可选CM01信号板上的RS-485或RS-232）。

Active：激活。此参数决定网络中的哪些USS从站在通信中有效。在该接口处填写通信的站地址，被激活的位为1，即表示与几号从站通信。例如：与3号从站通信，则3号位被激活为1，得到2#1000，转为16#08。通信站地址激活如图13-11所示。

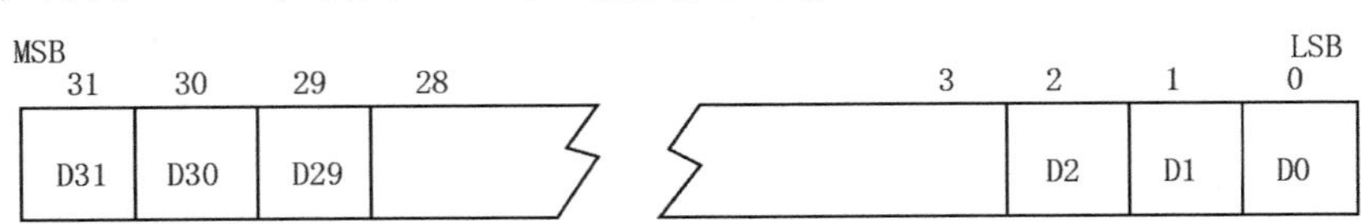

图13-11　通信站地址激活

（3）驱动装置控制功能块USS_CTRL

① 驱动装置控制功能块USS_CTRL如表13-9所示。

表13-9　USS_CTRL指令格式

LAD	输入/输出	说明	数据类型
USS_CTRL EN RUN OFF2 OFF3 F_ACK DIR Drive　Resp_R Type　Error Speed_SP　Status Speed Run_EN D_Dir Inhibit Fault	EN	使能	BOOL
	RUN	运行，表示驱动器是ON（1）还是OFF（0）	BOOL
	OFF2	允许驱动器滑行停止	BOOL
	OFF3	允许驱动器迅速停止	BOOL
	F_ACK	故障确认	BOOL
	DIR	驱动器应当移动的方向	BOOL
	Drive	驱动器的地址	BYTE
	Type	选择驱动器的类型	BYTE
	Speed_SP	驱动器速度	REAL
	Resp_R	收到应答	BOOL
	Error	通信请求结果的错误字节	BYTE
	Speed	全速百分比	REAL
	Status	驱动器返回的状态字原始数值	WORD
	D_Dir	表示驱动器的旋转方向	BOOL
	Inhibit	驱动器上的禁止位状态	BOOL
	Fault	故障位状态	BOOL

② 驱动装置控制功能块详细介绍如下。

EN：使用SM0.0使能USS_CTRL指令。

RUN：驱动装置的启动/停止控制，如表13-10所示。

表13-10　驱动装置的启动/停止控制

状态	模式
0	停止
1	运行

OFF2：停车信号2。此信号为1时，驱动装置将滑行停车。

OFF3：停车信号3。此信号为1时，驱动装置将封锁主电路输出，电动机迅速停车。

F_ACK：故障复位。在驱动装置发生故障后，将通过状态字向USS主站报告；如果造成故障的原因排除，可以使用此输入端清除驱动装置的报警状态，即复位。注意：这是针对驱动装置的操作。

DIR：电动机运转方向控制。其0/1状态决定了运行方向。

Drive：驱动装置在USS网络中的站号。从站必须先在初始化时激活才能进行控制。

Type：向USS_CTRL功能块指示驱动装置类型，如表13-11所示。

表13-11　驱动装置类型

状态	驱动装置
0	MM3系列或更早的产品
1	MM4系列，SINAMICSG110

Speed_SP：速度设定值。速度设定值必须是一个实数，给出的数值是变频器的频率范围百分比还是绝对的频率值取决于变频器中的参数设置（如MM440的P2009）。

Resp_R：从站应答确认信号。主站从USS从站收到有效的数据后，此位将为1。

Error：错误代码。0为无差错。

Status：驱动装置的状态字。此状态字直接来自驱动装置的状态字，表示当时的实际运行状态。详细的状态字信息意义可参考相应的驱动装置手册。

Speed：驱动装置返回的实际运转速度值（是实数）。

Run_EN：运行模式反馈，表示驱动装置是运行（为1）还是停止（为0）。

D_Dir：指示驱动装置的运转方向，反馈信号。

Inhibit：驱动装置禁止状态指示（0为未禁止，1为禁止状态）。禁止状态下驱动装置无法运行。要清除禁止状态，故障位必须复位，并且RUN、OFF2和OFF3都为0。

Fault：故障指示位（0为无故障，1为有故障）。驱动装置处于故障状态，驱动装置上会显示故障代码（如果有显示装置）。要复位故障报警状态，必须先消除引起故障的原因，然后用F_ACK或者驱动装置的端子或操作面板复位故障状态。

（4）变频器参数读取功能块

① USS_RPM_W：读取无符号字参数格式，如表13-12所示。

表13-12 USS_RPM_W指令格式

LAD	输入/输出	说明	数据类型
USS_RPM_W EN XMT_REQ Drive Done Param Error Index Value DB_Ptr	EN	使能	BOOL
	XMT_REQ	发送请求	BOOL
	Drive	设备站地址	BYTE
	Param	参数号	WORD
	Index	参数下标	WORD
	DB_Ptr	读数据缓存区	DWORD
	Done	读功能完成标志位	BOOL
	Error	错误代码	BYTE
	Value	读出的数据值	WORD

② USS_RPM_D：读取无符号双字参数格式，如表13-13所示。

表13-13 USS_RPM_D指令格式

LAD	输入/输出	说明	数据类型
USS_RPM_D EN XMT_REQ Drive Done Param Error Index Value DB_Ptr	EN	使能	BOOL
	XMT_REQ	发送请求	BOOL
	Drive	设备站地址	BYTE
	Param	参数号	WORD
	Index	参数下标	WORD
	DB_Ptr	读数据缓存区	DWORD
	Done	读取功能完成标志位	BOOL
	Error	错误代码	BYTE
	Value	读取的数据值	DWORD

③ USS_RPM_R：读取实数（浮点数）参数格式，如表13-14所示。

表13-14 USS_RPM_R指令

LAD	输入/输出	说明	数据类型
USS_RPM_R EN XMT_REQ Drive　Done Param　Error Index　Value DB_Ptr	EN	使能	BOOL
	XMT_REQ	发送请求	BOOL
	Drive	设备站地址	BYTE
	Param	参数号	WORD
	Index	参数下标	WORD
	DB_Ptr	读数据缓存区	DWORD
	Done	读取功能完成标志位	BOOL
	Error	错误代码	BYTE
	Value	读取的数据值	REAL

④ 变频器参数读取功能块详细介绍如下。

EN：要使能读取指令，此输入端必须为1。

XMT_REQ：发送请求。必须使用一个沿检测触点以触发读操作，它前面的触发条件必须与EN端输入一致。

Drive：读取参数的驱动装置在USS网络中的地址。

Param：参数号（仅数字）。

Index：参数下标。有些参数由多个带下标的参数组成一个参数组，下标用来指出具体的某个参数。对于没有下标的参数，可设置为0。

DB_Ptr：读取指令需要一个16字节的数据缓冲区，可用间接寻址形式给出一个起始地址。此数据缓冲区与库存储区不同，是每个指令（功能块）各自独立需要的。

注：此数据缓冲区也不能与其他数据区重叠，各指令之间的数据缓冲区也不能冲突。

Done：读取功能完成标志位，读取完成后置1。

Error：出错代码。0表示无错误。

Value：读出的数据值。要指定一个单独的数据存储单元。

注：EN和XMT_REQ的触发条件必须同时有效，EN必须持续到读取功能完成（Done为1），否则会出错。

（5）变频器参数写入功能块

① USS_WPM_W：写入无符号字参数格式，如表13-15所示。

表13-15 USS_WPM_W指令介绍

LAD	输入/输出	说明	数据类型
USS_WPM_W EN XMT_REQ EEPROM Drive Done Param Error Index Value DB_Ptr	EN	使能	BOOL
	XMT_REQ	发送请求	BOOL
	EEPROM	参数写入EEPROM	BOOL
	Drive	设备站地址	BYTE
	Param	参数号	WORD
	Index	参数下标	WORD
	Value	写的数据值	WORD
	DB_Ptr	写数据缓存区	DWORD
	Done	写入功能完成标志位	BOOL
	Error	错误代码	BYTE

② USS_WPM_D：写入无符号双字参数格式，如表13-16所示。

表13-16 USS_WPM_D指令介绍

LAD	输入/输出	说明	数据类型
USS_WPM_D EN XMT_REQ EEPROM Drive Done Param Error Index Value DB_Ptr	EN	使能	BOOL
	XMT_REQ	发送请求	BOOL
	EEPROM	参数写入EEPROM	BOOL
	Drive	设备站地址	BYTE
	Param	参数号	WORD
	Index	参数下标	WORD
	Value	写的数据值	DWORD
	DB_Ptr	写数据缓存区	DWORD
	Done	写入功能完成标志位	BOOL
	Error	错误代码	BYTE

③ USS_WPM_R：写入实数（浮点数）参数格式，如表13-17所示。

表13-17　USS_WPM_R指令介绍

LAD	输入/输出	说明	数据类型
USS_WPM_R（EN、XMT_REQ、EEPROM、Drive、Param、Index、Value、DB_Ptr；Done、Error）	EN	使能	BOOL
	XMT_REQ	发送请求	BOOL
	EEPROM	参数写入EEPROM	BOOL
	Drive	设备站地址	BYTE
	Param	参数号	WORD
	Index	参数下标	WORD
	Value	写入的数据值	REAL
	DB_Ptr	写数据缓存区	DWORD
	Done	写入功能完成标志位	BOOL
	Error	错误代码	BYTE

④ 变频器参数写入功能块详细介绍如下。

EN：要使能写入指令，此输入端必须为1。

XMT_REQ：发送请求。必须使用一个沿检测触点以触发写操作，它前面的触发条件必须与EN端输入一致。

EEPROM：将参数写入EEPROM中。由于EEPROM的写入次数有限，若始终接通，EEPROM很快就会损坏。通常该位用SM0.0的常闭触点接通。

Drive：写入参数的驱动装置在USS网络中的地址。

Param：参数号（仅数字）。

Index：参数下标。有些参数由多个带下标的参数组成一个参数组，下标用来指出具体的某个参数。对于没有下标的参数，可设置为0。

Value：写入的数据值。要指定一个单独的数据存储单元。

DB_Ptr：写入指令需要一个16字节的数据缓冲区，可用间接寻址形式给出一个起始地址。此数据缓冲区与库存储区不同，是每个指令（功能块）各自独立需要的。

注：此数据缓冲区也不能与其他数据区重叠，各指令之间的数据缓冲区也不能冲突。

Done：写入功能完成标志位，写入完成后置1。

Error：出错代码。0表示无错误。

注：EN和XMT_REQ的触发条件必须同时有效，EN必须持续到写入功能完成（Done为1），否则会出错。

13.3.3 西门子 S7-200 SMART PLC 与西门子 MM440 变频器通信实操案例

（1）西门子MM440的USS通信基本参数设置

① 恢复变频器工厂默认值：设定P0010为30和P0970为1，按下P键，开始复位。

② 设置电动机参数：电动机参数设置如表13-18所示。电动机参数设置完成后，设置P0010为0，变频器当前处于准备状态，可正常运行。

表13-18　电动机参数设置

参数号	出厂值	设置值	说明
P0003	1	1	设用户访问级为标准级
P0010	0	1	快速调试
P0100	0	0	工作地区：功率以kW为单元，频率为50 Hz
P0304	230	220	电动机额定电压（V）
P0305	3.25	1.93	电动机额定电流（A）
P0307	0.75	0.37	电动机额定功率（kW）
P0310	50	50	电动机额定频率（Hz）
P0311	0	1400	电动机额定转速（r/min）

③ 设置变频器的通信参数、控制方式，如表13-19所示。

表13-19　变频器参数设置

参数号	出厂值	设置值	说明
P0003	1	2	设用户访问级为标准级
P0010	1	0	退出快速调试
P0700	2	5	COM链路的USS设定
P1000	2	5	COM链路的USS设定
P1120	10	2	斜坡上升时间2 s
P1121	10	2	斜坡下降时间2 s
P2010	6	6	通信波特率为9600bit / s
P2011	0	1	USS地址
P0971	0	1	将设定参数写入EEPROM

④ 变频器参数设置步骤如图13-12所示。

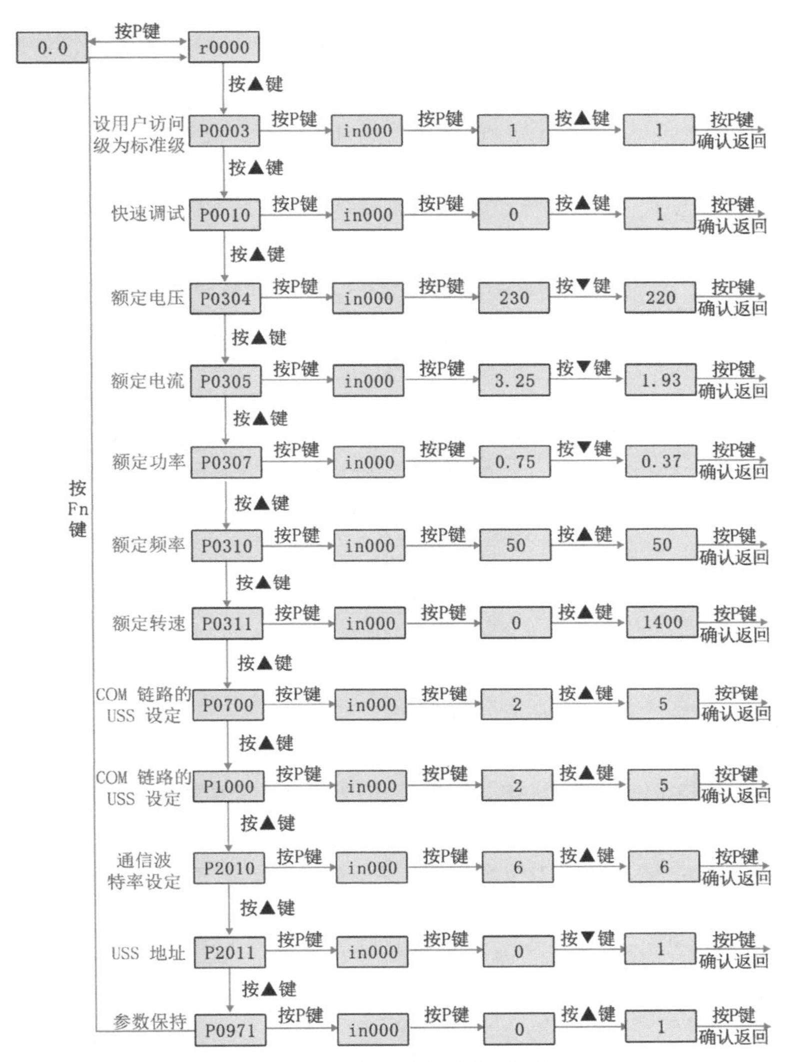

图13-12　变频器参数设置步骤

（2）西门子S7-200 SMART PLC与西门子MM440变频器USS通信实物接线

① 西门子MM440变频器通信端口如图13-13所示。

在MM440前面板上的通信端口是RS-485端口。与USS通信有关的前面板端子如表13-20所示。Profibus电缆的红色芯线应当连接到端子29，绿色芯线应当连接到端子30。

图13-13　西门子MM440变频器通信端口

表13-20 变频器端子接线说明表

端子号	名称	功能
29	P+	RS-485信号+
30	N−	RS-485信号−

② 西门子S7-200 SMART PLC端子说明表如表13-21所示。

表13-21 S7-200 SMART PLC端子说明表

端子号	名称	功能
3	+	RS-485信号+
8	−	RS-485信号−

③ 西门子S7-200 SMART PLC与西门子MM440变频器USS通信端口接线图如图13-14所示。

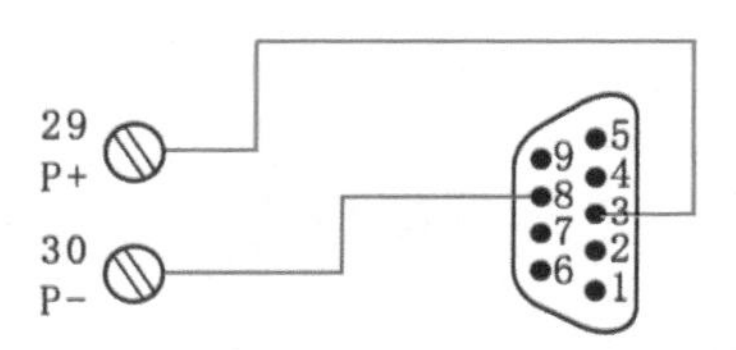

图13-14 西门子S7-200 SMART PLC与西门子MM440变频器USS通信端口接线图

④ 西门子S7-200 SMART PLC与西门子MM440变频器USS通信接线图如图13-15所示。

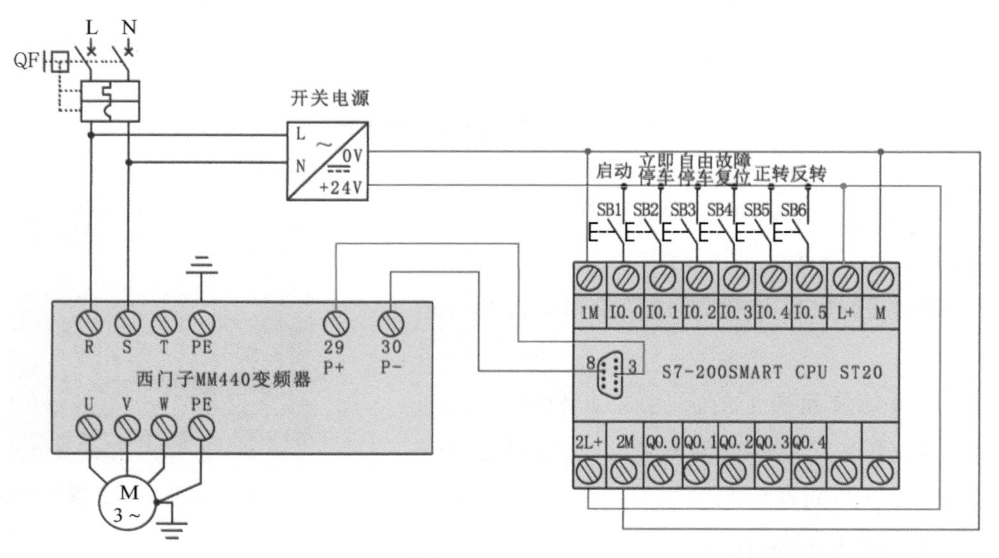

图13-15 S7-200 SMART PLC与变频器USS通信接线图

⑤ 西门子S7-200 SMART PLC与西门子MM440变频器USS通信实物接线图如图13-16所示。

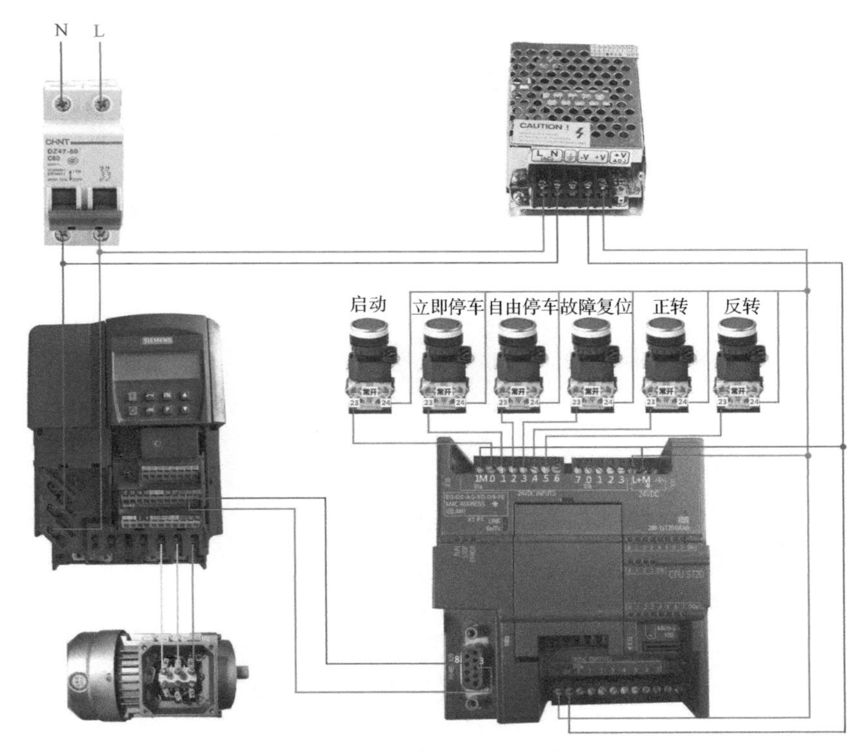

图13-16　西门子S7-200 SMART PLC与西门子MM440变频器USS通信实物接线图

（3）西门子S7-200 SMART PLC与MM440变频器USS通信案例（一）

案例要求

PLC通过USS通信控制变频器。I0.0启动变频器，I0.1立即停车变频器，I0.2自由停车变频器，I0.3复位变频器故障，I0.4控制变频器正转，I0.5控制变频器反转。

PLC 程序 I/O 分配

I/O分配表如表13-22所示。

表13-22　I/O分配表

输入	功能
I0.0	启动
I0.1	立即停车
I0.2	自由停车

续表

输入	功能
I0.3	故障复位
I0.4	正转
I0.5	反转

PLC 程序

PLC程序如图13-17所示。

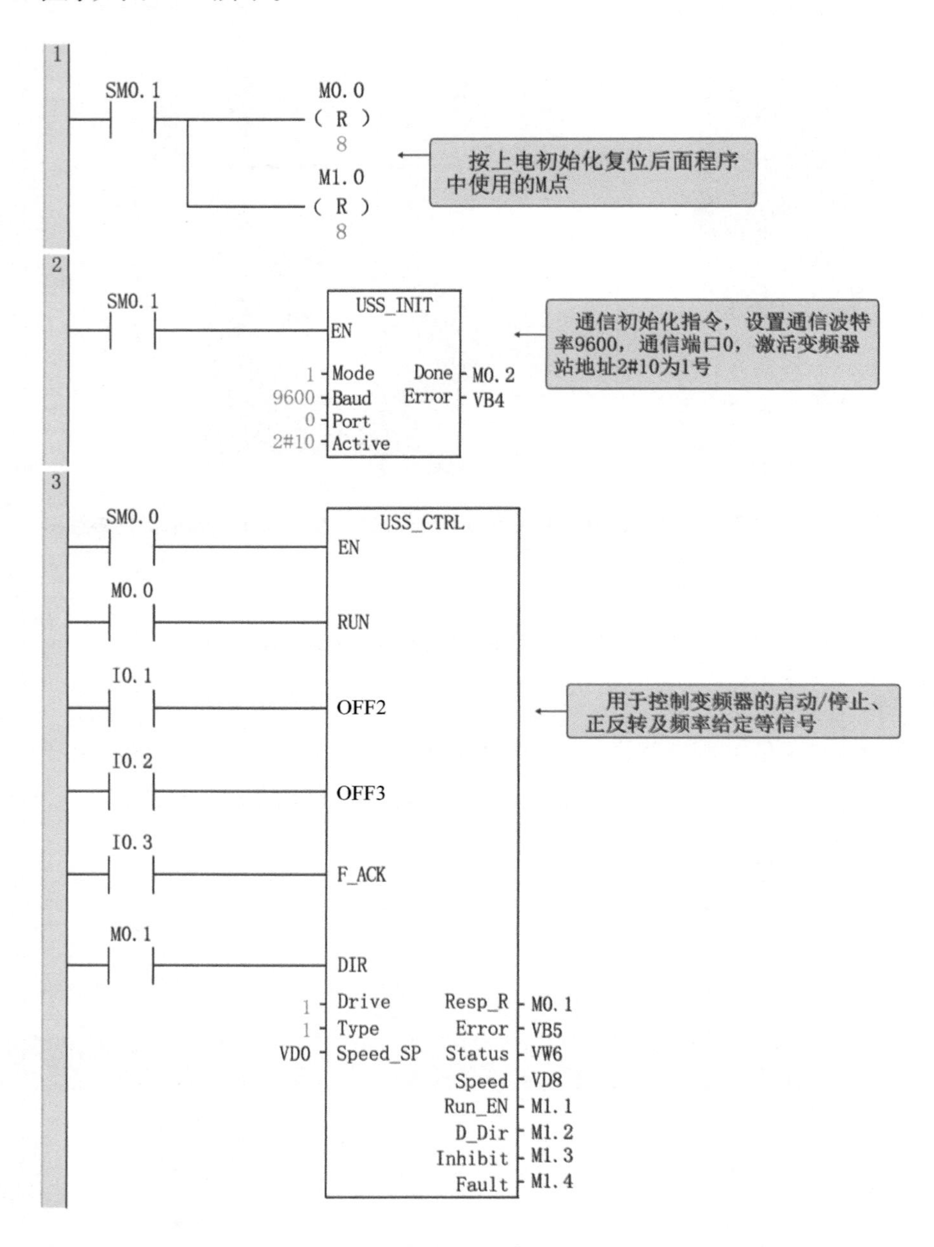

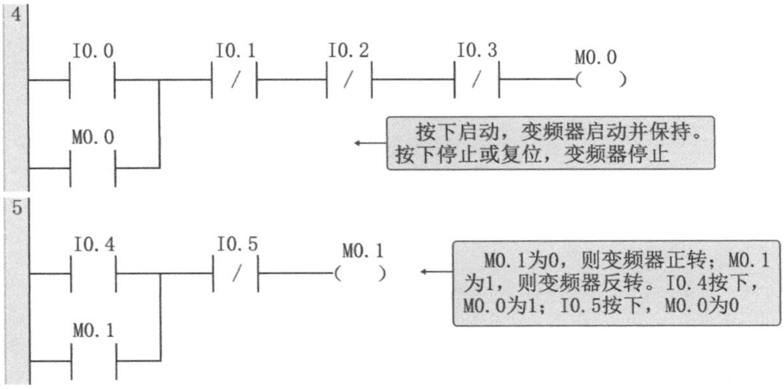

4

I0.0 I0.1 I0.2 I0.3 M0.0

M0.0

按下启动，变频器启动并保持。
按下停止或复位，变频器停止

5

I0.4 I0.5 M0.1

M0.1

M0.1为0，则变频器正转；M0.1为1，则变频器反转。I0.4按下，M0.0为1；I0.5按下，M0.0为0

图13-17　西门子S7-200 SMART PLC与西门子MM440变频器USS通信程序

（4）西门子S7-200 SMART PLC与MM440变频器USS通信案例（二）

案例要求

PLC通过USS通信控制变频器。PLC中I0.0启动变频器，I0.1立即停车变频器，I0.2自由停车变频器，I0.3复位变频器故障，I0.4控制变频器正转，I0.5控制变频器反转。PLC通过USS通信读取变频器当前电流和当前电压。

PLC 程序 I/O 分配

I/O分配表如表13-23所示。

表13-23　I/O分配表

输入	功能
I0.0	启动
I0.1	立即停车
I0.2	自由停车
I0.3	故障复位
I0.4	正转
I0.5	反转

PLC 程序

PLC程序如图13-18所示。

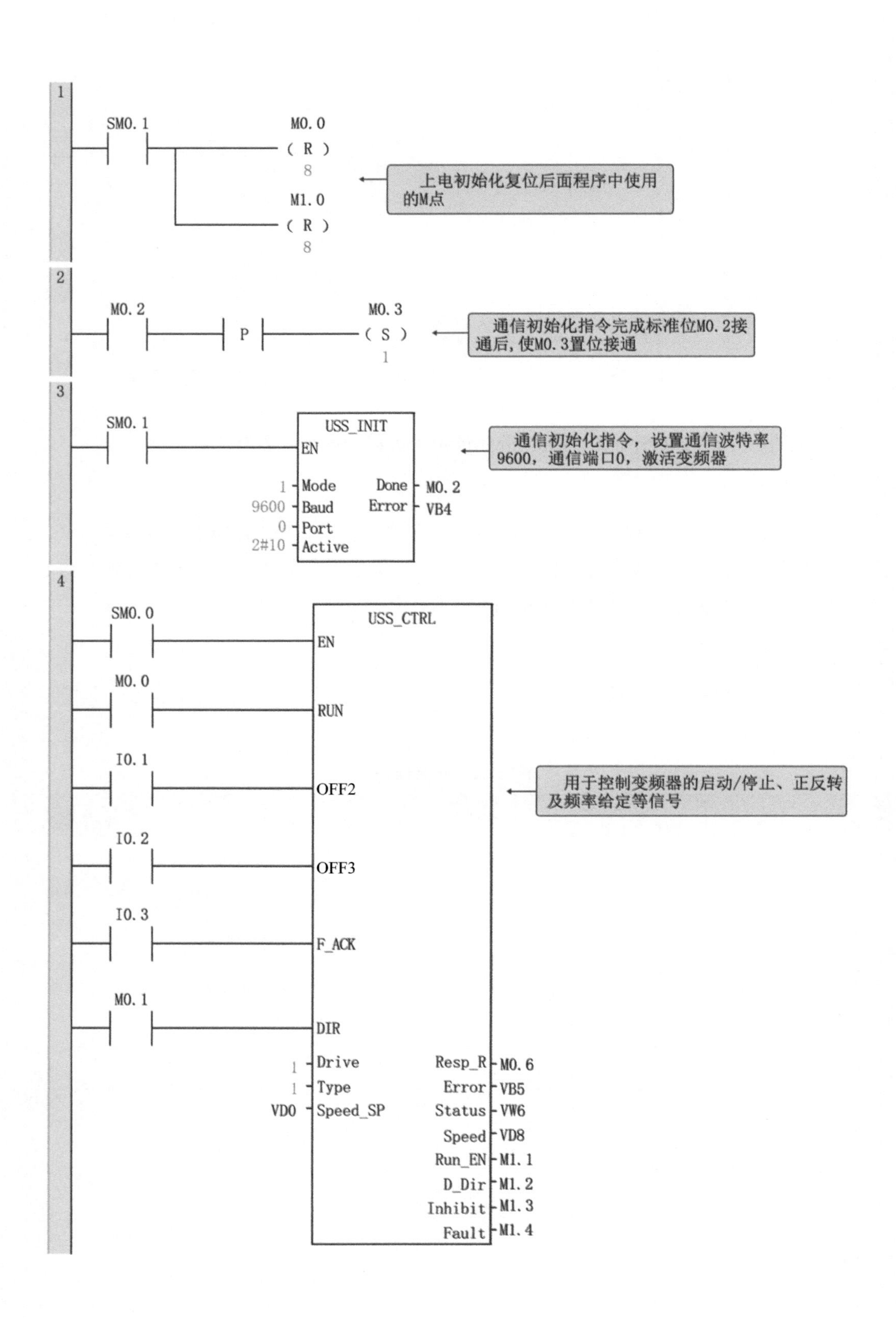
1
SM0.1
M0.0
(R)
8
M1.0
(R)
8
上电初始化复位后面程序中使用的M点
2
M0.2
P
M0.3
(S)
1
通信初始化指令完成标准位M0.2接通后，使M0.3置位接通
3
SM0.1
USS_INIT
EN
1 Mode
9600 Baud
0 Port
2#10 Active
Done M0.2
Error VB4
通信初始化指令，设置通信波特率9600，通信端口0，激活变频器
4
SM0.0
USS_CTRL
EN
M0.0
RUN
I0.1
OFF2
I0.2
OFF3
I0.3
F_ACK
M0.1
DIR
1 Drive
1 Type
VD0 Speed_SP
Resp_R M0.6
Error VB5
Status VW6
Speed VD8
Run_EN M1.1
D_Dir M1.2
Inhibit M1.3
Fault M1.4
用于控制变频器的启动/停止、正反转及频率给定等信号

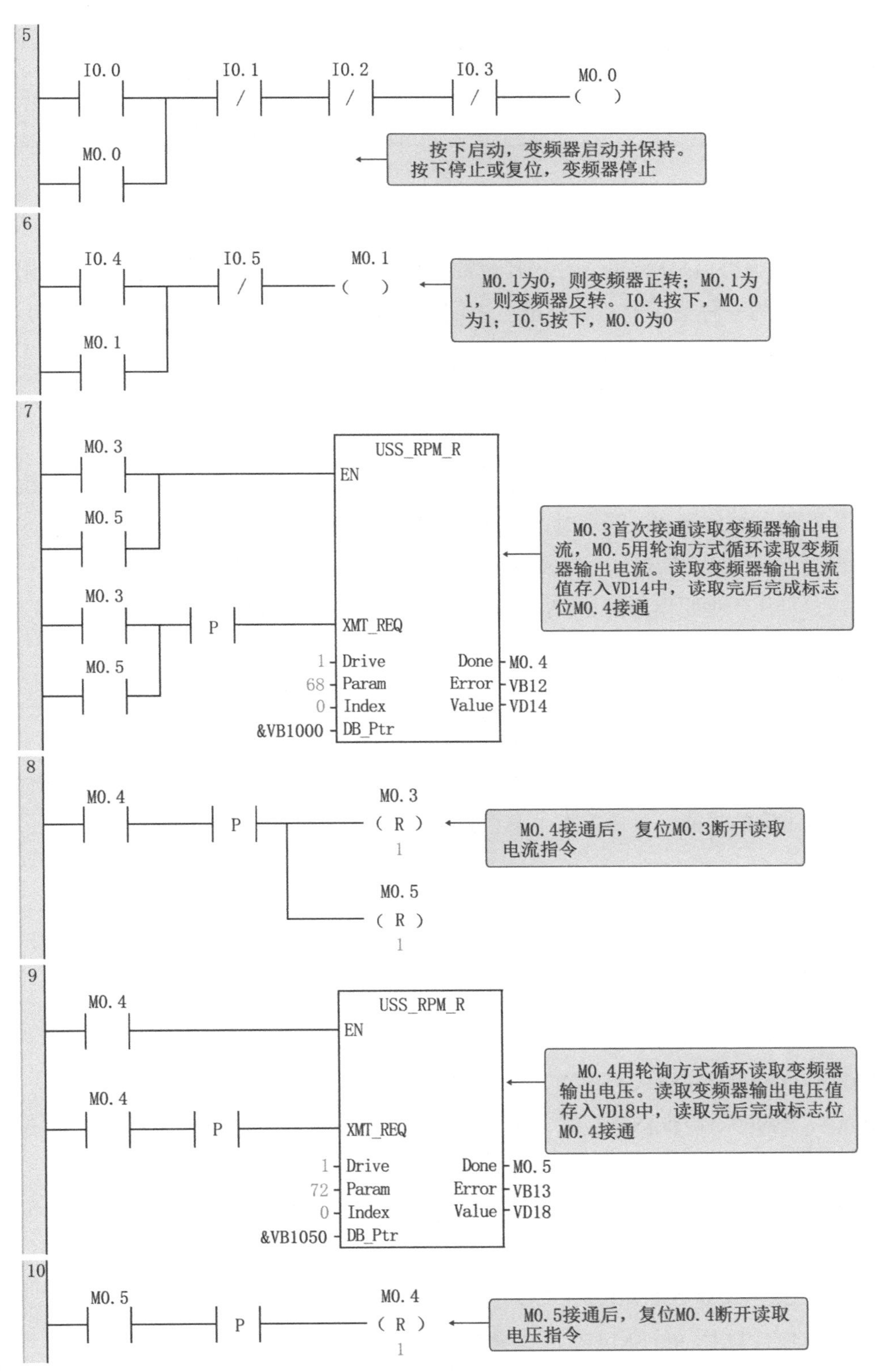

图13-18　西门子S7-200 SMART PLC与西门子MM440变频器USS通信程序

13.4 西门子 S7-200 SMART PLC 与台达变频器的 Modbus 通信

13.4.1 Modbus 定义

Modbus通信协议是Modicon公司提出的一种报文传输协议，它广泛应用于工业控制领域，并已经成为一种通用的行业标准。不同厂商提供的控制设备可通过Modbus协议连成通信网络，从而实现集中控制。

根据传输网络类型的区别，Modbus通信协议又分为串行链路Modbus协议和基于TCP/IP协议的Modbus协议。

串行链路Modbus协议只有一个主站，可以有1～247个从站。Modbus通信只能从主站发起，从站在未收到主站的请求时，不能发送数据或互相通信。

串行链路Modbus协议的通信接口可采用RS-485接口，也可使用RS-232C接口。其中RS-485接口可用于远距离通信，RS-232C接口只能用于短距离通信。

13.4.2 Modbus 寻址

Modbus地址通常包含数据类型和偏移量的5个或6个字符值。第一个或前两个字符决定数据类型，最后的四个字符是符合数据类型的一个适当的值。Modbus主设备指令能将地址映射至正确的功能，以便将指令发送到从站。

13.4.3 Modbus 主站寻址

Modbus主设备指令支持下列Modbus地址。

00001～09999对应离散输出（线圈）；

10001～19999对应离散输入（触点）；

30001～39999对应输入寄存器（通常是模拟量输入）；

40001～49999对应保持寄存器（V存储区）。

其中离散输出（线圈）和保持寄存器支持读取和写入请求，而离散输入（触点）和输入寄存器仅支持读取请求。地址参数的具体值应与Modbus从站支持的地址一致。

13.4.4 S7-200 SMART PLC 的 Modbus 通信地址定义

Modbus地址与S7-200 SMART PLC地址的对应关系如表13-24所示。

表13-24　Modbus地址与S7-200 SMART PLC地址的对应关系

Modbus地址	S7-200 Smart PLC地址
000001	Q0.0
000002	Q0.1
000003	Q0.2
⋮	⋮
000127	Q15.6
000128	Q15.7
010001	I0.0
010002	I0.1
010003	I0.2
⋮	⋮
010127	I15.6
010128	I15.7
030001	AIW0
030002	AIW2
030003	AIW4
⋮	⋮
030032	AIW62
040001	HoldStart
040002	HoldStart + 2
040003	HoldStart + 4
⋮	⋮
04××××	HoldStart + $2^{(\times\times\times\times-1)}$

所有Modbus地址均以1为基位，表示第一个数据值从地址1开始。有效地址范围取决于从站。不同的从站将支持不同的数据类型和地址范围。

指令库包括主站指令库和从站指令库。Modbus指令库如图13-19所示。

图13-19　Modbus指令库

使用Modbus指令库必须注意：S7-200 SMART PLC自带RS-485串口，默认端口的地址为0，故可利用指令库来实现端口0的Modbus RTU主 / 从站通信。

13.4.5 Modbus 指令介绍

在编程前先认识一下要运用到的指令，西门子Modbus主站协议库主要包括两条指令：MBUS_CTRL指令和MBUS_MSG指令。

① MBUS_CTRL指令用于初始化主站通信，MBUS_MSG指令（或用于端口1的MBUS_MSG_P1）用于启动对Modbus从站的请求并处理应答。

② MBUS_CTRL指令（或用于端口1的MBUS_CTRL_P1指令），可初始化、监视或禁用Modbus通信。在使用MBUS_MSG指令之前，必须正确执行MBUS_CTRL指令。指令完成后立即设定“完成”位，才能继续执行下一条指令。

③ MBUS_CTRL指令在每次扫描且EN输入打开时执行。MBUS_CTRL指令必须在每次扫描时（包括首次扫描）被调用，以允许监视随MBUS_MSG指令启动的任何突出消息的进程。

（1）MBUS_CTRL指令

① MBUS_CTRL指令如表13-25所示。

表13-25 MBUS_CTRL指令格式

<table>
<tr><th>LAD</th><th>输入/输出</th><th>说明</th><th>数据类型</th></tr>
<tr><td rowspan="8">MBUS_CTRL
EN
Mode
Baud
Parity
Port
Timeout
Done
Error</td><td>EN</td><td>使能</td><td>BOOL</td></tr>
<tr><td>Mode</td><td>为1将CPU端口分配给Modbus协议并启用该协议。为0将CPU端口分配给PPI协议，并禁用Modbus协议</td><td>BOOL</td></tr>
<tr><td>Baud</td><td>将波特率（单位为bit / s）设为1200、2400、4800、9600、19200、38400、57600或115200</td><td>DWORD</td></tr>
<tr><td>Parity</td><td>0—无奇偶校验；1—奇校验；2—偶校验</td><td>BYTE</td></tr>
<tr><td>Port</td><td>端口号</td><td>BYTE</td></tr>
<tr><td>Timeout</td><td>等待来自从站应答的毫秒时间数</td><td>WORD</td></tr>
<tr><td>Done</td><td>数据完成标志位</td><td>BOOL</td></tr>
<tr><td>Error</td><td>出错时返回错误代码</td><td>BYTE</td></tr>
</table>

② MBUS_CTRL指令详细介绍如下。

EN：指令使能位。

Mode：模式参数。根据模式输入数值选择通信协议。输入值1表示将CPU端口分配给Modbus协议并启用该协议。输入值0表示将CPU端口分配给PPI系统协议，并禁用Modbus协议。

Baud：波特率参数。MBUS_CTRL指令支持的波特率为1200 bit / s、2400 bit / s、4800 bit / s、9600 bit / s、19200 bit / s、38400 bit / s、57600 bit / s或115200 bit / s。

Parity：奇偶校验参数。奇偶校验参数被设为与Modbus从站奇偶校验相匹配。所有设置使用一个起始位和一个停止位。可接受的数值为：0（无奇偶校验）、1（奇校验）、2（偶校验）。

Port：参数“端口”（Port）设置物理通信端口（0 = CPU中集成的RS-485，1 = 可选CM01信号板上的RS-485或RS-232）。

Timeout：超时参数。超时参数设为等待来自从站应答的毫秒时间数。超时数值可以设置的范围为1 ~ 32767 ms。典型值是1000 ms（1 s）。超时参数应该设置得足够大，以便从站在所选的波特率对应的时间内做出应答。

Done：MBUS_CTRL指令成功完成时，Done输出为1，否则为0。

Error：错误输出代码。错误输出代码由反映执行该指令的结果的特定数字构成。错误输出代码的含义如表13-26所示。

表13-26　错误输出代码含义

代码	含义	代码	含义
0	无错误	3	超时选择无效
1	奇偶校验选择无效	4	模式选择无效
2	波特率选择无效		

（2）MBUS_MSG指令

MBUS_MSG指令用于启动对Modbus从站的请求并处理应答，单条MSG指令只能完成对指定从站的读或写请求。

当EN输入和首次输入都为1时，MBUS_MSG指令启动对Modbus从站的请求。发送请求、等待应答和处理应答通常需要多次扫描。EN输入必须打开以启用发送请求，并应该保持打开直到完成位被置位。

必须注意的是，一次只能激活一条MBUS_MSG指令。如果启用了多条MBUS_MSG指令，则将处理所启用的第一条MBUS_MSG指令，之后的所有MBUS_MSG指令将中止并产生错误代码6。

① MBUS_MSG指令如表13-27所示。

表13-27　MBUS_MSG指令格式

LAD	输入/输出	说明	数据类型
MBUS_MSG EN First Slave　Done RW　Error Addr Count DataPtr	EN	使能	BOOL
	First	“首次”参数应该在有新请求要发送时才打开，进行一次扫描。“首次”输入应当通过一个边沿检测元素（例如上升沿）打开，这将保证请求被传送一次	BOOL
	Slave	“从站”参数是Modbus从站的地址。允许的范围是0～247	BYTE
	RW	0—读，1—写	BYTE
	Addr	“地址”参数是Modbus的起始地址	DWORD
	Count	“计数”参数，读取或写入的数据元素的数目	INT
	DataPtr	S7-200 SMART CPU的V存储器中与读取或写入请求相关数据的间接地址指针	DWORD
	Done	完成标识位	BOOL
	Error	出错时返回错误代码	BYTE

② MBUS_MSG指令详细介绍如下。

EN：指令使能位。

First：首次参数。首次参数应该在有新请求要发送时才打开，进行一次扫描。首次输入应当通过一个边沿检测元素（例如上升沿）打开，这将导致请求被传送一次。

Slave：从站参数。从站参数是Modbus从站的地址，允许的范围是0～247。地址0是广播地址，只能用于写请求，不存在对地址0的广播请求的应答。并非所有的从站都支持广播地址，S7-200 SMART PLC Modbus从站协议库不支持广播地址。

RW：读写参数。读写参数指定是否要读取或写入该消息。读写参数允许使用下列两个值：0—读，1—写。

Addr：地址参数。

Count：计数参数。计数参数指定在请求中读取或写入的数据元素的数目。计数数值是位数（对于位数据类型）和字数（对于字数据类型）。

根据Modbus协议，计数参数与Modbus地址存在以下对应关系，如表13-28所示。

表13-28　计数参数与Modbus　地址对应关系

地址	计数参数
0××××	计数参数是要读取或写入的位数
1××××	计数参数是要读取的位数
3××××	计数参数是要读取的输入寄存器的字数
4××××	计数参数是要读取或写入的保持寄存器的字数

MBUS_MSG指令最大读取或写入120个字或1920个位（240字节的数据）。计数的实际限值还取决于Modbus从站中的限制。

DataPtr：DataPtr参数是指向S7-200 SMART CPU的V存储器中与读取或写入请求相关的数据的间接地址指针（例：&VB100）。对于读取请求，DataPtr应指向用于存储从Modbus从站读取的数据的第一个CPU存储器位置。对于写入请求，DataPtr应指向要发送到Modbus从站的数据的第一个CPU存储器位置。

Done：完成输出。完成输出在发送请求和接收应答时关闭。完成输出在应答完成或MBUS_MSG指令因错误而中止时打开。

Error：错误输出仅当完成输出打开时有效。低位编号的错误代码（1～8）是MBUS_MSG指令检测到的错误。这些错误代码通常指示与MBUS_MSG指令的输入参数有关的问题，或接收来自从站的应答时出现的问题。奇偶校验和CRC错误指示存在应答但是数据未正确接收，这通常是由电气故障（例如连接有问题或者电噪声）引起的。高位编号的错误代码（从101开始）是由Modbus从站返回的错误。这些错误指示从站不支持所请求的功能，或者所请求的地址（或数据类型或地址范围）不被Modbus从站支持。

13.4.6 分配库存储区

利用指令库编程前首先应为其分配存储区，否则软件编译时会报错。库存器区分配具体步骤如图13-20所示。

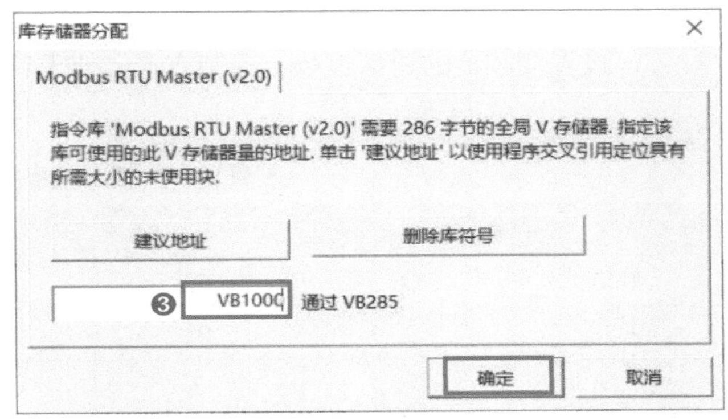

图13-20　库存储区分配

① 执行STEP7-Micro/Win

Smart命令“程序块”→“库存储器”，打开“库存储器分配”对话框。

② 在“库存储器分配”对话框中输入库存储区（V存储区）的起始地址，注意避免该地址和程序中已经采用或准备采用的其他地址重合。

③ 单击“建议地址”按钮，系统将自动计算存储区的截止地址，然后按“确定”按钮即可，如图13-20所示。

13.4.7 西门子 S7-200 SMART PLC 与台达变频器 Modbus 通信参数设置与接线

Modbus已经成为工业领域通信协议的业界标准，并且是工业电子设备之间常用的连接方式。Modbus协议比其他通信协议使用得更广泛的主要原因如下。

① 公开发表并且无版权要求。

② 易于部署和维护。

使用Modbus协议通信，外部接线方式更简单，更容易实现一对多控制。下面就以西门子200 SMART PLC与台达变频器为例讲解Modbus通信。

（1）基本参数设置

① 恢复变频器工厂默认值：设定P076为09，按下ENTER键，开始复位。

② 设置电动机参数：电动机参数设置如表13-29所示。

表13-29 电动机参数设置

参数号	出厂值	设置值	说明
P04	60	50	电动机额定频率（Hz）
P05	220	220	电动机额定电压（V）
P52	0	1.93	电动机额定电流（A）
P03	60	50	电动机运行的最高频率（Hz）
P08	1.5	0	电动机运行的最低频率（Hz）

③ 设置变频器的通信参数、控制方式，如表13-30所示。

表13-30 变频器参数设置

参数号	出厂值	设置值	说明
P00	00	03	设定频率来源
P01	00	03	设定指令来源
P10	10	5	点动斜坡上升时间（s）
P11	10	5	点动斜坡下降时间（s）

续表

参数号	出厂值	设置值	说明
P88	01	01	通信地址
P89	01	01	通信传输速率
P92	04	04	通信数据格式

④ 变频器参数设置步骤如图13-21所示。

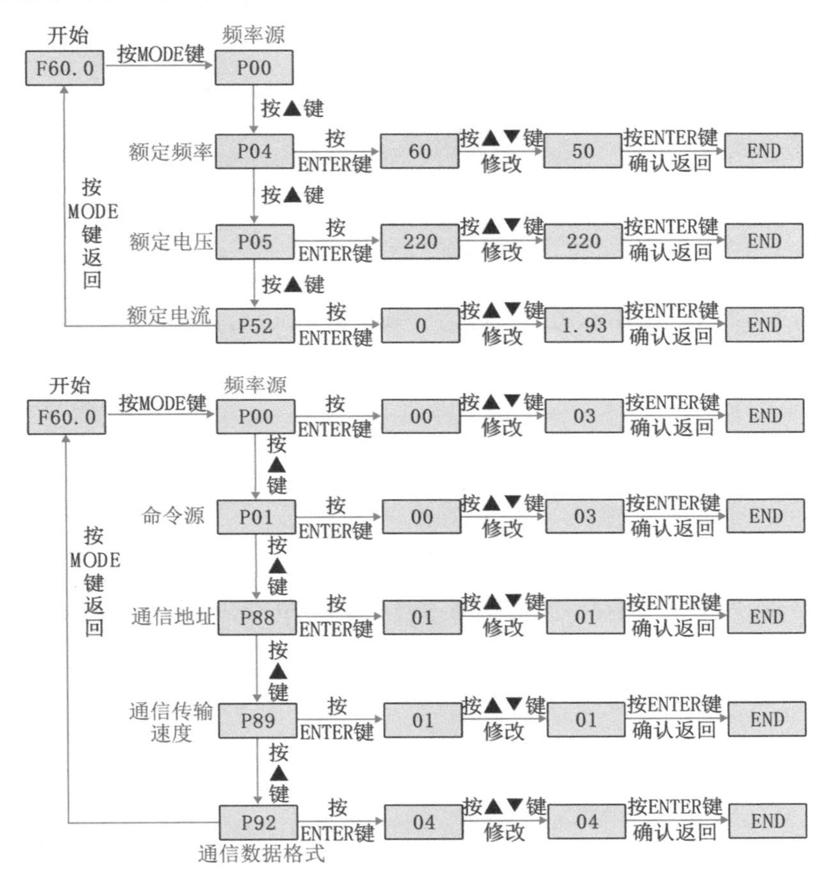

图13-21　变频器参数设置方法

（2）实物接线

① 台达变频器通信端口如图13-22所示。

在台达变频器面板上的通信端口是RS-485端口。与Modbus通信有关的前面板端子如表13-31所示。通信线的红色芯线应当连接到端子4+，绿色芯线应当连接到端子3−。

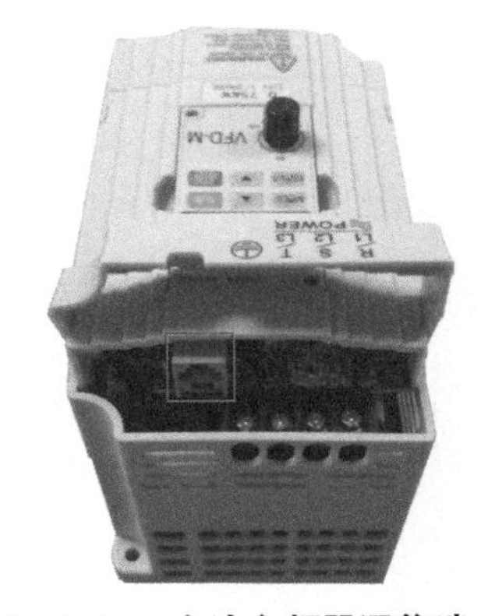

图13-22　台达变频器通信端口

表13-31　台达Modbus连接端子

端子号	名称	功能
3-	SG－	RS-485信号－
4＋	SG＋	RS-485信号＋

② 西门子S7-200 SMART PLC端子说明表如表13-32所示。

表13-32　西门子S7-200 SMART PLC端子说明表

端子号	名称	功能
3	＋	RS-485信号＋
8	－	RS-485信号－

③ 西门子S7-200 SMART PLC与台达变频器Modbus通信端口接线示意图如图13-23所示。

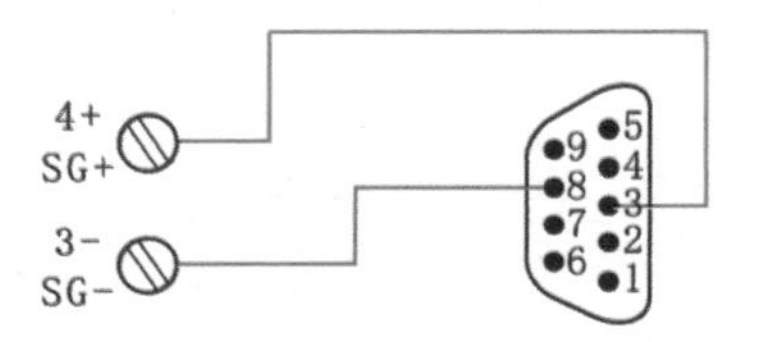

图13-23　西门子S7-200 SMART PLC与台达变频器Modbus通信端口接线示意图

④ 西门子S7-200 SMART PLC与台达变频器Modbus通信接线示意图如图13-24所示。

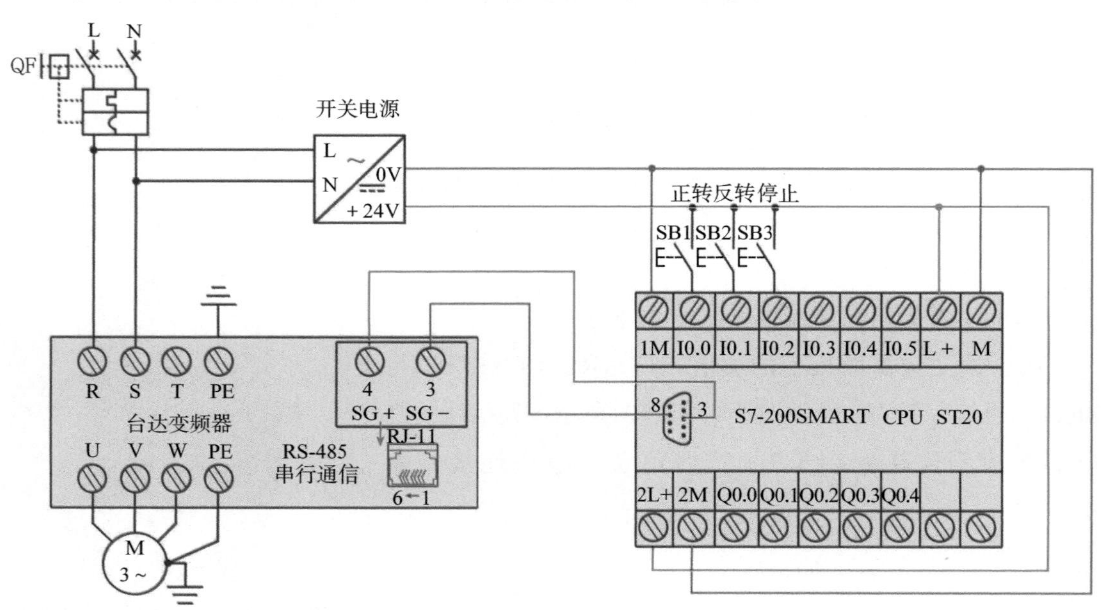

图13-24　西门子S7-200 SMART PLC与台达变频器Modbus通信接线示意图

⑤ 西门子S7-200 SMART PLC与台达变频器Modbus通信实物接线图如图13-25所示。

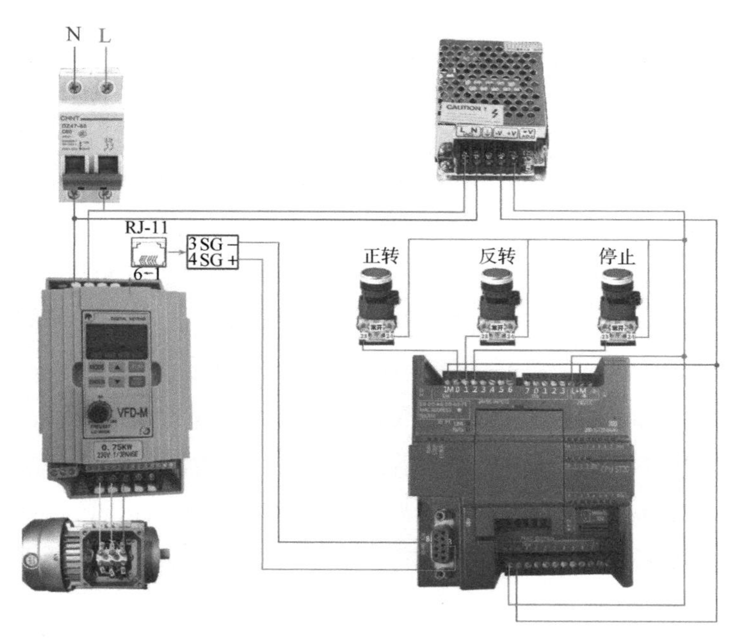

图13-25　西门子S7-200 SMART PLC与台达变频器通信实物接线图

（3）台达变频器通信地址

台达VFD-M变频器Modbus RTU通信地址如表13-33、表13-34所示。

表13-33　台达VFD-M变频器Modbus RTU通信地址（部分）

<table>
<tr><th>定义</th><th>参数地址</th><th colspan="2">功能说明</th></tr>
<tr><td>驱动器内部设定参数</td><td>00nnH</td><td colspan="2">nn表示参数号码</td></tr>
<tr><td rowspan="8">对驱动器的命令</td><td rowspan="7">2000H</td><td rowspan="4">Bit0、1</td><td>00B：无功能</td></tr>
<tr><td>01B：停止</td></tr>
<tr><td>10B：启动</td></tr>
<tr><td>11B：JOG启动</td></tr>
<tr><td>Bit2、3</td><td>保留</td></tr>
<tr><td>Bit4、5</td><td>00B：无功能
01B：正方向指令
10B：反方向指令
11B：改变方向指令</td></tr>
<tr><td>Bit6、15</td><td>保留</td></tr>
<tr><td>2001H</td><td colspan="2">频率命令</td></tr>
</table>

续表

定义	参数地址	功能说明	
对驱动器的命令	2002H	Bit0	1：E.F.ON
		Bit1	1：Reset指令
		Bit2～15	保留

例如，变频器的通信参数地址为2000H。我们知道Modbus的通信功能码是0（离散量输出）、1（离散量输入）、3（输入寄存器）、4（保持寄存器）。而这里的2000H指的就是4（保持寄存器），同时2000H是十六进制数2000，在软件中输入的是十进制数，故需要将十六进制数2000转换为十进制数，得到8192。另外，Modbus的通信地址都是从1开始的。故还需要将8192加上1为8193，最终得到的变频器地址为“48193”。

在控制命令2000H的地址中，每个位置的含义已经定义好了，Bit2、3和Bit6～15保留，即为0。Bit0、1和Bit4、5表示启动及运行方向，若电动机以反向点动运行，则Bit0、1设置为11，Bit4、5设置为10，最终得到2#100011。将2#100011通过通信传输到变频器的2000H中，变频器将会按照设定的方式工作。

表13-34　VFD-M变频器Modbus RTU通信地址（部分）

定义	参数地址	功能说明
对驱动器的命令	2102H	频率指令（F）（小数2位）
	2103H	输出频率（H）（小数2位）
	2104H	输出电流（A）（小数1位）
	2105H	DC-BUS电压（U）（小数1位）
	2106H	输出电压（E）（小数1位）
	2107H	多段速指令目前执行的段速（步）
	2108H	程序执行时该段速剩余时间（s）
	2109H	外部TRIGER的内容值（count）
	210AH	与功率因数角对应的值（小数1位）
	210BH	P65 xH的低位（小数2位）
	210CH	P65 xH的高位
	210DH	变频器温度（小数1位）
	210EH	PID回授信号（小数2位）
	210FH	PID目标值（小数2位）
	2110H	变频器机种识别

表中的“2102H频率指令（F）（小数2位）”中，“小数2位”的含义是指：频率范围是00.00 ~ 50.00 Hz，频率是一个实数，但是一个实数占用32位，Modbus通信的保持寄存器区每次通信的单位是字，并不能直接传输小数。因此在通信过程中读到的频率信息是放在两个字里边的，第一个字中存储的是一个4位十进制数，例如0563，但是，频率并没有0563Hz。然后还要读取第二个字中的值，第二个字中的值表示小数点的位数，例如2，表示小数的位数为2位。因此当前的运行频率表示为05.63Hz。这才是真正读到的频率值。

（4）西门子S7-200 SMART PLC与台达变频器Modbus通信案例（一）

案例要求

PLC通过Modbus通信控制台达变频器。I0.0启动变频器正转，I0.1启动变频器反转，I0.2停止变频器。

PLC 程序 I/O 分配

I/O分配表如表13-35所示。

表13-35　I/O分配表

输入	功能
I0.0	正转
I0.1	反转
I0.2	停止

PLC 程序

PLC程序如图13-26所示。

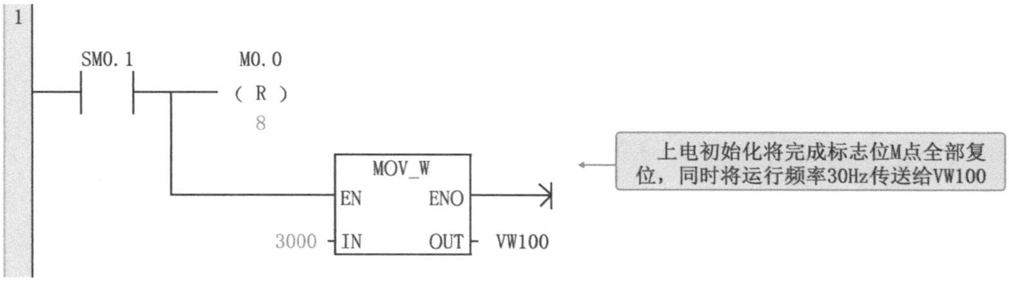

1
SM0.1
M0.0
(R)
8
MOV_W
EN
ENO
3000
IN
OUT
VW100
上电初始化将完成标志位M点全部复位，同时将运行频率30Hz传送给VW100

图13-26

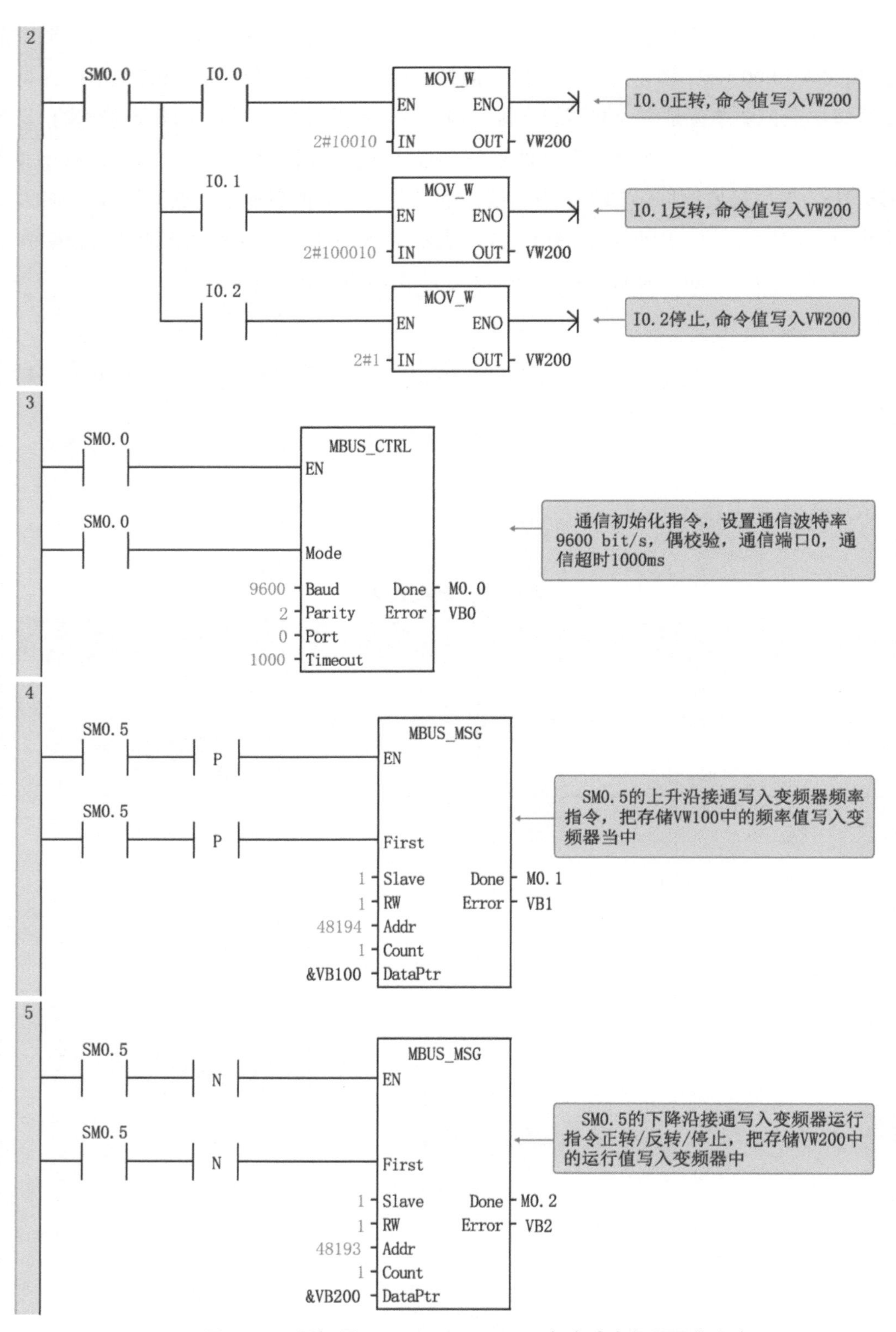

图13-26　西门子S7-200 SMART PLC与台达变频器通信程序

（5）西门子S7-200 SMART PLC与台达变频器Modbus通信案例（二）

案例要求

PLC通过Modbus通信控制台达变频器。I0.0启动变频器正转，I0.1启动变频器反转，I0.2停止变频器。PLC通过Modbus通信读取台达变频器当前电流和输出频率。

PLC 程序 I/O 分配

I/O分配如表13-36所示。

表13-36　I/O分配表

输入	功能
I0.0	正转
I0.1	反转
I0.2	停止

PLC 程序

PLC程序如图13-27所示。

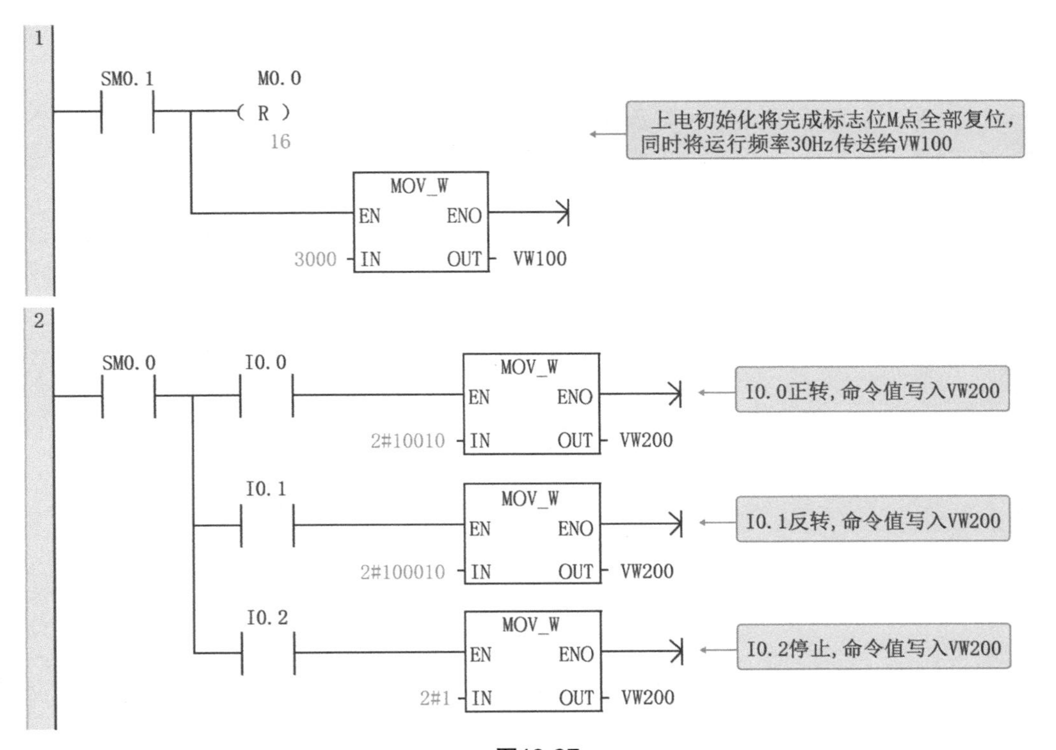

图13-27

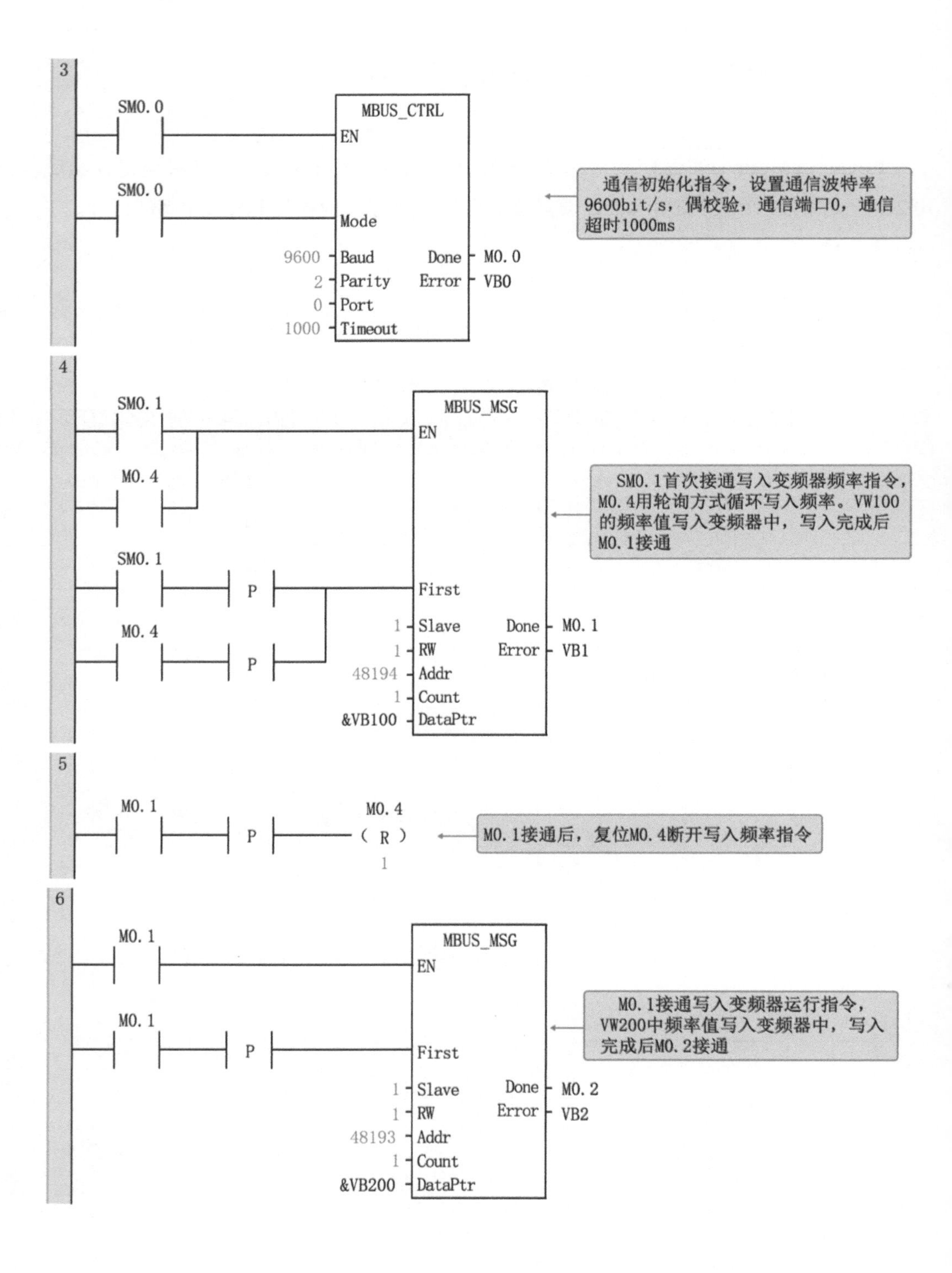
3
SM0.0
MBUS_CTRL
EN
SM0.0
Mode
9600 Baud
2 Parity
0 Port
1000 Timeout
Done M0.0
Error VB0
通信初始化指令，设置通信波特率9600bit/s，偶校验，通信端口0，通信超时1000ms
4
SM0.1
M0.4
MBUS_MSG
EN
SM0.1
P
M0.4
P
First
1 Slave
1 RW
48194 Addr
1 Count
&VB100 DataPtr
Done M0.1
Error VB1
SM0.1首次接通写入变频器频率指令，M0.4用轮询方式循环写入频率。VW100的频率值写入变频器中，写入完成后M0.1接通
5
M0.1
P
M0.4
(R)
1
M0.1接通后，复位M0.4断开写入频率指令
6
M0.1
MBUS_MSG
EN
M0.1
P
First
1 Slave
1 RW
48193 Addr
1 Count
&VB200 DataPtr
Done M0.2
Error VB2
M0.1接通写入变频器运行指令，VW200中频率值写入变频器中，写入完成后M0.2接通

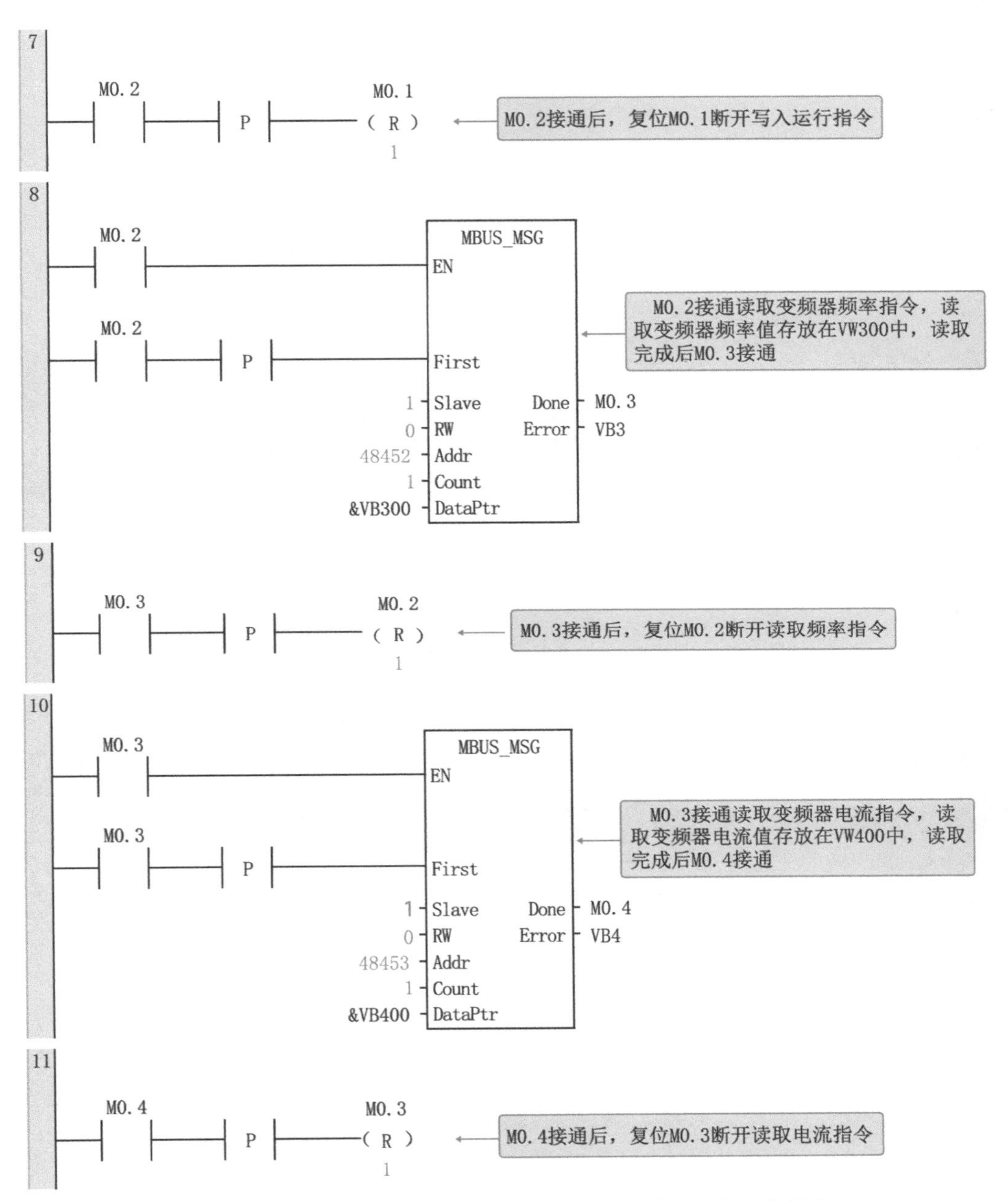

图13-27　西门子S7-200 SMART PLC与台达变频器通信程序

附录　二维码视频

三菱变频器面板正反转控制电动机案例

三菱变频器三段速正反转控制电动机案例

三菱变频器模拟量控制电动机案例

三菱变频器变频切换工频电路

西门子变频器面板正反转控制电动机案例

西门子变频器三段速正反转控制电动机案例

西门子变频器模拟量控制电动机案例

西门子变频器变频与工频切换控制

ABB 变频器面板正反转控制电动机案例

ABB 变频器三段速正反转控制电动机案例

ABB 变频器模拟量控制电动机案例

ABB 变频器变频切换工频电路